Patience Gray

# 野草蜂蜜

## 汲甘露于万物

［英］佩兴丝·格雷 著

刘志芳 译

中国社会科学出版社

审图号：GS（2021）7920号

图字：01-2020-1552号

图书在版编目（CIP）数据

野草蜂蜜：汲甘露于万物 ／（英）佩兴丝·格雷著 ； 刘志芳译. ——
北京：中国社会科学出版社，2022.3
书名原文：Honey from a Weed
ISBN 978-7-5203-6959-6

Ⅰ.①野… Ⅱ.①佩… ②刘… Ⅲ.①食谱 Ⅳ.
①TS972.12

中国版本图书馆CIP数据核字(2020)第146260号

| | |
|---|---|
| 出 版 人 | 赵剑英 |
| 项目统筹 | 侯苗苗 |
| 责任编辑 | 侯苗苗　高雪雯　肖小蕾 |
| 责任校对 | 周晓东 |
| 责任印制 | 王　超 |

| | |
|---|---|
| 出　　版 | 中国社会科学出版社 |
| 社　　址 | 北京鼓楼西大街甲 158 号 |
| 邮　　编 | 100720 |
| 网　　址 | http://www.csspw.cn |
| 发 行 部 | 010-84083685 |
| 门 市 部 | 010-84029450 |
| 经　　销 | 新华书店及其他书店 |

| | |
|---|---|
| 印刷装订 | 北京君升印刷有限公司 |
| 版　　次 | 2022 年 3 月第 1 版 |
| 印　　次 | 2022 年 3 月第 1 次印刷 |

| | |
|---|---|
| 开　　本 | 880×1230　1/32 |
| 印　　张 | 14.5 |
| 字　　数 | 338 千字 |
| 定　　价 | 66.00 元 |

凡购买中国社会科学出版社图书，如有质量问题请与本社营销中心联系调换
电话：010-84083683

版权所有　侵权必究

这本书是一部宏大的地中海生活史，作者充满激情地讲述了她独特的烹饪经历……将烹饪书的形式推向了极致。

——《纽约时报》

❧❧❧❧❧

本书既是一本游历书，也是馈赠友人的佳品，因为这是一本可以让人们果腹的食谱，而这些食谱中又蕴含着宏大叙事，源于生活并高于生活。

——传记作家亚当·费曼

❧❧❧❧❧

只有她才能和英国大文豪D.H.劳伦斯一样，把地中海生活丰富而撩人的性感诉诸笔端。

——美食作家约翰·索恩

❧❧❧❧❧

与其说这是一本食谱，不如说它是近代烹饪书流派的总结。

——安吉拉·卡特

❧❧❧❧❧

带着绝望的希望，有人张望、徘徊；

有人打破了玻璃，划伤了手指；

但由真理和智慧引导的人，

能从野草中采蜜。

——威廉·柯珀

地图 1　地中海地区

注：* 本书地图及插图均为原书所附，余同。

　　** 原书首次出版时间为 1986 年。

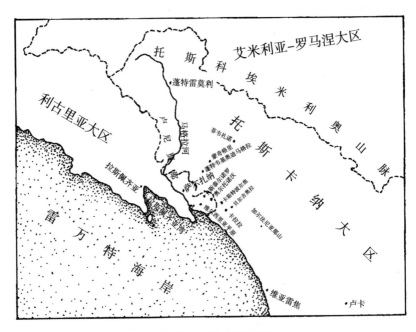

托斯科 埃米利奥山脉

艾米利亚-罗马涅大区

利古里亚大区

蓬特雷莫利

卢尼贾河

卢尼贾诺

托斯卡纳大区

菲韦扎诺

蒙奇格里

拉斯佩齐亚

萨尔扎纳

蓬特韦基奥马格拉

斯波尔塔拉

奥尔托诺沃焦

卡斯特诺沃

贝尔亚诺焦

西里亚罗斯

加尔法尼亚那山

蒙坦

卡拉拉

雷

万

特

海

岸

维亚雷焦

卢卡

地图 2 意大利北部

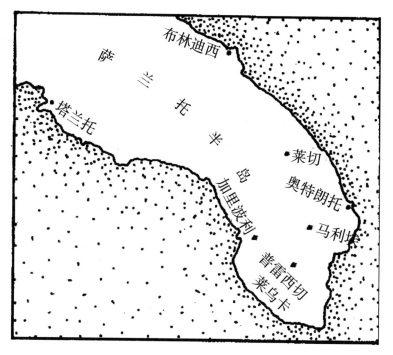

地图3　萨兰托半岛

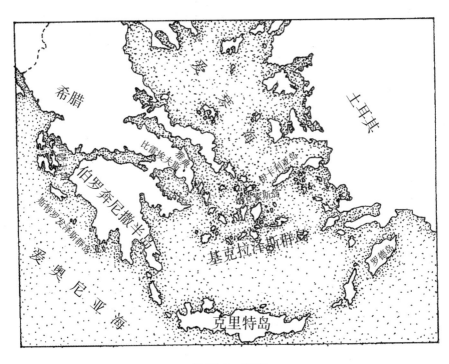

地图4　希腊

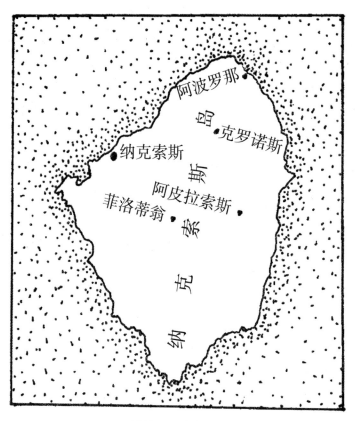

阿波罗那

克罗诺斯

纳克索斯

阿皮拉索斯

菲洛蒂翁

地图 5　纳克索斯

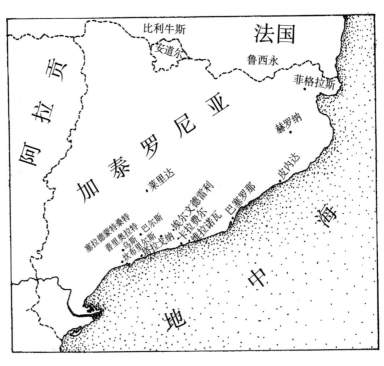

比利牛斯

法国

安道尔

鲁西永

菲格拉斯

阿
拉
贡

加泰罗尼亚

赫罗纳

皮内达

莱里达

塞拉德蒙特桑特
普里奥拉特 巴尔斯
乌斯
埃尔文德雷利
巴塞罗那
坎布里尔斯 卡拉费尔
维拉诺瓦
比利亚弗朗卡

地
中
海

地图6　加泰罗尼亚

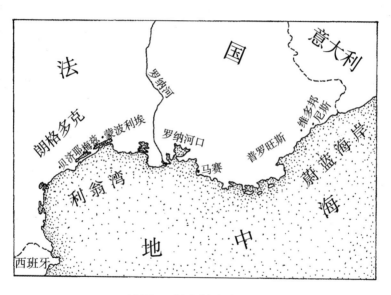

**地图 7 法国地中海沿岸**

人人都有怀旧之情，人人追寻心与心的交流。

——奥克塔维奥·帕斯[1]（Octavio Paz）

《孤独的迷宫》（*The Labyrinth of Solitude*）

◇　◇　◇

在颂扬中，我们和我们所感知的事物互相交融：鸟鸣声划过苍穹——回荡在渐渐消失的黑夜中，带我们见到了白昼的光明，好比黎明前的曙光，恰似洒落的第一缕阳光。

——诺曼·莫门斯[2]（Norman Mommens）

◇　◇　◇

莨苔在聆听
远方的共鸣。
昼夜不息，
树叶飒飒
回音袅袅。

——萨尔瓦多·埃斯普里乌[3]（Salvador Espriu）

《形式与话语》（*Formes i Paraules*）

---◇---

1　奥克塔维奥·帕斯（1914—1998），墨西哥作家、诗人、文学艺术批评家，1990 年获得诺贝尔文学奖。

2　诺曼·莫门斯，比利时雕刻家，佩兴丝·格雷的丈夫。

3　萨尔瓦多·埃斯普里乌（1913—1985），西班牙诗人，主要创作具有社会意义的讽刺诗。

# CONTENTS

## 目 录

# 致　谢

《野草蜂蜜：汲甘露于万物》是我献给托斯卡纳人、纳克索斯人、加泰罗尼亚人、阿普利亚人的一份深情厚谊，我们曾一起生活过、工作过——尽管他们永远不会读这本书。至于烹饪，我在"向一位卓越的厨师致敬"一章向欧文·戴维斯表达了我诚挚的谢意。许多满怀期待的好友给予了我很大的鼓励，在此，我也要特别感谢沃尔夫·艾尔沃德、让·德尔佩奇，还有一位"烤肉大师"兼艺术家赫尔穆特·迪尔纳伊奇纳，他具有超凡的厨艺和无与伦比的艺术才能。

我对阿里亚那·尼斯伯格感激不尽，几年前，她那振奋人心的批评激励我重整旗鼓。我对艾伦·戴维森的感激之情——助人为乐的圣乔治——难以言表。他让我的文稿为世人所知。没有他诚恳的批评和持续的鼓励就没有此书问世，他还指导我完成了本书中各种植物的命名。

我衷心感谢艾安茜·卡斯韦尔的鼎力相助，她允许我借鉴欧文·戴维斯在塔拉戈纳附近的本德雷尔记录的加泰罗尼亚食谱，这些食谱被收录在《加泰罗尼亚烹饪书》（*Catalan Cookery Book*）中，于1969年由他的朋友、诗人卢西恩·谢勒在巴黎以限量版形式出版。这些食谱既简单易行又真实可信。

虽然我生活在异国他乡的荒郊野岭，但是距离并没有隔断友谊。远方的挚友曾给予我的帮助让我没齿难忘，他们是：妮可·费诺萨、珍妮·曼德洛、J.L.吉利、弗洛拉·帕帕斯塔夫鲁、凯文·安德鲁斯、诺曼·贾尼斯、塔尼亚米德利和我的女儿米兰达、莉亚·朗德利、弗朗西斯科·拉迪诺、乌戈·西萨和奇亚雷拉·祖奇。

我特别感谢尼古拉斯·格雷在"轰炸威胁"一节中提供的文献

资料，里面的内容让我开怀大笑，也感谢安东尼奥·卢波嘲笑我，更感谢他借给我书。

当然，最初是基于我丈夫诺曼对大理石等石头的浓厚兴趣，我才萌动了写这本书的念头，从此对神秘的橄榄、乳香黄连木、无花果和葡萄树着了魔。

瑞士画家威利·哈通对我们恩重如山，我们与他是在纳克索斯相识的，多年来，他收藏了大量诺曼的雕刻作品，这使我们能够安心地继续创作……

# 前　言

在过去的二十年里，我一直与一位石匠[1]风雨同舟，在这期间，我自己也成了一名工匠，从事金银工艺设计。

大理石的纹理是这本书的脉络。大理石决定了我们在何处生活，怎样生活，与谁生活。我们过着一种最简朴的原始生活：无论是在卡拉拉上方葡萄园的破旧乡间住所里——沿着陡峭的骡道步行方能到达，还是在纳克索斯阿波罗那的那个我们暂且栖身的宽敞骡棚里——那儿的水龙头上不曾流过一滴水。

鉴于诺曼对大理石如痴如醉，我们毅然决然地放弃了现代的文明生活，转而与卡拉拉的大理石工匠和葡萄种植者朝夕相伴，在纳克索斯岛上尚处于"青铜时代"的一个小村庄里慢慢度着时光，过着与世隔绝的生活。我们与一位加泰罗尼亚雕塑家和他的妻子结下了深挚的友情，还在本德雷尔附近的一个罗马采石场中发现了一块金色石头，凡此种种所带来的那种激动都表明——整个夏天——加泰罗尼亚的生活既有返璞归真的简约，又不乏人世间的所有喜乐。

这本书中的食谱是在 60 年代漫长的找寻大理石之旅中积累的，到了 20 世纪 70 年代，我们在萨兰托半岛一个荒废的牧羊农场的拱形工作室定居了下来，我们用大理石换取莱切石和凝灰岩，在此期间，我始终没有放弃收集食谱。在这里，我们像许多其他人一样——预示着我们的新时代的到来——在雕刻的同时开垦了数英亩的石质红土地。

就像文盲开始识字一样，生活在荒郊野岭的我们重新开始认识

---

大自然。我们得去读山阅水，我们要从师于劳动人民，也就是说，我们必须亲身体验。这种经验既真实又有限。

正是在这种情况下，我从个人观察和实践出发进行创作，在相当长的一段时间内，孜孜不倦地主动学习。

精湛的厨艺要在自由与克制之间取得平衡，这是我在朋友欧文·戴维斯的厨房里学到的。欧文既是一位藏书家，又是一位优秀的厨师。其精湛的厨艺源于当地的当季食物。如果我们不珍视大自然的慷慨馈赠——庄稼种植——那我们就有可能失去与生命本身的联系。当上帝赐予了我们谋生手段时，准备食物和共享食物就具有了神圣意义。每一种作物的生长期都很短暂，这就促使我们在此期间物尽其用，并储存一部分以备将来之需。由此才有了禁食与盛宴，有了艺术家的苦与乐，有了希腊东正教的饮食方式和天主教徒对禁食教规的坚守，但现在它们大多都已被摒弃了。

欧文·戴维斯在本德雷尔住了几个夏天，令人欣慰的是，他呕心沥血地收录了一些加泰罗尼亚食谱。这些食谱是由厨艺超群的厨师用加泰罗尼亚语阐述的，当场由妮可·费诺萨译成法语，然后欧文用英语记在一个黑色小笔记本上。欧文收集这些食谱时乐在其中，我有幸在欧文去世后破译了这本食谱。

这本书的主题不只是寻找大理石和各式的石头，也不仅是在意大利、希腊和加泰罗尼亚等地中海地区找寻石灰岩，这些地方盛产的橄榄和葡萄也是主题之一，在接下来的字里行间，本书出人意料地把焦点放在了烹饪的基本材料——橄榄油上。收获橄榄的艰辛使橄榄油更加昂贵。尽管如此，橄榄油仍然是地中海烹饪的主要食材，不过，在加泰罗尼亚，以及在意大利和希腊，纯猪油也是一种重要的烹饪媒介。

有时候，我好像在拼尽全力地保留一些过去的生活方式，这些生活方式现在已经被一套全新的价值观彻底毁掉了。就像音乐专业学生录制的那些不再被唱起的老歌一样，我记下的一些东西也会很快消失。

书写这本书时每日的背景音乐是锤子与凿子在大理石、其他种种石头和木头上发出的各种声音；从日出东方，到日挂中天，再到日落西山，我要考虑的就是一个工匠的一日三餐。我所描写的这些菜肴曾经并且依旧令他心满意足。

贫穷比财富更能赋予生活中的美好事物真正意义。在自制的面包上抹上大蒜，淋上橄榄油——再配上一瓶葡萄美酒——与劳动人民共享，这比任何盛宴都欢乐。我想在本书背景中刻画出正在烹饪的食物，重现其中蕴含的真谛。我也对这片石灰岩荒野饱含深情。

如果我强调烹饪灵感来源于乡野，这并不意味着我反对科学。在一定程度上，烹饪始终都是一种科学操作——就此而言，特定条件下的特殊行为会带来一些可预见的结果。但这是以自身的天资、对不同食物内在本质的鉴赏力和对烹饪时间的掌控为前提的。天资意味着一定的技能和大量的耐心，天资还是一种热望，是要传递给他人一种比满足口腹之欲更重要的东西——愉悦感。

根据我的经验，我有充分理由断定农夫才是真正的美食家；所有的烹饪原料都是他亲自种植、饲养、狩猎或打捞，他还自酿葡萄酒。他妻子的首要任务是处理好这些劳动果实，把它们变成美味佳肴端到餐桌上。烹饪是需要投入情感的。也许这种非常古老的方法能再次给居住在复杂的城市环境中的人带来烹饪灵感。

依我之见，发明这些菜品的不一定是王公贵族的厨师，是农夫和渔民创造了这些美味佳肴，那些伟大的厨师们只是将其精化和记录而已。在拉丁欧洲[1]国家，由于天生的保守主义，这种传统仍然在延续，我们可以向其学习，向目不识丁的人学习。

佩兴丝·格雷

斯佩格力兹

1986 年

---

1　拉丁欧洲泛指使用罗曼语族（Romance languages, 又名 latin languages）的各门语言的欧洲国家，包括西班牙、法国、意大利、罗马尼亚等。这些国家的语言主要基于通俗拉丁语演化而来。

# 火

## Fire

火候决定了烹饪步骤：选择通风良好的地方，根据风向在石头之间生起火，把火扇旺。当火焰逐渐变小，热度最高时，将一些百里香和迷迭香扔在炽热的灰烬上，固定好烤架，先放上烤肉，烤肉须先涂油，接着扇火，肉的两边都要烤制，然后小火慢烤。旺火烤制时间不宜太长，一旦烤出了汁水，随后的烤制时间就视肉质的变化而定了。

大鱼最好不去鳞，刷上红酒醋和油，文火慢炖。这样鱼肉会鲜美多汁；最后去皮去鳞。在烤制过程中，真正的香味在很大程度上取决于烧火的木材。苹果树、梨树、李子树、杏树都很清香；松枝和坚果树也有香味；甜栗子树汁液多，适合用来慢慢熏制食材；无花果木很差；红柳有一股难闻的气味；橄榄木适合做炖菜，冬青木做炖菜也不错；干葡萄藤枝燃烧时间短，是做小型烧烤的首选；地中海山间的干灌木和玛基群落 ¹ 枯木——岩蔷薇、迷迭香、耶路撒冷鼠尾草、乳香树等燃烧后芳香扑鼻——会产生像喷灯一样的武火，发出蓝绿色火焰和熏香的气味。

南纬地区有个牧羊人总是在乡间放火，因而备受排挤。为了夏天大地上能长出新牧草，他会在玛基群落和一些山坡放火。无人知道艺术家和牧羊人以何谋生——他们长年累月地工作，却一无所得，声名扫地。有一年夏天，我们在野外露营，萨兰托的一个牧羊人放了一把火，一条火龙很快吞噬了整个荒野。他无意间改变了我对烹

---

饪加热的看法。

我坐在篝火旁，伴着吉他的旋律，在遗忘这些重要的东西前记下了笔记：铜是最好的导热体……陶器用于慢煮……加热强度与所烹饪食材的量和特点以及所用器具有关，它们都影响蒸发……干主食（豆类）吸水快……但也不宜加太多水……油炸和用文火煎是两个完全不同的概念。

但随着时间的推移，失变成了得。在过去的二十年里，厨师们对烹饪有了新的认识。因此，我在开篇没有把火视为毁灭者，而是借用亚历克西斯·索耶尔[1]（Alexis Soyer）之言——火是"美食再造者"。

---◇---

1　英国维多利亚女王时代的名厨。

# 厨　具
## —— Pots and Pans ——

　　岛上的希腊厨具：一个带盖的大黑锅、一个筛子、一个煎锅、一个金属烤架、一把木勺、一把小刀、一个铁三脚架和一个烟囱钩。

　　我那套流浪厨师装备放在一个大葡萄篮里，用骡子驮着，沿着骡道运到了卡拉拉北面的拉巴罗扎[1]（La Barozza），这套厨具包括：

| | | |
|---|---|---|
| 镀锡铜制平底锅 | 铝制带盖汤锅 | 镀锡铜制带盖炖锅 |
| 搪瓷奶锅 | 上釉陶豆罐 | 长柄上釉陶砂锅（烹饪锅） |
| 陶烤盘 | 滤锅 | 奶酪刨丝器 |
| 长柄漏勺 | 咖啡研磨器 | 那不勒斯翻转咖啡壶 |
| 木制的盐和胡椒研磨器 | 木制的匙和叉 | 两把法国厨师刀 |
| 曼陀林切片器[2] | 漏斗 | 铲刀 |
| 长柄勺 | 蛋糕烤盘 | 放玉米糊[3]的木板和砧板 |
| 金属网垫 | 带柄烧烤网夹 | 搅拌碗 |
| 木纹细密的大号研钵和杵 | | |

　　幸运的是，我在路上捡到了一个别人丢弃的大理石研钵。

　　一些东西一旦消失便成为陈迹，就像苏活区希腊街上卡代克夫人的店铺。隔壁的罗斯餐馆热情好客，在战争中的匮乏时期，有些人来此吃马肉排和蒲公英沙拉滋补身体。

　　卡代克夫人的店铺让我充满敬畏之情，尽管我经常从店外欣赏

---

1　佩兴丝和诺曼在 1965 年 5 月初抵达卡拉拉，却找不到落脚之处，他们花了近两周时间寻找工作室和房子，后来在城外的山上发现了这座破旧的别墅———一个 19 世纪的卡萨迪平原酒店。
2　这种切片器外观像曼陀林，曼陀林是一种小型弦乐器，在演奏时用塑料拨片拨动琴弦发声。可用这种切片器切土豆、洋葱、奶酪和蔬菜。
3　意大利北部地区的一道传统美食，比中国的玉米面粥黏稠。

那些精美陶罐，但是，我得鼓足勇气才敢走进去。陶罐的盖子上都饰有野兔和野鸡图案的浮雕，一排排厨师刀，银质烤肉扦顶部装饰着鸡头和猪头，做冰镇布丁的锡模呈菠萝和葡萄串状，橱窗里满是小巧的铜器和咖啡研磨器。这家小店绝对是一家专业店铺，看起来好像只有高级厨师才有资格进去。门上写着"始于 1862 年"。

一进店就可以看到卡代克夫人，她体形丰满，头发高高束起，无框夹鼻眼镜后的一双眼睛关注着每一个细节。她常常全神贯注，无视他人的存在。她就像一艘小货轮的船长那样正在指挥着新货的装卸和摆放。这些新货从商店的前门搬进店里，店里的货物堆积如山，四周墙壁的货架上，从地板到屋顶摆满了豪华的平底锅、砂锅、鱼锅、铸铁器皿、铝制品和发光的铜器，有狮形手柄的带盖大白瓷汤碗，上釉陶豆罐和法式炖锅。甚至天花板上也挂着一串串用于油炸的金属丝器皿，还有勺子、铁丝编的鸡蛋篮子、沙拉搅拌器和木制曼陀林切片器。

店里的厨具琳琅满目，物有所值，雅而不俗，与其功能相比，质量更显高端。这些精美绝伦的器具好像在召唤着佳肴美馔。

这位与众不同的女人每天在嘎吱作响的楼梯上上上下下，在一个小厨房里，用老式煤气炉为勤勤恳恳的员工做午餐。她曾是苏活区的翘楚，但是，如今苏活区已经不复存在了，罗斯餐馆和托里诺咖啡馆也都消失了。托里诺咖啡馆气氛宜人，曾是人们的避风港和办公室（咖啡馆位于老康普顿街，科隆比诺·德奥罗街的拐角处，现在也关门了）。

正是由于卡代克夫人，我才真正领略到厨具本身的诗意和给人带来的灵感。多年后，我依旧对她满怀感激之情，她送给我的那个惊人礼物——一个椭圆形铜平底锅——一直是我收藏的炊具中最重要、功能最全的一件。

从许多厨房来看，关键不是要购置什么厨具，而是要舍弃什么，最该扔掉的是那些影响烹饪的破旧铝锅。事实上，许多厨具都挂在墙上成了纪念品，人们稀里糊涂地购回这些东西来"象征"高超的厨艺。厨艺的高低不在于有多少厨具，而在于怎么使用厨具。同样，烹饪也远远不只是一种技艺展示。

除了上文提到的烹饪必备品之外，随着时间的推移，可以根据实际需要、家庭人口数量和烹饪志向增添厨具。但我首先强调的是，如果您想尝试本书中的一些食谱，那么，在厨房里，木制和大理石（或石制）研钵是必不可少的。

| 炖锅与平底锅 | 煎蛋平底铁锅 |
| --- | --- |
| | 带盖搪瓷铸铁砂锅 |
| | 盖子严实的炖锅 |
| | 带盖椭圆形搪瓷铸铁砂锅 |
| | 果酱熬制锅 |
| | 平底锅（双柄加泰罗尼亚铁锅） |

**陶器 \***　　　　　　豆罐

　　　　　　　　　　法国带盖陶锅

　　　　　　　　　　意大利无盖长柄炖锅

　　　　　　　　　　陶罐，内部光滑，用于存放无花果干、核桃、
　　　　　　　　　　　　扁桃仁；盐水橄榄；干豆（扁豆、豌豆、
　　　　　　　　　　　　鹰嘴豆）；两次烘焙的大麦或小麦面包——
　　　　　　　　　　　　这些罐子古色古香，在普利亚称为 *pisari*，
　　　　　　　　　　　　源自希腊语 *píthos*

**石制储罐**　　　　　用来腌舌头、腌五花肉或猪肥肉的罐子

**刀**　　　　　　　　厨师刀，最好是非不锈钢法式厨师刀

　　　　　　　　　　锋利而灵活的不锈钢菜刀

**器皿**　　　　　　　带柄烧烤网夹，用来烤肉

　　　　　　　　　　石棉或金属网垫（用来保护陶器）

　　　　　　　　　　上釉铁板

　　　　　　　　　　沙拉搅拌器

　　　　　　　　　　打蛋器

　　　　　　　　　　漏勺

　　　　　　　　　　半月形刀（双柄切菜器）

　　　　　　　　　　笊篱、面粉筛、擀面杖

　　　　　　　　　　细网圆锥筛

　　　　　　　　　　手动食物研磨器

　　　　　　　　　　倒酒的漏斗、倒油的漏斗

　　　　　　　　　　油壶：最好是由锡匠打造、细嘴、有内置漏斗的
　　　　　　　　　　　　锡制油壶，在意大利南部被称为 *cotruba*，
　　　　　　　　　　　　*oliera* 或 *orciulo*，在希腊叫 *gioúmi* 或 *látiin*，
　　　　　　　　　　　　在加泰罗尼亚叫 *setrill de llauna*

———————◇———————

\*　注：在使用陶器之前，先用大蒜擦拭，再装冷水，然后小火慢慢加热，这样小心使用，可以
　　延长使用寿命。

**储物器皿**　　　保存香草的带塞子的玻璃罐

　　　　　　　　装海盐的盐釉罐

　　　　　　　　密封玻璃罐

# 我的厨房
## My Kitchens

回首过去，我似乎总是从厨房逃到工作室：为了工作而做饭，而不是为了吃饭而工作。但是有时候，我又从这两个地方逃到海边，匿于密林，跑到山坡上。

在阿波罗那有三处可以生火：一个是室外的泥屋顶方石屋（明显是新石器时代遗留下来的建筑样式），一英尺¹厚，常用作住所、骡棚或洋葱库；另一个是户外壁炉，搭建在齐腰高的墙边石架上，顶上有个排烟孔；再一个是砖砌的炉灶，上面支着一个大黑罐，底下烧柴火。石架下面还可以堆放浮木。这里是夏天烹饪的理想之所，距离海边只有一步之遥，我中午下海游泳之前生起火，把食材放到锅里，当我在海湾里游个来回时，午饭便做好了，火也烧成了灰烬。凉爽的清晨——5点日出——可以自由地工作。

室内有个备用的双火眼瓶装液化气炉灶，放在一个倒置的包装箱上，这是我们带来的奢侈品。阿波罗那人用的是老式煤油炉。我们用这个液化气灶炒菜、煮咖啡和烘焙咖啡豆。因为某种原因，我们只能从遥远的纳克索斯岛港口买没有成熟的"绿色"咖啡豆。

屋子最里面有个凹室，可当储藏室，里面有一个漂亮的壁炉，壁炉上有个铁钩，钩子上吊着一口大锅。冬天，有两个牧羊人从海湾对面的山上带来清香四溢的灌木。他们常常过来取暖——有时他们的黑山羊会从悬崖上掉下来，他们就在这做饭。我们用壁炉做新石器时代的菜肴——烤鳗鱼或牛目鲷，当有人下海捕鱼时，我们就

---

1　1英尺约合0.305米。

用这个大锅来烹制角鲨或海鳗等。

在这个石屋里，台架上有张床，床垫里塞满了水仙花叶子，几把带灯芯草坐垫的椅子和一张桌子；石屋中央有个拱顶和高高的竹天花板，几堵承重墙支撑着泥屋顶。厄尔尼老太太经常来这里教我做家务活儿，她用自家腌制的猪肉换山羊奶酪，教我们做榅桲果酱，并确保我们在斋戒日不吃肉。

基克拉泽斯群岛中最大的岛屿是纳克索斯岛，在岛上只要有一口锅，掌握好火候，就能烹饪。在屋外通风良好的地方，在石头之间生起火，用木棍、荆豆[1]或藤条做柴火，旺火烧 7 分钟，然后逐渐变成文火。希腊人烹饪他们的主要蔬菜——土豆、洋葱和秋葵，小西葫芦、洋葱和番茄，茄子、洋葱和番茄——方式都一样。无论什么蔬菜，也不用管是什么味道的，只需按照 4∶1 的比例把水和油放到蔬菜里即可。大火烹制时，蔬菜会吸收一部分水分，也会蒸发掉一部分，等火渐渐变小，把油和蔬菜汁混合而成的美味汤汁用小火慢煨。火候决定了烹饪的速度，煮好后的蔬菜鲜嫩、完整，保留了自身的味道。

这个小港口上到处都是岩石，大多数村民的院子里都有一个圆顶面包烤炉，用灌木、藤条、鼠尾草和岩蔷薇加热。家里没有专门的面包师，但每家都会自制成堆的玉米和黑麦大面包。各家的平屋顶上都堆满了灌木，看起来就像不计其数的鹳巢。

܀܀܀܀܀܀

拉巴罗扎坐落在伊特鲁里亚山上，位于卡拉拉的北面。画家伊迪丝·施洛斯（Edith Schloss）形容它是一座"阴暗、古朴、美丽的"

---

1　荆豆属多刺灌木植物，高达 150 厘米。

房子，厨房里有一个木炭装置，需用炭棒和纸点火，再用羽毛扇使劲扇顶部的炭棒才能燃烧。可以在上面烤鱼、肉，还可以将上釉陶豆罐和砂锅置于其上做炖菜，当需要小火时，可以将灰撒在燃烧的木炭上。

壁炉里的烟囱钩上挂着一个大锅，可以做玉米糊、木鸽等各种菜肴。

托斯卡纳传统的烹饪加热方式首先是炭火盆和悬挂的大锅，其次是一种锡制土烤箱，这种烤箱可以放在木炭上或壁炉的灰烬里，把生肉铺在其盖子上烤制，这是一种乡下烤箱，两边受热。

如果有面包烤箱的话，通常用其来做烤箱菜。在我们曾经住过的卡斯特波尔焦村，我和大家一样，在逐渐冷却的烤炉上烘焙，半小时后，有人来烤炉里取"天使面包"或栗子糕，这会引来众人围观猜测——过路人都好奇地想知道，是不是把盖在上面的布掀起来时，蛋糕就烤好了。当然，也可能是蛋糕烤坏了。整个村子的人都靠一位面包师来做香甜可口的粗面包和必不可少的烤饼（把面团放在大浅盘里，抹上橄榄油，撒上迷迭香一起烤制，有时还加咸鳀鱼），面包师用从山上砍来的荆豆、金雀花、海金雀花和帚石楠的枝条烧火。

再讲讲我那贴着黑白手绘瓷砖的伊特鲁里亚厨房：大理石水槽上方的墙上有一个手动泵与室外蓄水池相连，但这个水泵早就坏了。我把水装进桶里，再倒进室外的蓄水池里，望向一边，可以欣赏到熠熠生辉的萨格拉山和阿普阿尼亚阿尔卑斯山的美景，越过小山望向另一边可以看见第勒尼安海，我们的声音在山里回荡，山顶上满是成片的羽毛状含羞草和深色伞松。在夏季，我们必须小心翼翼地使用这些水，因为在每年两次的季风季（11月、4月）收集的雨水得用来冲洗喷洒在葡萄藤上的硫酸铜[1]。

---◇---

1　硫酸铜同石灰乳混合可得波尔多液，用作杀菌剂。

因为木炭昂贵，所以做饭的时间不能太长。我的工作室就在山下小镇的另一头，那是一座可以俯瞰大理石场和卡里奥内河湍流的佛罗伦萨式高塔。我很庆幸厨房里有一个三火眼的瓶装液化气炉。

这些厨房与在本德雷尔的费诺萨家的厨房完全不同，那个厨房宏伟、富丽。厨房里有个大壁炉和好几个烟囱吊钩，还有一个带烤箱的煤气炉。墙上镶嵌的是 17 世纪雕刻精致的果木门。壁炉四周铺着古朴的金色马略尔卡陶砖，还有一个巨大的水池。

这个煤气炉的"侵入"意味着加泰罗尼亚最优秀的厨师安妮塔要用沉重的铝锅烹饪了，之前她是把立式弧形陶罐（陶锅、大锅）放在木炭上烹饪。但是她依旧把这个漂亮的陶罐放在煤气炉上的石棉垫上，用小火烹制扁豆，她还一直在烤箱中使用浅釉陶盘。当然，还有那个双柄加泰罗尼亚铁锅，其名字源自罗马语 *patella*。

但在夏天，我们大多在花园里做饭，那里有一个凸起的壁炉，可以用来烧烤沙丁鱼、鳀鱼、鲭鱼、鲻鱼，用易燃的清香灌木加热，旁边还有一个类似于在拉巴罗扎使用的木炭装置，只不过这个是在室外。另一个重要的室外设备是 19 世纪的像钟表一样自动转动的烤肉扦子。

时光流逝，我们的生活变得简单了。生活与工作已密不可分。在阿普利亚，我们使用冰冷的自来水，自来水是从对面石灰岩雕刻的古花瓶状贮水池里流出的，还有一个从卡拉拉运来的大理石水槽。厨房外有一个巨大的壁炉，这是一个独立的拱形房，一定是几个世纪以前为熏奶酪而建的。冬天的时候，我们在壁炉里烧橄榄木，在陶罐里烹制食物，因为壁炉是凸起的，所以最适合烧烤。

我们发现这间拱形厨房时，它还是一个牛棚，我们从里面搬出了七个马槽。厨房里有个四火眼的瓶装液化气炉和一个总出毛病的烤箱。有人怀疑，意大利的工业废品被专门送到了阿普利亚。这并无大碍，因为我们的邻居——准确地说是萨尔瓦托雷经常点上他的户外面包烤炉，而且总是提前告诉我。那个小院子原来是一个羊圈，由于年久失修，干墙已经倒塌，他又重新修好，不过，这次他在院子里又搭了个室外壁炉和烟囱。在夏日的清晨，因为室内太热，我就在院子里做饭。萨尔瓦托雷的妻子特蕾莎向我展示了一些阿普利亚烹饪方法和必备的锅，她说的锅是一种用来煮干主食的陶器，与托斯卡纳豆罐和加泰罗尼亚大锅很像。

我必须谈谈厨房里的一个重要话题——橄榄油。无论是在希腊、西班牙、法国的普罗旺斯还是意大利，当年出产的橄榄油都是最好的。长时间保存后，橄榄油会越来越精炼，其味道却不如从前。因为橄榄树每隔几年才大丰收一次，所以，人们经常使用陈油。

一想到商业上的掺假，我就不寒而栗。如今，即使是在盛产橄榄油的地区，人们也会为了省钱而用植物油油炸烹调，有些人还把橄榄油和植物油对半混合来烹饪。即便在橄榄油产区，橄榄油也不便宜。但实际上如果你用橄榄油代替黄油烹饪的话，你也省钱了。橄榄油不但对身体大有裨益，而且还能给最简单的菜肴增味。植物油就达不到这个效果。如果你问烹饪时要在锅底放多少油，事实上是少点为好，只要够炖煮、油炸或把食材煎至变色就行。只要节俭点，有点烹饪经验，再用一个细壶嘴的油壶就可以省油了。

初榨橄榄油是把橄榄压碎后自动流出来的油。普通油是将压碎的橄榄层层放在压榨机的层垫之间进行压榨。现代榨油机能产生巨大的压力。然后，在高速离心机中将油从沉淀物中分离出来，这就破坏了橄榄油的稠度和味道，过度精炼了。如果在压榨后，轻轻地将油从桶中倒出来，油的质量要好很多；倘若有一些残渣进入油中，可以先慢慢沉淀，一个月后再将油倒入干净的容器中，最好是锌制容器。

千万不要搬动装着新油的玻璃坛子，油可能仍在发酵，挪动会很容易导致罐子破裂；也千万不要用塑料容器装油，如果你必须这么做的话，在到达目的地后立即移入其他容器中。

擅长榨油的马其顿人说:"永远不要把油储存在锡罐里,要储存在玻璃坛子和玻璃瓶里。"

可以通过味道和颜色来判断油的质量,绿色或金色为佳,但是如果过于清澈了,则可能是年头太久或太精炼了,好的橄榄油应该带有天然的橄榄香味。

油的酸度取决于恶劣天气下橄榄在地面上放置的时间。像我们这些橄榄树不多的人,要在 11 月一次性采摘完,以免上述情况发生。

我应该告诉你最糟糕的情况:一个两口之家,一年来很多访客的话,至少要用掉 60 升橄榄油烹饪、拌沙拉和做果酱。

橄榄树有悠久的历史,我认为此处很适合摘录安托南·阿尔托[1](Antonin Artaud)在《乌羽玉[2]舞》(*Peyote Dance*)中的一句话,这本书在我的工作台上放了很久了:

> 他们(塔拉乌马拉人)知道,每向前迈一步,掌握纯物质文明后得到的每一次便利,都意味着一种损失,一种倒退。

---◇---

1 安托南·阿尔托(1896—1948),法国戏剧理论家、演员、诗人。法国反戏剧理论的创始人。
2 乌羽玉是仙人掌科、乌羽玉属的多年生肉质植物。

# 切与捣
## Chopping and Pounding

**不工作，就没有品质人生，一如无压载的船舶。**

—— 司汤达（Stendhal），《自恋回忆录》（*Souvenirs d'Egotisme*）

意大利和加泰罗尼亚烹饪的基本操作是把香草切碎。意大利语中的 *soffritto*[1] 或 *battuto*[2]，在盎格鲁-撒克逊语中没有意义对等词，它们是把香草和蔬菜切碎后用橄榄油文火煎炒而成，是烹饪中的调味品。

## 意大利调味菜（Soffritto）

意大利调味菜通常由少量香草和芳香蔬菜[3]制成。香草包括欧芹、莳萝、芹菜（绿芹菜，作为香草而非蔬菜来种植，不用焯水）、百里香、香薄荷、迷迭香；芳香蔬菜包括洋葱、韭葱、大蒜、胡萝卜。先将其切碎，再用油煨至变色，最后放入肉、豆类、鱼或其他食材。

## 加泰罗尼亚番茄酱（Sofregit）

加泰罗尼亚番茄酱的简易做法是：一只手扶着一个白色大洋葱，另一只手拿着一把非常锋利的刀，先把洋葱横向切片，再旋转一下，纵向切片。将洋葱碎用橄榄油煨至金黄色，然后放入去皮、去籽、压碎后的番茄，煨至汁液蒸发。这是加泰罗尼亚烹饪大米、土豆、岩鱼、咸鳕鱼（挂糊后油炸）、鸡肉、兔子、松鸡、小牛肉块的第一步。制作过程比较慢，这样可以让番茄酱更黏稠。

---

1　洋葱和其他青菜切成末后用油煎而成的调味菜。

2　葱、蒜、肉等混在一起的调料。

3　芳香蔬菜是唇形科，都含有芳香类物质。

## 加泰罗尼亚碎酱（Picada）

加泰罗尼亚料理的另一个特色是碎酱，碎酱这个词在欧洲北部地区的语言中也没有意义对等的词语，这是在文火慢炖的菜起锅前，最后加入的"一小口菜"；顺便说一句，这种碎酱可以代替大蒜调味，因为在慢炖过程中大蒜的味道会被破坏掉。

加泰罗尼亚碎酱是用焯过的（有时是烤过的）去皮扁桃仁、榛子和松仁，再加上大蒜和切碎的欧芹一起捣成糊状，然后用橄榄油稀释，最后将其从研钵中移出。采用的欧芹是光滑的单叶品种。

在制作加泰罗尼亚碎酱的过程中，用橄榄油稀释可以锁住捣碎食材时释放出来的香味，这种香味在接触到热的东西时才会散发出来。这是款丰富多变的酱料，在食材选择上可以是磨碎的黑胡椒粉，或者整粒捣碎的花椒；浸泡在牛奶或醋里的面包，浸泡后用油炸过的面包；烤辣椒；辣椒粉；更罕见的是用苦巧克力。

这些不同款式的碎酱的真正功能是，不用面粉就可以把各种食材与酱汁完美融合，产生更微妙的效果。

地中海地区的扁桃仁是一种基本的营养来源，其种植历史与葡萄、橄榄和无花果一样悠久，至少有 7000 年的历史。关于它们的不同品种以及它们的加泰罗尼亚、意大利和希腊名称，请参阅第 393 页的描述。

古希腊人用磨碎的扁桃仁和蜂蜜做扁桃仁甜饼。阿切斯特拉图 [1]（Archestratus）（公元前 5 世纪）在他的诗歌《舒适的生活》（Hedypathia）（美食）中第一次夸赞了这种甜点。

在最古老的加泰罗尼亚食谱 Libre de Sent Sovi [2] 中，扁桃仁是很多菜肴的基本食材，最先提到的是扁桃仁奶冻——将鸡胸和鸡翅碎块熬制的鸡汤与扁桃仁奶、烘烤后捣碎的大米粉、捣碎的糖以及玫瑰水放入陶锅中，用炭火熬制成浓稠且质地均匀的膏，做斋戒食物，用勺子食用，这是今天伊比岑坎圣诞布丁的雏形。

Sent Sovi 的编辑鲁道夫·格雷韦（Rudolf Grewe）博士解释说，扁桃仁之所以在中世纪烹饪中广泛使用是因为宗教斋戒条例，斋戒日不仅禁止吃肉，而且禁止在烹饪中使用牛奶和山羊奶。因此，用鱼、蔬菜和香料制作的肉汤中，人们用扁桃仁奶代替了牛奶和山羊奶。加泰罗尼亚人以其四旬斋的精美甜点闻名。普拉蒂娜 [3]（Platina）（见参考文献）在 1475 年到过加泰罗尼亚，对这些美味甜点给予了高度赞誉。

最早的意大利烹饪书是 1570 年由巴托洛梅奥·萨基（Bartolomeo Scappi）所著的《教宗庇护五世的神秘厨师》（Il Cuoco Secreto di Papa Pio Quinto），书中几乎在每个食谱中都列出了扁桃仁粉或扁桃仁奶。这本书中记载了第一个扁桃仁甜饼的印刷版配方，在那之前只有药剂师才能制作这种甜点。

在今天的莱切、加里波利和萨兰托，香甜的扁桃仁饼是圣诞盛宴上备受瞩目的美味，上面的鲤鱼是用鱼模印上去的，复活节时也

---

1　阿切斯特拉图被称为第一位意大利美食作家。
2　Libre de Sent Sovi 是 1324 年用加泰罗尼亚语写的欧洲最古老的食谱。这份手稿包含 222 个食谱，标志着加泰罗尼亚烹饪的开端。在后文中简称为 Sent Sovi。
3　普拉蒂娜是意大利人文主义者巴托洛梅奥·萨奇的笔名。

用扁桃仁面团做圣羔羊（参见圣诞鱼）。

在加泰罗尼亚碎酱中，通常用松仁代替扁桃仁，或两者一起使用。不过在欧洲北部的料理中通常不使用松仁，只有在地中海地区普遍使用。这是因为地中海地区生长着很多石松或伞松，松仁在烹饪中有很多作用，松仁还是利古里亚罗勒青酱[1]的主要成分。

## 罗勒青酱（Pesto）

加泰罗尼亚碎酱很像利古里亚沿海地区的罗勒青酱——将大蒜、罗勒叶和松仁一起捣碎，再加入磨碎的佩克里诺干酪或帕尔马干酪。这种酱可以用来给蔬菜汤调味，也可搭配意大利面和意式面疙瘩一起食用，还可以代替奶酪作为家禽肉的香料调味汁。

加泰罗尼亚碎酱和罗勒青酱（在普罗旺斯语中叫 *pistou*）有三个共同点：通过捣碎香草和大蒜来释放其香气；松仁作为吸收香味的媒介；用橄榄油锁住香味，在烹饪快结束时将其放入食材中，这样会保留酱的鲜香。

罗勒青酱采用的罗勒香叶（一种生长在热那亚开阔地带的大嫩叶）要在关火后放到菜肴中。而加泰罗尼亚碎酱选用了粗糙的单叶欧芹，在菜肴起锅前几分钟放入，如果用扁桃仁的话，则需要更早放入。

在希腊语中罗勒一词是 *vasilikós*，意思是"皇家的，高贵的，一流的"。在夏日地中海阳光下生长的罗勒香气袭人，自带君临天下之气。众所周知，在北面窗台上生长的罗勒会带有浓烈的猫身上的气味。罗勒在橄榄油中保存时会变软、褪色。如果想在冬天也闻到这种芳香，可以在出锅前把一些罗勒枝浸入桃子或者榅桲果酱

---

1　这是一款以罗勒为主要食材的地道意大利风味酱料，它来自利古里亚的热内亚，所以也被称为"热内亚之酱"。

里。参见野生桃子果酱（第361页）和吉里亚·埃琳妮的榅桲果酱（第359页）。有关罗勒的品种介绍，请参见第386页。

## 香料（Aromas）

在意大利和希腊烹饪中会使用（大叶、单叶或卷曲叶的）罗勒、欧芹、薄荷和（叶子和种子都芳香扑鼻的）香菜做香草，人工种植的绿西芹比野生的更香。

野生的迷迭香、香桃木、杜松、各种百里香、野生墨角兰（牛至）、冬香薄荷等常绿灌木植物在野外香气更浓郁。产于南方的月桂树叶和树皮都带有香气。在南方烹饪中使用的野生茴香籽和叶子具有比较浓的辛辣味。希腊野生鼠尾草比人工种植的鼠尾草的味道要浓一些，比在意大利山坡上生长的香紫苏的味道也浓一些（有关这些植物的更多信息，请参阅最后一章）。

其原因是，这些在石灰岩上生长得很茂盛的香草，如果长在肥沃潮湿的土壤中，它们的香味就会变淡；在干旱的石灰岩荒野，它们生长在蜜蜂和蝴蝶漫天飞舞的岩石中，叶子的小液囊就会产生较高浓度的精油，在捣碎过程中，叶子和种子中的芳香油就能挥发出来。

现在回到研钵和大蒜——重要的球茎。人们认为橄榄油蒜泥酱发明自维吉尔，也可能是普罗旺斯的厨师们。有一天，维吉尔胃口不好，有人建议他把蒜瓣捣碎，然后把蒜蓉和面包糠混在一起食用，他的食欲果然大增。这对任何食欲不振的人都有效——只要他们有研杵和研钵。

捣碎有香味的东西——尤其是大蒜、罗勒、欧芹——是治疗抑郁症的灵丹妙药。杜松子、香菜籽和烤过的红辣椒捣碎后也会产生同样的效果。捣碎这些东西会使人的身心发生变化——从唉声叹气到心情畅快。香草和葱属植物具有极强的兴奋作用。维吉尔的食欲可能就是通过捣大蒜和吃大蒜来改善的。

**研钵和研杵。** 研钵的许多名称——*mortaio*（意大利语），*murtaru*（萨兰托方言），*morter*（加泰罗尼亚语）——都源自拉丁语 *mortarium*，但其希腊名称 *goudi* 并不是源自拉丁语。研杵的名称有：*pestello*（意大利语），*pisaturu*（萨兰托方言），*boix* 或 *mà*（加泰罗尼亚语）。

最好至少有三套研钵和研杵。

第一套：一个小木研钵，用来研磨烘烤后的辣椒、杜松子、甜辣椒、香菜籽、肉桂皮、新鲜或干的迷迭香叶、百里香或茴香籽。

第二套：一个顶部向内弯曲的大木研钵，以防止碎末或汁液溅出，可用来做普罗旺斯橄榄油蒜泥酱、加泰罗尼亚蒜泥和蛋黄酱；还可做罗勒青酱、加泰罗尼亚碎酱、欧芹酱、核桃酱等。

第三套：一个大的瓷或大理石研钵，圆形的（带有一个很实用的圆箍），用来捣碎橄榄、金枪鱼、刺山柑、做橄榄酱的咸鳀鱼；将熟咸鳕鱼捣成酱；用来捣熏鳕鱼子，或者做肉酱的食材，或者在秋天把干辣椒和烤辣椒捣碎，可以研磨任何可能会渗入木研钵的所有食材。

　　加泰罗尼亚渔民制作的蒜泥酱是将八九瓣大蒜瓣放到大理石研钵中捣成糊状，然后一滴一滴地加入油，直到捣成浓稠的酱汁。确切地说，在古代，在法国朗格多克省（12 世纪和 13 世纪在加泰罗尼亚统治下）也有这种做法，被称为 *ail-y-oli*，用作蜗牛料理的酱料。有时会先烤一下蒜瓣，这样就很像普罗旺斯蒜味酱（大蒜泥），不过后者会加入脱盐的鳀鱼。将新鲜大蒜或者烤过的大蒜捣碎后和油混合成类似蛋黄酱的稠度，但颜色较浅。当酱不够黏稠时，可以加入用醋浸泡过的面包糠，或者和油炸过的面包片一起捣碎。所以，乍一看，似乎加泰罗尼亚的渔民们采纳了大蒜能增加食欲的建议。

　　我认为那些渔民们热衷于美食，不仅仅是为了果腹，他们一度为如何烹饪食物做出了贡献，这不只影响了他们生活的港口地区。谁又能知道，热那亚青酱最初是不是从加泰罗尼亚海岸传出，途经撒丁岛和加泰罗尼亚小镇阿尔盖罗，到了意大利后变成用松仁代替扁桃仁，并且用更香的罗勒代替了欧芹呢？在普罗旺斯，是不是因为哪个普罗旺斯人在马赛码头上烹制鱼宴时未能做出加泰罗尼亚渔民的蒜泥酱，为了保全面子，加入了几个蛋黄，才有了如今著名的普罗旺斯橄榄油蒜泥酱呢？失败是探索之母，这是多么鼓舞人呀。无论如何，根据莫拉德的说法，在 1720 年瘟疫之后，因为大蒜具有抗坏血酸和防腐的特性，马赛人才普遍食用大蒜。

　　由此可见，所有这些切和捣都与健康息息相关。

# 工作场所
## The Workplace

————————————

在一个伸手不见五指的夜晚，一位黝黑的古巴朋友追着我穿过圣弗朗西斯科广场。雕刻家先生 [1] 当时正立在工作室门外，工作室的大门紧锁，他呆呆地望着里面，根本不可能来救我。

为了给一位捷克雕刻家朋友饯行，克拉拉酒吧的派对早早就开始了。因为没有意大利货币，这位身无分文的捷克雕刻家扛着一箱子意大利香肠，背井离乡，来卡拉拉完成一件大理石作品。

他的辞别让克拉拉酒吧里的所有人整个下午都喝得醉眼迷离。不久后，一位冒充他朋友的捷克大理石经纪人——他的政治监管人——把他从酒吧拖走了。因为酒吧不隔音，狂欢的喧闹声传到了广场上，卡洛·尼科利那位和蔼可亲的祖母不得不用一条大锁链把房门锁上，屋里摆着一台华丽的钢琴。

最后剩下的几位雕刻家们跟跟跄跄地走出院子，对尼科利家的晚餐恋恋不舍。其中一个躺在排水沟里咯咯地笑着，其他人正在撕掉他的工作服，醉汉的脱衣仪式是喝醉时的举动，毫无体面可言。鬼哭狼嚎的歌声飘荡在夜空。

我转身看到追我的那个人面部肌肉抽动着，不时朝我怒吼。雕刻家先生完全没有听到我的呼喊声。他站在锁着的大门前，呆若木鸡，为了捷克雕刻家，他暂时放弃了个人创作，在这夜深人静的黑夜，他多想进去继续雕刻。

那个古巴人紧追不舍，我脚下生风，向尼科利家飞奔而去，推

————————————◇————————————

1　诺曼·莫门斯，从事大理石雕刻工作，佩兴斯·格雷的丈夫，在本书中佩兴斯称其为"雕刻家先生"。

开那扇沉重的门，大步流星地爬上旋转楼梯。我在楼梯顶上砰砰地敲着房门。吉娜夫人听到我的敲门声和呼喊声后，勇敢地解开门闩，急忙把我拽进房间。

离开克拉拉酒吧，派对的欢闹声就销声匿迹了。从克拉拉酒吧来到一楼"爱德华时代"的厨房，这些酒吧常客就像被当头浇了一盆冷水，顿时清醒了过来。一楼厨房贴着老式瓷砖，立着一张长桌，桌上放着一大瓷碗意大利面。顷刻之间，这些酒醒的男人因为害怕祖母的训斥，像害羞的小男孩般在桌旁安静地坐了下来。他们中不乏技艺精湛的雕刻家，但此时却无法用叉子把意大利面吃到嘴里。喧闹的夜晚就这样安静了下来。

不久以后，我们又可以在夜晚自由出行了。路对面，一群晚归的狂欢者，也许是采石工，正声嘶力竭地唱着意大利民歌，就像半夜三更在广场上点燃的爆竹。

❧❧❧❧❀

想象一下有座 19 世纪的广场，石屋的灰泥上涂着铬黄色颜料和牛血。刚刚涂上时，这些颜色与后面白茫茫的群山相映成趣；现在颜色褪成了粉色和金色。一座坚固的维多利亚式宫殿矗立在广场西端，面向大理石山。与之成直角相毗邻的是一间用来雕刻巨大的大理石的宽敞工作室。

在一张 19 世纪的发黄旧照片上有这间工作室最初的主人——一个维多利亚时代的大力士，他身穿工作服，头戴大礼帽，一手拿着锤子，一手夹着托斯卡纳罗雪茄。看着他，人们也许会猜想，罗

马奎里纳尔宫[1]的蛋糕状装饰必定是他的杰作——用二十头牛拉着木车，把巨大的大理石块运到广场上。但事实上，他是与无数助手一起为那不勒斯国王完成了这件 40 英尺高的作品，以庆祝蒸汽、工程和商业的奇迹——进步的胜利。

现在，这个巨大的工作室由英雄卡洛的曾孙卡洛·尼科利经营，时至今日，各处还散落着维多利亚巅峰时期的雕塑作品——无花果叶遮体的阿波罗，萨宾妇女，头戴葡萄藤花环的酒神巴克斯的女祭司，带着双翼的墨丘利，衣着端庄的天使，肥胖的政客，骑马奔赴战场的骑士，圣徒，丘比特，还有玛丽·安托瓦内特的精致半身像或希腊萨莫色雷斯岛上的胜利女神像。现如今，借助轧尖机和气动凿，这些怀旧物品中的任何一件都能在几天之内完成。

工作场所一直延伸到广场上，广场上有参天的酸橙树遮阴，穿过广场，在工作室对面有一个围墙围起的狭长的低矮工作室，可以从几扇铁门入内，里面有足够宽敞的空间装大理石块，还有一个工人们用来洗漱的水龙头。

虽然这一切都极具纪念性，但从一开始就闯入了些滑稽元素。那些滑稽元素就像酸橙树开花时滴下的黏液一样，隐伏在了广场上。这些重要的元素掌控了雇员和雇主之间的关系，干扰着宗教作品的创作，像维多利亚时代的诅咒一样不经意间进入了来访雕刻家的作品中。

这或许要责怪尼科利的曾祖父。这个英雄在工作时常和一个路过的意大利乳酪小贩一起欢愉，她走进广场，叫卖着她的商品——从山上城堡带下来的用月桂叶包着的新鲜羊奶酪，他让她在同一时

---

1　罗马奎里纳尔宫坐落在意大利罗马旧城地势最高的奎里纳尔山丘上。这里不仅是意大利总统府，而且由于建筑的辉煌壮丽和艺术收藏品的丰富珍贵，已经成为罗马的一座博物馆。

间尤其是在关键时刻——不停地叫卖，以免在附近的宫殿里引起猜疑，因为这座宫殿的阳台可以俯瞰整个工作场所；一旦有人猜疑就会引起闹剧。

在这间工作室里，机械工具正嗡嗡作响，粉尘弥漫，它的主人秉承着热情好客的传统，无论是挤奶女工，还是来卡拉拉工作的雕刻家，不管是意大利人，还是外国人，他都真诚以待。尼科利一家对我们非常友好，他们不仅古道热肠，而且健谈、机智、能言善辩。我不会忘记拉西诺拉·吉娜站在门口的样子，她抱着我们送的一束帕尔马紫罗兰，唱着索诺·波奇·菲奥里的《几朵鲜花》（*Sono pochi fiori*），宛如天籁之音。

一切如故。除了酸橙树越长越高，广场的名字因为政治需要改了又改，其他一切照旧，还是那些房屋，还是人来人往，一百年来，工人们依旧在工作时喧闹着，命令着，叫喊着，愤怒着，欢笑着。但是，一到星期天和节日这里就有点死气沉沉，因为演员退场，道具闲置：锤子、凿子、钳子、锉刀、东倒西歪的手推车、铁柄和纸帽子——这些用过就丢弃的防尘帽形同旧报纸折成的玩具船。

这里有两个休憩场所，街角的达吉奥酒吧和比较舒适的达利诺休息室。穿过一个小庭院就到了尼科利宅邸一楼那个很高的狄更斯式房间，从那里可以俯瞰外面荒芜的花园，花园里满是枇杷、夹竹桃和大理石块。

吉奥个子高挑，身穿羊驼绒工作服，闷闷不乐地在木柜台后面卖着烈酒和早餐松饼。两个面带愁容的薄嘴唇女人站在他的一左一右，一个是他的妻子，另一个是他的妹妹。克拉拉和她的丈夫利诺多年前就来这里为 40 名工人做午餐，给他们做下班后的茶点。随着时间的推移，大理石雕塑的需求量越来越少，她极不情愿地给十几名留下来的工人当了保姆，这些工人还没有放弃他们精湛的打磨手艺。

体力劳动总是伴随着笑声——在卡拉拉还伴着歌声。这也是下一章的主题。

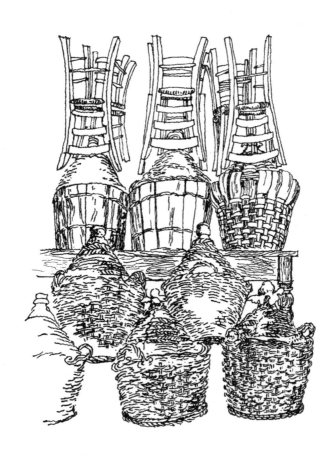

# 小 吃

## La Merenda

在拉丁语中，*merum* 的意思是"纯粹的，不掺假的"，常与葡萄酒连用。意大利词 *mero* 表示纯葡萄酒。但如果没有下酒菜的话，这种酒会让人头晕。所以，喝这种酒时都搭配点小吃。不要把这里提到的小吃和现在的零食混为一谈。零食是抢着吃的，小吃是与人分享的。这个词暗示愉悦的心情，是从下班后到回家前这段时间应及时享乐——毕竟每个意大利人的家都是一个尽善尽美的小监狱。

这种小吃很简单——优质面包和一盘摩泰台拉香肠或色拉米香肠（摩泰台拉香肠起初指一种意大利生产的熏猪肉香肠，阿普尼亚山区的农场至今还在制作这种香肠）。

这种小吃只是你的下酒菜而已。那些爱酒如命的人往往下班后就匆匆上山赶往朋友的葡萄园。在正常年份，朋友家酒窖里的一瓶葡萄酒要卖到几百里拉。

葡萄美酒

你是多么的曼妙醇香！

你从山里款款走来

在酒窖中安然睡去

托斯卡纳人极其注重面包的品种和火腿的质量，他们在任何一家酒吧坐下来喝杯葡萄酒之前，都可能会跑到街角的一家食品店里，食品店老板善于挑选面包和火腿。他们买回来 100 克咸香的意大利熏火腿、一个乡村面包和一些硬实的番茄，再从口袋里掏出一把刀和一个装有海盐和野生墨角兰（牛至）的小锡罐，志满意得地坐在这些小吃和葡萄酒旁，兴高采烈地与友人共享。

在克拉拉酒吧，除了大理石工人外，大多数常客都是退休的采石工人。即使死神可能随时降临，他们也尽情享受每日的欢宴，戏谑笑闹着度过时光，那些意大利民歌是艺术喜剧诞生的温床：互相取乐的天赋是穷人的宝贵财产。

春天的时候，人们在小酒吧里吃掉大量的蜗牛和青蛙，这是因为酒吧老板娘厨艺高超。雨后，人们会用塑料袋精心收集从石墙里爬出来的蜗牛。青蛙是从雷焦·艾米利亚小镇运来的，在蛙背和蛙腿上撒上细面粉后油炸食用。

如果天气特别恶劣（春天来迟，人们情绪低落），厨娘会将一条小羔羊腿切块，用猎人菜谱烹制后让宾客们用手拿着吃。但这只是白日梦罢了，更多时候人们是在费劲地咀嚼着羽扇豆种子——一种在盐水中浸泡软化过的圆形的白色种子，或者吃些盐渍冬南瓜子。

每到春天，凡是饲养鹌鹑的地方都会有鹌鹑蛋，这些淡蓝色小鹌鹑蛋上带有黄褐色斑点，可以连蛋壳一起嚼碎生吃。

无论如何，意大利人认为鲜蛋都要生喝。通常是将鲜蛋磕入玻璃杯中打散，放少许盐和几滴柠檬汁，然后生喝即可。

## 羊奶酪配梨

### （Formaggio con le pere · ewe's cheese and pears）

在托斯卡纳的夏天，当一种汁多味甜的长形梨成熟之际，佩科里诺干酪也做好了。这是山民在早春时节用羊奶制作的农家乳制品，选一个通风良好的房间，把羊奶悬挂在天棚架子上发酵几个月。这些奶酪直径约 20 厘米，内部呈乳白色，外表呈浅色。这种奶酪在城里很少见。较大尺寸的奶酪颜色深点，表面涂有木灰。在过去，每个农民都要向地主上交葡萄园的水果——枇杷、柠檬、橘子、梨、李子、樱桃、杏、桃、无花果，甚至还有这样一种说法：

不要让

农民知道

奶酪配梨是佳肴

地主们想独享这美味的奶酪和夏日的甜梨！这简直就是痴心妄想。城里人误以为面朝黄土背朝天的人都"头脑简单"，其实他们既神秘又聪明。

冬季的小吃很可能是猪油片——高山上的村民把猪臀部肥肉、干盐和山上的香草一起放入大理石盆中腌制——搭配大片面包和黑橄榄一起食用。盐鲱鱼可以烤着吃；也可以去皮，去骨，在水中浸泡一会儿，然后沥干水分，再加入洋葱片、橄榄油、红酒醋和黑胡椒粉拌后食用。食用这些小吃后需大量饮水。

由热那亚和葡萄牙公司生产的大罐装盐腌鳀鱼可以随时作备菜使用，其口感和稠度比油浸罐装鳀鱼片味道好得多。

## 咸鳀鱼（Acciughe alla marinara · marinated anchovies）

咸鳀鱼 200 克 · 黑胡椒粉
1 把欧芹碎 · 2 瓣大蒜 · 橄榄油

鳀鱼洗净，沥干。把每条小鱼切开，去掉背鳍和脊骨。冲洗几遍，晾干。将清洗后的鳀鱼在盘中摆成扇形。撒上现磨的胡椒粉，再撒上欧芹和大蒜片，抹上橄榄油。

开胃菜包括：一盘鳀鱼；一盘淋上橄榄油的熟扁豆；一份将人工培植的球茎茴香切成薄片后拌的沙拉。

这让我想起了五一节的庆祝活动，人们争相食用直接从豆荚里剥下来的嫩蚕豆。当葡萄藤又长出嫩叶时，去年酿制的葡萄酒便可以饮用了。

可以随时随地来点小吃：夏日傍晚沿着骡道而行，半路停在枇杷树荫下；抑或在酒吧庭院的大理石桌旁；或者冬日在荒废的农舍里

（非法酒吧）；与友人在烟囱边的藤条（11月修剪下来的）篝火旁，夜晚的狂欢拉开了序幕。*Baldoria* 的意思是"狂欢"，但在这种情况下，便是歌曲晚会了。电视还没有扼杀人们对歌唱的热望，至少在卡拉拉山上是这样。

从某种意义上说，这么多的枇杷树很招人，有时候在回家途中，那些叫阿达莫、阿尔塞斯特、阿梅托或者阿提里奥的男人远远地就打招呼，他们故意拖延回家时间，因为回到家就难免受女人的管制。发明小吃是为了缩短受压迫时间，减少压迫带来的痛苦。

**小菜**。在希腊，这种"一天中任何时候都可以吃的东西"被称为 *mezés* 或 *mezedáki*。最常见的是咸菲达奶酪和黑橄榄，也可以是各种各样的食物。

外来人在纳克索斯港上岸时，首先映入眼帘的是两把背向而放的椅子，椅子靠背上支着一根杆子，上面挂满晾晒的大章鱼触须。椅子以超现实主义的方式摆在路边，放眼望去，可见岛上竖着的一根电线杆和一座白色的小教堂。

## 章鱼（Ochtapódi·octopus）

如果你走进一家海滨咖啡馆点一杯茴香酒，他们会给你上一盘和上文提到的一模一样的章鱼触须做的小菜——把章鱼触须涂油，烧烤，然后切成小块，在烧烤过程中会散发出一种独特的清凉味。

众所周知，如要杀死这些骇人的生物，需要把它们的"袋子"外翻，然后在岩石上摔打，使其软化。随后切下袋子，通常在新鲜的时候撒上面粉，油炸成条。触须的顶部有一些奇怪的像小火山口的吸盘，用海盐擦掉外皮，然后洒上醋，在烈日和海风下晾晒几天。

赫西俄德（Hesiod）[1]称"章鱼——古老的无骨水螅虫"，章鱼在迈锡尼时代是多产的象征，纳克索斯的小博物馆里收藏了一些令人叹为观止的浅色陶罐，上面绘有章鱼的八个触须构成的奇妙图案；这些都源自克里特岛。

## 海胆（Achinós·sea urchins）

我有时觉得那些美食家们回到了青铜器时代。虽然阿波罗那人不贪恋美食；然而，在夏天工作之余，他们会带着一片面包和一瓶葡萄酒，来到海胆经常出没的小海角，从水下的岩石中捡起海胆，用刀或石头敲开带刺的外壳，把壳里的水倒掉，然后用面包蘸着橙色的海胆汁，在欢声笑语中享用。

**滋补品**。在拉丁欧洲国家，鳀鱼、沙丁鱼、欧洲沙丁鱼等小咸鱼广受欢迎，这与高温、身体疲乏和需要恢复体力有很大关系。即使这些鱼在上桌前已脱盐，但食用后还是会令人口渴难耐；再加上工人因劳累而干渴，从而需要大量喝水（或饮酒）来解渴，尤其是在纬度40度附近的工作环境中。

---

1　赫西俄德（公元前8世纪—？），古希腊诗人，被称为"希腊训谕诗之父"。

## 自制腌鱼（Salting fish at home）

秋日里，纳克索斯岛农民常用上等洋葱来交换新鲜的鳀鱼和沙丁鱼。然后他会坐在家门口，面朝大海，身旁放着两堆鱼，两个大汽油罐和一袋从岩石中非法采集的海盐（盐是国家垄断的），再喝上一加仑琥珀色的葡萄酒，由孩子们帮忙，他把鱼头，连同内脏一起从鱼身上拽出来，然后把鱼整齐地摆放在汽油罐里，每层都撒上盐，最后在上面压块重木板。

就这样，他为自己和一大家子人准备了整个冬天的晚餐。配着他妻子烘焙的超大面包以及自家种的豆子、番茄和菊苣根咸鱼当晚餐。由于纳克索斯岛上的一切事情都要速战速决，根本没有时间浸泡出咸鳀鱼或沙丁鱼中的盐分，所以吃完后必会口干舌燥，得喝点自酿的 17 度葡萄酒解渴。

还可以吃一些极甜的东西来补给身体，但吃完后同样会口渴——希腊糖汁水果就是如此。

## 糖汁水果（Glikó · fruit in syrup）

这种糖汁水果由麝香葡萄、榅桲或未成熟的绿色核桃做成，村民用它搭配清凉的山泉水，有时搭配拉基酒款待长途跋涉的游客，拉基酒是一种用压榨过的葡萄皮蒸馏出来的烈酒，类似于马克白兰地或格拉巴酒[1]。

在庭院里的一棵无花果树下，人们用调羹品味着小碟子里的糖汁水果。女主人会给你拿一把就座的椅子和一把让你放腿休息的椅子，她会把水罐里的水洒在地上防尘降温。在你享用糖汁水果时，

---

1 马克白兰地也叫葡萄渣白兰地，在意大利地区也叫格拉巴酒，是由酿葡萄酒的皮渣蒸馏而来，故而又名"果渣白兰地"，多为餐后酒。

她还会送上一枝罗勒和一杯泉水。

待客之道：及时察觉客人所需。

从更广泛的角度来看，人们不应该忘记香草、大蒜和橄榄油的恢复功效；参见大蒜汤和加泰罗尼亚版百里香汤。鼠尾草、百里香和月桂也有类似的特效，加入草药饮料中，能引起食欲，恢复机体功能。

但人们有时被迫食用恢复体力的滋补品。在纳克索斯岛，人们有时豪爽地送给我们用叉子穿起来的美味佳肴，但我们不敢受用，比如烤小鸟头，油炸得像海绵似的羊脾。

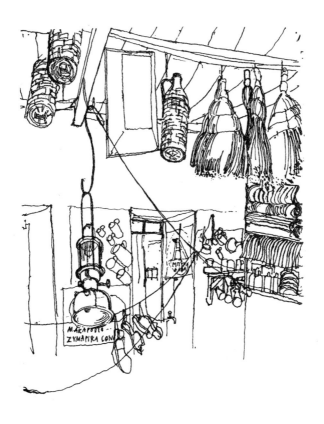

## 烤羊肺

### （ Splína ke kokorétsi katsikíou · grilled goat's lights ）

山羊肺口感丰厚，比较容易让人接受。将其切成几段，用肠子缠绕起来，插入大蒜片，撒上野香草和橄榄油，然后穿在木扦上在炭火上烤制。

无论如何烤制，最提味的就是滴入几滴大蒜醋——把 50 颗去皮的大蒜放入红酒醋中浸软泡制而成。

只要有新宰杀的小山羊或者羔羊就可以烤羊肺，关键是羊肺必须新鲜。在阿普利亚，一种非常类似的烧烤是把羊内脏和肠子一起烤制，称为烤羔羊杂。

*Refrigeris* 来自拉丁语 *refrigero*，在加泰罗尼亚语中是"点心"的意思，相当于意大利语 *merenda*（小吃）。加泰罗尼亚人在田间劳作时，到中午要吃一条咸鲱鱼、一大片面包、一串麝香葡萄，喝点波隆酒壶 [1] 里的葡萄酒来恢复体力。由于高温、光线、不熟悉的气味和灰尘等因素，在夏季游客会出现脱水现象——可能像在田里劳作的人一样会虚脱，因此有必要及时增加体力。

在希腊、意大利和加泰罗尼亚，也许夏季最常见的点心是把熟透的番茄碎抹在涂了橄榄油的面包片上，与大蒜瓣、海盐一起食用，绝对令人精神倍增。面包必须是乡村面包，番茄选熟透的、有果香味的，橄榄油要上好的，再配上葡萄美酒。这在加泰罗尼亚被称为番茄面包。

---◇---

1　一种西班牙传统的玻璃制葡萄酒饮酒工具，壶状，介于葡萄酒瓶和水壶之间。样子有点像实验用的玻璃锥管，但上部有倾斜，便于手的抓握。有一个长长的壶口，可以直接对着嘴饮酒。上部用软木塞塞住。由于壶嘴部分与空气接触，所以也可以醒酒，存储在内的葡萄酒随时可以饮用。

任何在加泰罗尼亚有汽车的人都应该到普里奥拉托山区游览一番，这是一个可以从罗伊斯[1]到达的封闭山谷。该地区多丘陵，广泛种植葡萄、无花果、杏和扁桃树——陡峭的低山坡上布满了榛子种植园。地表是用镐和鹤嘴锄才能开垦的坚硬岩石和闪闪发光的云母石，太阳在金属岩石上反射的热量让普里奥拉托葡萄酒呈金色，与琥珀色的纳克索斯葡萄酒一样风味浓郁，酒力强劲。

共有九个村子的居民耕种这片土地，这些村子建在岩石上，类似中世纪城堡，他们骑着骡子去干活。我们坐在一座古屋的露台上，从这个高耸的庇荫露台上能够俯瞰金光四射的村庄，早晨 10 点吃早餐——面包、番茄、大蒜、橄榄油。我们在这顿早餐中品尝到的葡萄酒是如此的醇甘馥馥，令人齿颊生香，以至于都让人记不起后面那顿丰盛的午餐了。我只记得那道甜点——无花果面包，这是用无花果叶包裹起来的小圆面包，是把整个干无花果压碎，再加入洋茴香和月桂叶调味。与之搭配的是一瓶保存了上百年的葡萄酒，其酒精已经自然挥发了，喝起来像巧克力糖浆。

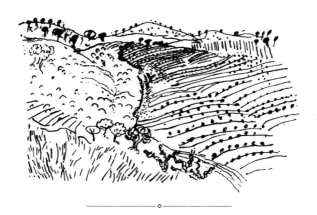

---◇---

1　罗伊斯是西班牙加泰罗尼亚塔拉戈纳省拜克斯营的首府，该地区一直是葡萄酒和烈酒的重要产地。

# 纳克索斯岛上的禁食
## Fasting on Naxos
————

*愚昧无知的人啊！你们哪曾晓得*

*一半远比全部好，*

*更不知道*

*以锦葵和水仙花为食的益处。*

以上是古希腊道德家赫西俄德在《工作与时日》(*The Works and Days*)中的演讲，这些慷慨陈词潜移默化地影响了岛上希腊人的言行。我认为"以锦葵为食"不仅指可食用的锦葵叶，也指秋葵（木槿）的果实，秋葵属于锦葵科，是希腊本土植物；"以水仙花为食"不仅指野生植物肉质块茎根（种类繁多的日影兰属植物）和巨大的海葱鳞茎，还指各种葱属植物。普林尼（Pliny）曾经描述过人们在困难时期曾食用海葱。葱属植物直到19世纪才被归为百合科植物。洋葱是阿波罗那的主要作物。

当然，赫西俄德写的是关于在古希腊城邦维奥蒂亚的日常生活。如果你一贫如洗，但又傲世轻物，那一半可比全部好得多。假如你和希腊人朝夕相处，你也会如此高傲。贫穷一直和希腊人如影随形，这与消费社会激发的贪婪截然相反。阿波罗那人和赫西俄德都推崇道德至上。村子里只有寥寥几户人家，每家都在两头骡子和一头母牛的帮助下，在小港口上方和岩石海岸上方陡峭的山谷里耕种土地。

这里家家户户或多或少都能自给自足，他们仅购买用于照明和做饭的石蜡、盐、糖、肥皂、烟草、面粉、大米、意大利面、咖啡和在禁食期间必须购买的熏鳕鱼子和酥糖。

## 熏鳕鱼子（Taramá·smoked cod's roe）

作为禁食期间的食物，熏鳕鱼子选用的是冰岛的鳕鱼子，在普通商店和卡芬尼翁酒吧就可以买到鳕鱼子罐头。在非禁食期间，把鳕鱼子和大蒜瓣一起捣碎，然后加入橄榄油、柠檬汁和大量的黑胡椒一起食用。有时，为了把它"增多"，还会加入面包屑、欧芹碎和香菜末。

阿波罗那人很惊讶地发现，我们在非禁食期间也吃熏鳕鱼子。对他们来说，熏雪鱼子只在禁食期间才会吃到，而且价格不菲。

从降临节到平安夜，从圣灰星期三到复活节星期六的午夜，人们吃得越来越少，仅食用扁豆、小扁豆、米饭、意大利面和野菜。人们不可以吃平时的备用食物——山羊肉、羔羊肉、猪肉、新鲜奶酪、鸡蛋和大多数鱼以及橄榄油。岛上的希腊人已经在禁食了，但是，令人惊叹不已的是，他们还可以让自己吃得再少些。在大理石采石场中，从事繁重工作的男人可以破例食用橄榄油和橄榄。

秋雨时节他们在室内制作犁。他们用镐和鹤嘴锄在葡萄园和石质梯田耕种。易货交易是常见的收购形式，还未收获的洋葱可以作为信用抵押。赫西俄德抨击的那些大亨们假冒成运料车车夫，他们的运料车是靠走私贩卖基克拉泽斯大理石女神雕像买来的，我住在上面的城堡里，和他们一样，越过群山，从遥远的纳克索斯港拉车运回茴香酒和拉基酒，而不是走海运。

竟然有两个外来人要在这里定居下来，这着实令他们费解。希腊人不会只留意事情的表象。如果一个雕刻家靠近大理石采石场——大理石采石场就在村子北面，他一定隐藏着不可告人的动机。当我们把一块块光芒四射的大理石吊进隔壁的工作室（以前用作骡棚）里时，他们把我们的越野卡车当成了一种与外界联系的工具，并以紧急借口征用了，因为当地的运输工具只有骡子。当短暂的夏季游客和从雅典来的亲戚们来了又走之后，他们意识到我们真的要留下来，便决定好好利用这辆车，于是我们开始融入阿波罗那人的生活中了。

❄❄❄❄

酿制葡萄酒和突然的食物短缺促成了一段新的友谊。一位男士邀请我们去参加婚礼，他在我们屋外的海滩上捡鹅卵石，他的交通工具是两头骡子。安耶洛斯是一位有 11 个孩子的族长，他的大儿子正在举办婚礼。作为外国人，我们给婚宴增添了一点色彩。外国人还是受人尊重的。这场盛宴做了像古时大锅那么大的七大锅意大利通心粉，杀了七只山羊。紧接着，安耶洛斯就邀请我们一起酿制葡萄酒，我们相约早上七点，阳光明媚之时，在村子上方的陡坡上见面。

男人跳进葡萄坑里，脚碾着光亮圆润的葡萄，整个上午都汗流浃背。友谊就像从酒坑里灌进鼓起的羊皮袋里的火红的葡萄汁般汨汨流淌，人们用骡子把成袋的葡萄汁驮回村子里。安耶洛斯成了我们的挚友和赞助人。注：不允许女人在葡萄坑里踩葡萄，因为他们认为这样会玷污葡萄汁，酿不出浓烈的酒。

当去年的葡萄酒喝光时，我们的朋友就会带来几瓶金色琼浆。当"商店"除了腌牛肉和鱿鱼罐头空无一物时，他就及时送来了新挖的紫皮土豆、几包古铜色洋葱、几篮子番茄、闪闪发亮的茄子和瑰红葡萄。安耶洛斯向来对朋友倾其所有——这和晓得"一半比全部好"是完全不同的。

### 新鲜扁豆（Fasolákia · fresh haricot beans）

当收获新鲜扁豆时，安耶洛斯就派他的女儿卡利奥佩端来一大锅蔬菜：2 千克的白豆、一些新鲜番茄、几个大洋葱、两个大土豆、欧芹、芹菜叶和罗勒，并叮嘱她认真教我烹制这些蔬菜——只有一种烹饪方法。卡利奥佩 16 岁，父母对她教导有方，她让我觉得虔诚地对待烹饪是一种特殊的延续生命的方式。

她把豆子浸泡在一大锅冷水中，扔掉浮在水面的豆子，在外面的小院子里生起火，在豆子里加入少许小苏打，煮开，大火再煮20 分钟后，用滤锅过滤，将水倒在外面的小路上，然后用冷水冲洗豆子。

她在锅底倒入大量的橄榄油，放入剁碎的西芹和欧芹，把锅放在文火上，接着加入豆子、洋葱圈、去皮切丁的土豆、去皮切块的番茄、罗勒枝、一些海盐和没过食材的水。这些都做完后，她盖上锅盖，添上柴火，然后我们去了海滩。一个小时后，火熄灭了，新鲜的豆子变得白白嫩嫩，浸在香味浓郁的汤汁中，软烂可口。

但是我们实在吃不了这么一大锅豆子，于是晚上我给邻居老厄利尼送去了一些。他住在洋葱田对面带围墙的果园里，一向对外国人持有偏见，他以为这道菜是我这个外国人烹制的，就把豆子喂了猪。

安耶洛斯陪着我们翻山越岭来到菲洛蒂，弄到了上好的绿色橄榄油和浓稠的黄色蜂蜜。如果他走进我们那高拱顶的房间，发现桌子上有一堆面包放反了，他就会一把抓过去，嘴里嘟囔着说那么放不吉利，然后把它翻过来。赫西俄德说："喝酒时千万不要把酒勺放在搅拌碗里，这样会带来被诅咒的厄运。"安耶洛斯会说："不要空腹喝酒。"我们养成了在黄昏时吃点东西的习惯——山羊奶酪、脱盐鳀鱼、烤茄子、黑橄榄。当他确信我做饭用的餐具干干净净之后，他会毫不犹豫地和我们共享美食——倘若他当时没在控制食欲的话，食物会令人口渴。卫生是重中之重：仇外心理的原因之一——外国的东西可能是不洁净的，这是一个老观念。因为我在烹饪时极其讲究卫生，所以大家对我信赖有加。所有人都知道我没有水槽。我过去经常在室外或附近的海里洗餐具。

水是个问题。人们用水罐从村里的喷泉处取水，水从下一个山谷用管道沿着悬崖一直输送到下一个海湾。即便这样也并无大碍，因为借此我可以和村妇们多接触。但是，洗衣服时就不方便了，只能用一个很浅的木槽在家洗衣服，一次只能在里面浸泡一张床单。许多妇女在离喷泉稍远的岩石上洗衣服。当地有一种近乎宗教规则的禁忌——禁止污染水源，只可以在春秋两季洗野菜。有些人拿着家里的亚麻布步行很远，到河口洗完带回，回来经过我们家门口时，头上都顶着一个锡盆或塑料盆。

在夏季，食物充足，有鸡蛋、茄子、秋葵、洋蓟、西葫芦、甜椒和辣椒、山羊奶，在鲜有的风平浪静之日还有鱼。还有水果，偶尔有桑葚、李子、桃子、油桃、无花果、葡萄、榅桲和石榴。有人力邀我们去参观旁边山谷里的无花果树或桑树，我们大饱口福。希腊岛民无论在田里劳作、走路，还是骑骡子时，都随身带着自制的烤面包、坚硬的山羊奶酪和野梨、蜂蜜。他们一切随缘：果树结的果子，偶然捕来的鱼，或者宰杀了一头猪。这是一种基本的生活态度，只有希腊东正教徒才践行这一点，他们对为期四周的降临节斋戒和为期六周的大斋节十分庄严，实际上恰好与纳克索斯岛上食物极其匮乏的阶段相吻合。因此，禁食是理所当然的，而盛宴则是偶尔的欢乐与放纵。

我们住在一个小港口，当地只有一个渔夫，但他只是偶尔捕鱼，除了因为没有捕鱼执照外，他本身也不愿意捕鱼，除非大海风平浪静。但到了秋天，当伊卡利亚海升起一弯弦月时，他便驾着一叶橘色的宽底小帆船下海捕鱼，返回后，停泊在阿波罗那。

橙黄色的甲板上是成堆的闪闪发光的鱼。任何比鳀鱼、沙丁鱼、牛眼鲷大的鱼都价格不菲，不过康吉鳗和角鲨（也许是因为很难给

这些小鲨鱼剥皮，我试过了）很便宜。这些鱼皮是用来摩擦象牙的。

阿波罗那人手里拿着盘子，站在码头上，等待最小的鱼上岸，大鱼都要送到纳克索斯港。在这个乡村集市上，我随时准备接受批评，但我有时还是鼓起勇气恳求这个渔民卖给我一条大点的鱼，我给出的价格立即引起了激烈的讨价还价。然后，人们纷纷向我表示祝贺，并提出建议：这个闪闪发光的战利品一定要烤着吃，要和芹菜一起煮着吃，要用文火慢炖。

这些鱼中有一些是鲜红的大"金鱼"，长着像鲤鱼一样的圆形鳞片。有些是头部有青金石色斑纹的绿金色彩虹濑鱼；橙色须的豹鲂鮄；光滑的海鳗——棕色的皮肤上有黄色的大理石花纹；长着银色扁平大脑袋，且身上有黄色横纹和闪光小鳞片的鲷鱼；橘红色的蝎子鱼——珊瑚色鱼鳃、锋利的牙齿；凶猛的鲂鱼和小剑客（雀鳝）。

在阿波罗那，我起先将这些鱼当作奇观，后来才学会了如何去鳞、去鳃、清洗、去胆——肝上的一个绿色的小囊，接下来看着它们那艳丽的颜色在锅里渐渐褪去。正是在这里，我开始相信，只要有可能，应该将鱼整条烹制。

那肉呢？在阿波罗那，人们仍然觉得吃肉是一种仪式，大腿骨被供奉给诸神。纳克索斯东侧那座巍峨山峰的主神依旧是宙斯。只有在节日里人们才吃肉。据我们所知，这里没有肉铺。

如果有一个小男孩跑过我们的海边住所，追赶着一只长角的山羊，那一定是要举办盛宴了。人们把这只山羊宰杀后剥皮，然后绑住四蹄，悬挂在村子码头上的一棵柽柳树上。它的主人用钝器砍下了一块肉，然后用一个旧铁秤称重，围观的人立刻围住他，叫喊着要自己相中的羊肉。

羊被宰杀后就立刻被分割成了大块的连骨肉，羊肉质硬，有嚼劲。山羊肉和鼠尾草、百里香、柠檬片、洋葱、胡萝卜、芹菜一起煮成肉汁，搭配煮过的意大利面一起食用。

羔羊肉嫩些，但乍一看它的尸体还是很骇人。这些羊群曾经在山石间轻快地奔跑跳跃，牧羊人阿波斯托利也跟在后面跳来跳去，现在竟然变成了一副骷髅。它们也曾在灌木丛中啃着为数不多的几根鲜嫩的香草芽——这些嫩芽是骄阳炙烤下的"幸存者"。

因此，我们对山上的两个老农夫在圣徒节那天宰杀了一只小山羊，并在海边煮熟后就大快朵颐这事一点都不惊讶。我们别无选择地租下了那个高高的骡棚，条件是他们在 7 月要与我们共住 20 天，年纪较大的那个每年都要在小海滩沙浴。

这种宰杀动物的行为就如同家庭暴力，它带有远古遗留下来的一种负罪感，是屠宰场和屠夫拯救了我们，向众神献祭则彻底消除了这种愧疚。所以，人们会煮山羊肉，在火上烤小山羊和羔羊。我说的是阿波罗那发生的事。第二天早上，我惊恐地在公用的黑锅里发现了这只小山羊的头和毛茸茸的小蹄子。或许我应该补充一下，威尼斯占领纳克索斯港达四百年之久，受其影响，纳克索斯岛的肉店仿佛是红色的山洞，里面挂着动物尸体，放着沾满鲜血的三条腿的实心砧板。在那里，整头猪和香草被放在木炭上一起烤制。在小吃店，人们可以吃到焖山羊肉。

在阿波罗那，我们还生活在新石器时代和青铜时代：野生扁桃树、野生无花果、野生橄榄和藤蔓植物，它们都是七八千年前开始零星培植地，与小麦、黑麦和大麦一样都是主食；甜食最初是蜂蜜、角豆树、野梨、葡萄、桑葚、无花果。可以想象，成群的行动敏捷的长尾绵羊和小黑山羊已经在山上奔跑了几千年，小灰猪过去也一直啃食着山里的冬青果和矮小的胭脂虫栎。

在阿佩兰索斯和纳克索斯博物馆里，铜镐和鹤嘴锄与现在日常使用的工具十分相似，还有石研钵、大理石研钵和鹅卵石做的研杵，做工精细的祭祀用青铜匕首，世人公认为奇观的大理石女神，还有螺旋形的神秘古碑文和葫芦状的锅与器皿。我们在阿波罗那光秃秃的山上发现了文明的遗迹，它们是些非常小巧精致的黑曜石切割工具、刀片和微小的"叶子"状黑曜石箭头。如果您想对这些物品有更深入的了解，那请研究一下克里斯蒂安·薛沃斯（Christian Xervos）的伟大著作《希腊文明的诞生》（*La Naissance de la Civilisation en Grèce*），这本书共上下两册，有一册专门介绍基克拉泽斯群岛。

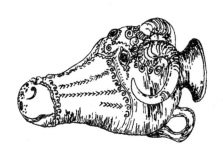

　　有一种种植方法将纳克索斯人与新石器时代和青铜时代的艺术联系起来。小河北边那些肥沃的土地用来种洋葱，这些洋葱主要出口到克里特岛。3月中旬，当第一群鹤飞跃山谷时，便到了耕种时节。村民骑着骡子从高山上的科米亚基村下来，骡子驮着一袋化肥和一袋洋葱，木鞍上挂着锄头，村民肩上扛着木犁。沿着河床的每一块小田地都用干墙围起来，要先用锄头锄，然后再套上骡子犁地，村民上下挥舞着刺棒驱赶骡子，在田里，人吆喝着，骡子叫着。

　　犁完地后，男人们用锄头在地里锄一个凸起的几何形状；妇女们紧随其后，弯腰跨立在几何造型两侧，把小鳞茎压进三排垄台里。这样，水就可以在种植洋葱的凸起部分的两侧流过，水是从远处的泉水中通过管道输送过来的。许多雅典罐子上画的都是这样的凸起图形，这个图形确实体现了人们最巧妙、最经济的引水方式。我认为这有助于理解文字发明之前用来传授知识的符号。

❦❦❦❦❦

在阿波罗那，人们一直认为播种庄稼要看天意。种植蚕豆的农民会种下远远超过家里需要的蚕豆量。因此，即使收成不好，他也有足够的粮食。如果大丰收，他就给他孩子们的教父们送去成袋的蚕豆，这些教父们在岛上很有威望。

在复活节前的几周禁食期间，人们会生吃这些蚕豆，这是他们的主食。这些豆子虽然好吃，但是很难消化。在圣周开始时，所有人都要把手洗得干干净净，烘焙成堆的面包，里面放上用胭脂虫<sup>*</sup>染的深红色的煮鸡蛋，鸡蛋有一半是露在面包外面的。

这些面包是我们收到的复活节礼物，我们靠这些面包在一艘铁船上活了三天。当时船上装着一些绵羊和山羊，我们正从基克拉泽斯群岛驶向比雷埃夫斯港。面包是用普通的面团做成的，因此不同于众所周知的复活节甜面包。

在四旬斋戒的最后几天里，人们不再烹饪任何食物，即使纳克索斯港的小吃店也不做饭菜，几天前准备好的菜肴是为那些身体确实需要的人准备的——禁食菜肴包括新鲜扁豆和小扁豆。

在复活节星期六的午夜，即光明节，人们在教堂里欢快地敲开红鸡蛋，呼喊着"基督复活了"，回应着"他确实复活了"，然后，在复活节那天按照惯例，人们在户外烤羔羊，放烟花。

---

*胭脂虫红是一种亮丽的染料，来自介壳虫的球菌，这种虫子寄生在灌木状的胭脂虫栎树上，这种栎树是地中海地区的典型物种，其小叶子很像冬青树叶，矮小，耐干旱。

# 黄豆、豌豆和农家汤
## Beans, Peas and Rustic Soups

　　上一章中已经介绍了纳克索斯人烹饪新鲜扁豆的方法。此章节将介绍意大利和加泰罗尼亚人烹饪豆类的方法，包括鲜豆、干豆和几种农家汤的烹饪方法。我在此章中插入了一篇短文，旨在说明这些营养丰富的主食有益健康。

　　在烹饪中，有两类差别很大的食物。一类食物本身味道浓厚，另一类不仅营养丰富，还会吸收其他食物的味道。因此，在烹饪豆类时，人们要清楚菜肴的味道和如何来吸收这种味道。

　　卡拉拉的 5 月是收获漂亮的酸果蔓豆的时节，这种豆子包裹在带大理石花纹的粉红色豆荚里，比扁豆大些，在烹饪时会膨胀，变成褐色。

### 新收获的托斯卡纳酸果蔓豆（Fagioli borlotti alla Toscana · Tuscan marbled beans, freshly harvested）

| | |
|---|---|
| 1 千克酸果蔓豆 | 西芹叶（或蒲公英），切碎 |
| 1/4 茶匙小苏打 | 1 枝百里香 |
| 牛至 | 橄榄油 |
| 盐和胡椒 | 1 个大甜白洋葱 |
| 蒜瓣，切片 | 0.5 千克西梅小番茄 |
| 2 个土豆，切丁 | 新鲜的欧芹，切碎 |
| 少许红酒醋 | |

　　剥去豆荚，将豆子放入陶罐（或厚平底锅）中，加入大量冷水和少许小苏打。煮沸，5 分钟后捞出，冲洗，倒掉煮豆水。在意大利、西班牙和希腊，所有豆子，无论是新鲜的还是干的，都需要先焯水。

　　将一个光滑陶豆罐放在铁丝网上，倒入油，小火加热。洋葱切片，放入油中用文火慢煨，将西梅小番茄浸入沸水中烫一下后去皮，然后放入罐内压碎。放入欧芹段、切碎的西芹叶（或蒲公英）、百里香和牛至调味。放入豆子和土豆丁，小火慢煮 5 分钟，然后加入开水没过食材，再慢炖 1.5 小时。

滤出多余的汤汁，留作第二天熬汤。把罐中的豆子连同少许汤汁一起倒入盘中，撒上欧芹、黑胡椒和大蒜，淋上一些橄榄油和几滴红酒醋。可以搭配咸鳀鱼、黑橄榄与用油和醋拌的生茴香沙拉一起食用。

豆子都比较干，吸油。因此，即使已经用橄榄油烹饪了，但是在食用时还需要再放些橄榄油。这些豆子常和葡萄园里的野菜一起烹饪。该食谱可用于制作西班牙扁豆（牛油豆）、新鲜白扁豆和黑眼豆（在卡拉拉叫作 *fagiolini di Sant'Anna*），这些豆子的烹饪时间更短一些。

## 豆汤（La zuppa di fagioli · bean soup）

这道汤是在上文留出的汤汁中放入一些豆子，再加入一些土豆丁、切碎的野菜（例如酸模、苦苣、蒲公英、野菠菜）、切碎的胡萝卜、水（如果需要的话）、几个番茄，最后放入少许米饭或面汤，汤汁鲜香醇厚。

此外，新鲜或干的酸果蔓豆或扁豆，在与普通香草和意大利熏火腿中的骨头一起烹制时，会别有风味。这种风味和口感是几代乡下人的实践所得。他们把生火腿用盐腌制后，再稍稍烟熏，然后挂在厨房里。他们是在切火腿时，才突然迸发出用骨头做豆汤的灵感。

后来，厨师在做汤时又用到了火腿肘。做这道汤要先取一大块香味浓郁的猪油，切成小块，将上述香草放入猪油中爆香。厨房里豆子这个简单的食材激发出了源源不断的烹饪灵感。

　　我并不是说每个厨师在做豆汤时都要跋山涉水到比利牛斯山、巴约纳山麓或者托斯卡纳偏远的城堡购买这种火腿。我所要强调的是豆子必须入味。猪肉——无论是腌的、烟熏的、烤的或做成香肠的（最好是熏制的）——或猪蹄、猪尾、猪脸、猪嘴、猪肥肉，都可以与扁豆、酸果蔓豆、黑豆、白豆、红豆同煮。这些豆子在拉丁欧洲国家只能短期保鲜，需要剥荚晒干，以备冬天之用。所有豆子都需要煮半小时，以确保豆子入味。

## 轰炸威胁
## The Threatened Bombardment

> 让风任意地吹拂，让水自由地流淌
> 这样健康就会伴你左右。
> ——威尔特郡的谚语

　　豆子不易消化，这是不争的事实。哈罗德·麦克吉（Harold McGee）在他的《关于食物与烹饪》（*On Food and Cooking*）这本书的第 161 页阐明了原因。

　　维多利亚晚期的佩莱格里诺·阿图西[1]（Pellegrini Artusi）对敏感的肠胃很关注，他在《厨房中的科学》（*La Scienza in Cucina*）中写道："在我看来，小扁豆比其他的普通豆子更加细腻，和黑眼豆差不多，没有那么大的'轰炸威胁'。"

　　克莱蒙-马里乌斯·莫拉德（Clement-Marius Morard）在 1886 年写过关于小扁豆的文章，他对食用豆子这件事持消极观点。他坚持认为，经常食用纯天然的小扁豆，会对人体器官产生副作用，扰乱大脑，使人精神错乱，视力下降；这就是为什么小扁豆不能进厨房。"至

---

1　佩莱格里诺·阿图西（1820—1911），意大利美食教父，著有《厨房科学与美食的艺术》。

于山鹑、珍珠鸡、鸭子、鸽子和孔雀，"他说，"把它们肥美的胸脯肉放到一盘小扁豆里，会是什么味道呢？需要再放一堆甘蓝菜吗？"

经过这一番夸夸其谈之后，他得出结论："还是将这些'历经浩劫'的禽类放到处理后的柔软的小扁豆泥上吧。"

我上文已经提到，在焯豆子时要加入少许小苏打来软化豆子外皮，使其更易于消化。以前是在煮豆子时加入一小包木灰（碳酸钾），不过那样难免会有点不卫生。

从地中海地区的做法来看，我确信食用豆类引起的"排气反应"可以通过以下烹饪方法来避免：（1）不要食用长期存放的豆子；（2）在陶器中烹饪；（3）焯水时加入野生菊苣或蒲公英或劳登所说的"藜科植物"（藜、菠菜、叶用甜菜），我猜想这些可能都是碱性植物。将少量上述植物在沸水中焯一会儿，沥干，切碎，在烹饪的最后一刻钟加入豆子中。

出于个人兴趣，尼古拉斯·格雷（Nicolas Gray）在英国文学中给我找了一些涉及放屁的文学作品，并做了一番评论：

> 也许乔叟（Chaucer）的《坎特伯雷故事集》中的"磨坊主的故事"最为著名，故事里的书生尼古拉放的屁是"出了名"的，臭气把对艾丽莎纠缠不休的阿伯沙龙熏得差点昏过去，几乎使其失去理智。这个屁是在早上放的，而不是餐后放的。值得注意的是，有些娘娘腔的阿伯沙龙早些时候曾被称为"连屁也不敢放的人"。拉伯雷（Rabelais）笔下的《巨人传》中也回荡着响亮的屁声。
>
> 当然，在《项狄传》[1]（Tristram Shandy）第 3 卷第 20 章

---

1 《项狄传》是 18 世纪英国文学大师劳伦斯·斯特恩（Laurence Sterne）的代表作之一。

的作者前言中狄狄乌斯(《项狄传》作者劳伦斯·斯特恩为影射讽刺弗朗西斯·托法姆博士而在书中称其为狄狄乌斯)撰写的《关于放屁,和对欺骗的说明》也很值得关注。我猜想学术巨著《莎士比亚作品中的色情》(*Shakespeare's Bawdy*)中肯定有多个章节都描写了"放屁"。本·琼森(Ben Jonson)也是放屁艺术的践行者:《炼金术士》(*The Alchemist*)中的马蒙·伊壁鸠爵士声称,有人给他点金石时,他的宫廷诗人会"像放屁一样出口成章"。17世纪的大众书籍中有一篇相当受欢迎的文章,标题是《英国下议院讨论亨利·勒德洛对上议院警卫传达信息时说'不'的特殊方式》。

在未删节的《格列佛游记》(*Gulliver's Travels*)中,这一话题的描写也惟妙惟肖。另见美国诗人E. E.卡明斯(E. E. Cummings)的"诗或美伤害了维纳尔先生";莫扎特的信函;阿尔弗雷德·雅里(Alfred Jarry)的《愚比王》[1](*Ubu Roi*);《一千零一夜》(*The Thousand and One Nights*)里的"阿布·哈桑因放屁的那天";查尔斯·科顿(Charles Cotton)于1664年出版的《斯卡罗尼德斯》(*Scarronides*),这些作品都以史诗般的形式描写了"放屁"。

暂且先不做文学"考古"了,关于《斯卡罗尼德斯》我有一些重要声明。1.我在本书中引用的是风神埃俄洛斯的一张漂亮木版画(1804年第13版,见后页),他站在一个海角,对着特洛伊的船放屁,脚边放着一个废弃的瓶塞,像是一个玻璃瓶的瓶塞。北风之神玻瑞阿斯在天空中飞翔,毫无疑问

---

1 《愚比王》,又译《乌布王》,是法国著名戏剧家阿尔弗雷德·雅里的惊世之作。

是由他自己放的屁吹上天的。2.用屁来冷却粥，效果会让人
瞠目结舌。3.我们即将在屁的研究中发现深奥的美食哲学真
理。实际上，胚胎是所有生物的种子，我们从泛胚种论[1]者那
里得知，种子飘浮在大气层中，随风飘荡。根据毕达哥拉斯
的说法，豆子即灵魂。我们从传统和日常经验中得知，豆类
是"令肠胃胀气的肉类"。科顿把风和放屁联系在一起。也
许我们可以从这些事实中推测出，"胚胎"在初期阶段是在肠
胃系统里生存的——可以说，在那里，惰性的豆子获得了重
生，被风带到了这个世界上。显而易见，厨师是关键人物。

1　这种假说认为，生命的种子（比如各种微生物）遍布于全宇宙，它们通过流星、小行星、
　　彗星等天体散播、繁衍、进化。

本人对最后一段半信半疑。"也许，"尼古拉斯总结道，"我真的应该研究一下19世纪乡村沉思诗中的餐后放屁学问。"或许我应该补充一句，为了不把胀气风险带入太空时代，近期研究主要集中在宇航员身上（见上文引用的麦克吉的《关于食物烹饪》中的第257~258页）。

在这个问题上已经有了一个突破口，每个厨师都会想起他或她最喜欢的"第一屁星"[1]……但我想提一下帕帕·加莱佐的故事。这位17世纪的牧师曾在萨兰托的节日庆典上偷走了卢库尼亚诺男爵夫人使用的"塞子"，巧妙地用它吹出一种鸟鸣声，这在乡村舞蹈中起到了意想不到的效果。卢库尼亚诺正是出产陶豆罐的地方。

## 豆　罐（La Pignata）

阿普利亚地区用豆罐煮豆子。这种容器内部光滑，呈壶形，一侧有两个手柄，可用其把豆罐放置在火炉上。之所以称为豆罐（*La Pignata*）是因为其形状与猪笼草（*pigna*）或者松果类似。主要用来煮冬季的干主食：扁豆、黑眼豆、鹰嘴豆、豌豆和蚕豆。

准备两个罐子。一个装半罐选好的豆子，然后加满冷水和一撮小苏打。另一个罐子装好备用的沸水。

需要把豆罐放在炉边微火处，放在离炉火很近的地方，而不是直接置于火上，要时常查看。两个罐子都要放在火边，装有豌豆、扁豆和鹰嘴豆的那个罐子要慢慢煮沸；20分钟后将里面的开水倒到门外。再用另一个罐子里的沸水蓄满，煮开，再加少许盐，然后用一块陶片盖在上面，继续煮。水罐再次装满水——因为豆子会吸水，而且有一部分水会蒸发，所以，需要再次加水。自产的豌豆（未浸泡）

---

1　原文为 fartiste，源自1892年在巴黎《红磨坊》登台表演并"一屁成名"的"第一屁星"约瑟·普约尔（Joseph Pujol），他随后以 Le Petomane 为艺名，这个词可译为"屁艺人"（The Fartiste）。

又硬又干，需要煮 4 小时！鹰嘴豆也是。扁豆和黑眼豆耗时较短。

我认为是男人无意识中想出了这样一种煮豆方法。男人在田里劳作时，女人也不能懒散。在煮豆子时，她们可以在炉火旁刺绣、钩编。在这种古老的烹饪方式中蕴含着一种情感因素：如果这个豆罐在一周内没有上桌个两次的话，男人就会大失所望，觉得营养不良。

这个菜需要一直小火慢炖，木头尤为珍贵，大约每 20 分钟就得查看一下罐子。最后一分钟会手忙脚乱。不管是豌豆、黄豆，还是其他豆子，都必须过滤，但是要保留汤汁。在平底锅中放入大量橄榄油并加热，扔入一些辣椒（冬天用油浸保存），1 个切成片的洋葱或者一些蒜瓣、1 勺乡村番茄浓缩酱。几分钟后，把豌豆或鹰嘴豆倒进锅中，用锅里的油烘一会儿，然后再加点汤汁和盐，最后放上一把长柄勺就可以上桌了，顿时男人所有的不悦都烟消云散，心满意足地享用了。

剩下的豆子晚饭食用，需在油里重新加热，打入两三个鸡蛋，蛋熟即可。

从这个角度来看：种植这些作物都是为了冬季食用。以上烹调方法是最佳料理方式，也是劳动报酬。二十年前，那些天天吃豆子的人，白天除了吃一把无花果干外，没有什么可吃的。

最后将豌豆、菜豆、鹰嘴豆或蚕豆放入加了香料的热油中，这种做法很像加泰罗尼亚做法，有一种烧烤味道。可以用葱属植物（有时会用冬天从葡萄园中采摘的野生韭葱）来调味，也可加入晒干的番茄酱，那味道真是让人回味无穷。但一般情况下都是使用冬天保存的新鲜番茄，要先去皮；最后把煮熟的野生菊苣切碎，撒在豆子上面，有时也用绿西芹。烹制方法一样，但可以根据个人喜好随意添加香料。

我要补充的是，虽然干蚕豆炖煮时间短，但前期准备时间长。浸泡一夜之后，和豆荚相连的黑色表皮就会脱落，这样就会加快烹饪速度，蚕豆会熟得快些，也可以先剥掉（难以消化的）皮，再将豆子浸入热油中烹饪。这些豆子口感醇厚，可以用葱苗调味。

我必须在此坦言，无论是种植豆子，还是在冬天烹饪时，我并没有围在炉边查看陶罐。我去我的工作室工作时，炉子上的托斯卡纳豆罐里仍然煮着豆子，而我却在我的工作室里工作。到了中午，我按照上述烹饪方法，把煮得软烂的豆子浸到芳香的橄榄油中，我没有一直在炉火边照看也一样吃到了美食。我会把豌豆等其他所有东西都提前浸泡一夜，从不放小苏打。

我就不赘述如何种植豆子，如何锄地，以及如何把豆子晒干后脱粒的个中艰辛了。为了对付随处可见的豌豆象 [1]，必须立即处理豌豆：把豌豆放在一个容器里，容器中央放一个装有液体硫黄的罐子，用布盖上，然后密封几个星期。冬天，豌豆、鹰嘴豆、蚕豆和扁豆都可以存放在带有双柄的光滑陶罐里。在屋顶上晾晒的蚕豆不用去豆荚，以防豆甲虫。

萨兰托的平屋顶是每个农民的晒台，也是观察站。那些没有饱

---

1　又称豆牛、蛀虫、金壳浪。一种危害豌豆的昆虫。

读诗书的人，在这里欣赏着一望无垠的风景，唱着宛转悠扬的歌。站在屋顶上，所有人的行动轨迹都尽收眼底。如果这听起来有点不可思议，那你可还记得《豌豆公主》的故事？她的床垫是用豌豆秸做的，就像现在的阿普利亚床垫一样。

## 小扁豆泥（Lenticchie passate · lentil purée）

小扁豆属于豌豆科，是最早的栽培食物之一，最早发现于塞萨利的塞斯洛和迪米尼的新石器时代遗址中，可以追溯到 8000 年前（见参考书目中的 Hourmouziades）。

下文是佩莱格里诺·阿图西（Pellegrino Artusi）的食谱，是经典的托斯卡纳烹饪方法。

将 0.5 千克未浸泡的褐色小扁豆放入淡盐水中，和一块新鲜黄油一起煮，直至豆子变软但未被煮烂（如果条件允许的话，用陶器煮）。然后用筛子过滤。

切碎 1 个小洋葱、一些欧芹、芹菜（作为香草培植的芹菜）和胡萝卜。将切碎的香草放入平底锅中，加入 50 克黄油，炒至变色，然后加入一勺高汤或烹饪熏猪肉香肠的汤汁，撇去表面油脂，慢炖 10 分钟。然后用其给黏稠的小扁豆泥调味。我有时会加半个柠檬汁。

这款豆泥既可以搭配上面提到的熏猪肉香肠，也可以和猪蹄皮灌肠[1]、鸽子、野鸡或山鹑一起食用。

## 炖鹰嘴豆（Cigrons guisats · stewed chickpeas）

据书中记载，鹰嘴豆起源于西班牙，阿普利亚和西西里岛也是其原产地。查理曼大帝之子虔诚者路易于 795 年颁布了一项关

---

1　在猪蹄中填入切碎的猪前膀肉制成。

于王室领地内应种植一些植物的《庄园敕令》——鹰嘴豆就是其中之一。

5月是采摘新鲜鹰嘴豆的时节。令人难以置信的是，鹰嘴豆竟是一种保鲜时间极短的美味食物。鹰嘴豆呈亮绿色，每个豆荚里有两颗豆子。生吃的话有种清爽的柠檬味，如果和米饭一起煮食，白绿相间，让人赏心悦目。但是南方5月的骄阳很快就会将其烤干。对于意大利人来说，鹰嘴豆都是干的、褐色的。在加泰罗尼亚，鹰嘴豆是冬季主食，因其可口的坚果味和丰富的营养价值而备受青睐，炖鹰嘴豆是到市场买菜的家庭主妇的拿手绝活。但是，我在这里要教大家从头做起。

| | |
|---|---|
| 0.5千克鹰嘴豆 | 制作加泰罗尼亚碎酱（在研钵中 |
| 少许小苏打 | 捣成细末）需要： |
| 橄榄油 | 8颗去皮捣碎的扁桃仁 |
| 1个洋葱，切碎 | 一些松子 |
| 欧芹碎 | 海盐 |
| 1个熟透的大番茄，去皮 | 较多欧芹碎 |
| 1茶匙面粉 | 大蒜 |
| 盐和黑胡椒 | |

用少许小苏打将鹰嘴豆浸泡一夜。洗净，然后放入陶锅里小火慢炖，加入少许盐。炖3小时，如果没有炖烂，可以延长时间，然后沥干，保留适量汤汁。

在平底锅里放油，加热，放入洋葱和一些欧芹碎，当洋葱变色时，加入番茄，压碎。然后用文火慢炖，边加入面粉边搅拌至浓稠。用几勺鹰嘴豆汤汁稀释后，再放入鹰嘴豆、黑胡椒粉和加泰罗尼亚碎酱。小火慢炖10分钟。午餐食用。

在意大利北部，人们用鹰嘴豆粉做薄如法兰绒的美味披萨，在卡拉拉叫作"热乎小吃"（Calda！ Calda！），这个名字的由来是——男孩子们用带盖的篮子提着这些热气腾腾的披萨在卡里翁河沿岸大声叫卖，逐渐人们就用"热乎小吃"指代这种披萨了。这条河布满礁石，水流湍急。下游的采石工晚上从大理石山步行回家时总是饥肠辘辘。市场上还出售一种名为帕尼扎（*panizza*）的烙饼，这种薄饼有小松脆饼那么大，可以买回家烧烤或油炸。也可以用鹰嘴豆粉，而不是玉米粉，制成玉米糊状，然后倒在一块木板上，达到一定的厚度时，放凉，然后压成圆形。

在萨兰托，在做面包之前，通常将鹰嘴豆浸泡一整夜，然后放在面包炉的金属托盘上烘烤。边等待面包出炉，边嘎吱嘎吱地碾压鹰嘴豆——一种新石器时代处理坚硬谷物、种子和豆类的方法。

## 野生菊苣配蚕豆泥
### （"Fava e foglia"·purée of dried broad beans with wild chicory）

0.5千克蚕豆·橄榄油·洋葱苗
薄荷·野生菊苣·培根条（咸猪五花肉）

按照常见的烹饪方法，将干蚕豆放入陶罐中，或置于壁炉中，放在火炉上烹饪。蚕豆煮软后沥干水分，去掉外皮，保留汤汁备用。

平底锅中倒入足够的橄榄油，加入切细的洋葱苗或野生韭葱一起烹制，然后加入一些薄荷叶和豆子，少许汤汁。小火慢炖，煮烂，然后用叉子压成豆泥。最后调味即可。

黏稠的蚕豆泥需要搭配野生菊苣一起食用。先将野生菊苣洗净，水煮后沥干水分，在煎锅中先煎培根条，然后把处理过的野生菊苣放入煎锅翻炒。

注：市面上出售的豆子是去皮的。奇怪的是，用这些包装好的豆子无法制出细腻顺滑的蚕豆泥。温馨提示。

## 海鱼（Piscimmare · fish at sea）

略带讽刺意味的是，其实这顿萨兰托早餐里并没有鱼。

头一天晚上，工人吃了一盘用陶罐煮的干蚕豆和一盘油菜。秋天，他 7 点开始工作，但通常会在破晓时分先去捕鱼打猎，他的妻子急匆匆地开火做饭，先把橄榄油加热，然后扔进一些干辣椒、两三个番茄，最后放入前一天晚上剩的豌豆和油菜。

他配着自制的面包吃得津津有味，然后又倒了一杯葡萄酒，一饮而尽。

## 农家汤
## Rustic Soups

我们曾经住在尼斯上方的一个村庄里，这里只有一条石砌的骡道与山下峡谷里尘土飞扬的羊肠小道相连。除了当地居民（园丁）种植的作物比较便宜外，因为道路难行，其他食物相对来说很昂贵。

夏天时，鉴于每个人都在凌晨 4 点开始工作，所以一天中其他休闲时间的主要活动就是在未铺鹅卵石的小路上玩掷球游戏，村庄就沿着这条小路逐渐向山坡延伸。

这个中世纪的村庄像一个卷曲的蜗牛壳一样蜷缩在一座黄色的大山脚下，这里土地肥沃，经数百年风化沉淀而成，此处可以俯瞰从阿尔卑斯的滨海诸省到埃斯特尔山脉的大片地区。

博杜安夫人的住宅就在围墙里，有一个带屋顶的"房间"，这间屋子向西南两面敞开，用于晾晒百里香、鼠尾草、迷迭香、薰衣草和野生牛至，以及秋天的扁豆和无花果。冬天用来存放天竺葵，春天放置上市售卖的康乃馨和普罗旺斯玫瑰，还有送往格拉斯[1]一家香水店的橙花。博杜安夫人将其当作户外起居室出租——带炉灶和水槽。隔壁房间里有一张古老的床、一张羽毛床垫、一个大衣柜和一张圣心大教堂的版画。这里是园丁的乐园，里面长着各种各样的初夏蔬菜：豌豆、绿豆、小西葫芦、蚕豆、小胡萝卜以及长着绿苗的白色甜洋葱和新蒜。

## 罗勒酱汤（La soupe au pistou）

这道普罗旺斯汤是热那亚人发明的一种浓汤，里面混合了各种蔬菜，配上新擀的面条和米饭，或者只放其中之一，再放入蔬菜蒜泥酱（意大利罗勒青酱），以此来庆祝一年中所有的食物都鲜嫩甜美的时节。这个村庄的村民在里面放入格律耶尔奶酪，而不是佩科里诺干酪或帕尔马干酪。做法如下：

| | |
|---|---|
| 橄榄油 | 1 个白色甜洋葱 |
| 蚕豆少许 | 2~3 个小西葫芦 |
| 扁豆少许 | 制作蔬菜蒜泥酱需要： |
| 豌豆少许 | 3 瓣新蒜 |
| 几个小胡萝卜 | 3~4 枝罗勒 |
| 3 个新鲜土豆 | 少许松仁 |
| 1 小把新擀的面条 | 1 汤匙橄榄油 |
| 米饭少许 | 2 汤匙磨碎的格律耶尔干酪 |

在锅里放入一点橄榄油，小火加热，加入洋葱末和米饭，然后放入扁豆（掐头去尾，掰成两半），切成两半的蚕豆、豌豆、胡萝卜、西葫芦和土豆丁。用文火熬几分钟，然后加水没过食材，盖上盖子

---

1　法国南部的一个小镇，又称香水之都。

大火煮沸，10 分钟后放入面条，再煮 5 分钟。关火。加入捣碎的蔬菜蒜泥酱。

这是夏天的晚餐。有时会在里面打入一个鸡蛋，加点柠檬汁增稠，再浇上些汤汁，搅拌黏稠后倒回罐中。但是，在这种情况下，罗勒青酱里就不用加奶酪了。

## 酸模汤（Zuppa di acetosa · sorrel soup）

在意大利的二三月，葡萄园和荒地里会长出一种非常嫩的大叶酸模。这种多年生植物易于培植，是英国维多利亚菜园里的常见植物，有种子便能生长。

摘 1 把酸模，洗净，稍微切碎。在搪瓷铁锅里放一大块黄油和少许橄榄油。煨几分钟后，加入 1 个切碎的大洋葱和两三个切成丁的大土豆。撒上盐和胡椒粉，加水没过食材，迅速煮沸。土豆炖碎后，加入酸模，再煮一会儿，一款提神汤就做好了。

酸模与炖鱼和烤鱼是最佳伴侣；酸模在黄油中煨制后，很快就变得像酱汁一样浓稠。在黄油中再煮一会儿，在搅拌之前还可以放入一个煎蛋卷。也可以和大黄一起烹制，酸模在维多利亚时代很受追捧：1 份酸模配 4 份大黄。

## 干豌豆汤（Zuppa di piselli secchi · pea soup）

用掰成两半的干豌豆，不需要浸泡，快速烹饪。

0.5 千克掰成两半的豌豆
1 片月桂叶
磨碎的芥菜籽，用少许醋稀释
1 个大洋葱
2 根韭葱
小面包丁

1 只切成两半的猪蹄
盐和黑胡椒
少许黄油
2 个土豆
切碎的欧芹或香菜叶

猪蹄要提前在盐水中腌制；腌制方法参见后文中的菜谱腌牛舌和简·格里格森（Jane Grigson）的《熟食和法式猪肉烹饪》（*Charcuterie and French Pork Cookery*）。

平底锅中放入冷水，没过猪蹄和豌豆，煮沸，撇去油脂。放入月桂叶和调味料，盖上盖子，小火慢煮1小时。另起锅，用黄油煨洋葱末、土豆丁、韭葱末，直至变软。然后从煮豆的锅里盛出煮好的豌豆和汤汁倒入平底锅中，现在差不多是豌豆泥了，再小火慢炖20分钟。将猪蹄上的肉切成小块，放入汤中。

撒上切碎的欧芹或香菜叶，与用纯猪油炸的面包丁一起食用。这道汤味道浓郁。

## 冬南瓜汤（Zuppa di zucca invernale · pumpkin soup）

这种冬南瓜呈黄绿色，外表粗糙，外形酷似沙漏，在意大利、希腊和加泰罗尼亚广泛种植。重约2千克，但看起来更大些；里面呈漂亮的橘色，味道甜美。有细密的纹理，而非纤维状的。在冬天可用一半南瓜做汤，另一半做成风味独特的果酱。这种南瓜的详细介绍参见"宝贵的蔬菜"一章。

| | |
|---|---|
| 半个南瓜 | 橄榄油 |
| 1个洋葱 | 2个大土豆 |
| 1根韭葱 | 1枝百里香 |
| 半茶匙姜粉 | 300克煮熟的鹰嘴豆 |
| 盐和胡椒 | 切碎的欧芹 |
| 黄油 | 柠檬汁 |

南瓜削皮，先切成2.5厘米宽的段，再切块。去掉南瓜子和少量的纤维。

在锅底倒入橄榄油，放入洋葱片，把锅放在金属网垫上慢炖，不要让洋葱变黄。土豆去皮切丁，韭葱切段，然后一起放入锅中。

慢炖几分钟后，加入百里香，加热水没过食材（如果倒入冷水，锅会炸裂）。用姜粉调味，并加入煮好的鹰嘴豆、盐和胡椒粉。

1 小时后，南瓜就变成了南瓜泥。在锅边压碎土豆，撒上切碎的欧芹，加入 1 勺黄油和柠檬汁，装盘即可。

## 荨麻汤（Nettle soup）

早春时节是提着篮子、戴上手套、拿上剪刀去采撷荨麻叶的好时候（异株荨麻）。这时的荨麻很嫩，刺毛最小。回到家中，将其放在滤锅里，用冷水冲洗。

在平底锅中放入牛肉烤油，小火加热，把两三个土豆和 1 个洋葱切碎，放到烤油中小火慢炖，加水没过食材，再加入 1 茶匙番茄泥、盐、胡椒粉和少许牛奶。调大火。戴上手套把荨麻切碎。把土豆在锅边压碎，最后把荨麻扔进去煮几分钟。

荨麻在意大利语中是 *ortica*，在加泰罗尼亚语中是 *ortiga*。在阿普利亚，意大利面里也会放荨麻——荨麻意面。

## 青菜汤（Minestra di erbe passate · a green vegetable purée）

| | |
|---|---|
| 2~3 棵小生菜 | 盐和胡椒粉 |
| 1 小棵新鲜卷心菜 | 香草： |
| 1 捆叶用甜菜 | 小芹菜叶（绿色西芹）或芹菜叶 |
| 2 大把菠菜 | 1 小根胡萝卜 |
| 1 大块黄油 | 几片莳萝叶 |
| 3 个稍微切碎的番茄 | 一些罗勒 |
| 1 个土豆，去皮，切丁 | 或者一些酸模（没有莳萝和罗勒时） |

去掉叶用甜菜的老梗，洗净，把所有的绿色青菜放在砧板上切几下，放入大碗中，加水。将上述香草切碎，放入黄油中慢炖至变色。放入尚带有水分的青菜、番茄和土豆，加入盐和胡椒粉煮熟，搅拌均匀。青菜变小后，加入热水没过食材，煮至软烂，然后用筛子过滤。

可以根据个人口味在汤里加入一些新鲜的黄油，少许浓奶油。撒上帕尔马干酪碎一起食用。

## 滋补汤
## Revivers

让我介绍一下香草、大蒜和橄榄油的好处。有句谚语说得好："一碗热汤，生命之光。"

### 大蒜汤·热汤（Aigo bouido·boiled water）

大蒜汤是一款普罗旺斯生命复原神汤，强身健体，解酒，缓解肝脏不适。这款神汤是将淡盐水与1瓣捣碎的大蒜、2棵鼠尾草（庭院鼠尾草或者香紫苏）和1勺橄榄油一起煮（可以用两三片月桂叶替代鼠尾草）。

煮 15 分钟，过滤，慢慢倒入装有生蛋黄的盘子里，边倒入香气扑鼻的开水，边搅拌蛋黄，直至稍微浓稠。这个古方记载在克莱尔-马留斯·莫拉德（Clement-Marius Morard）的《普罗旺斯厨师烹饪手册》（*Mauel Complet de la Cuisinière Provençale*）中，适用于体弱多病的儿童，但对成人也有益。

## 百里香汤（Sopa de farigola · thyme soup）

加泰罗尼亚百里香汤和大蒜汤相似，牧羊人格外青睐百里香汤，他们能够随手采到百里香。将一两枝干百里香（许多香草干燥后会变得辛香）放入开水中，然后浇在浸有橄榄油的薄面包片上。在浇面包片之前，可以在面包上打一个鸡蛋。

这听起来就像维吉尔的《牧歌》（*Eclogue*）里的蒜末野百里香汤，这款汤是那个叫泰斯利斯的乡下小姑娘为那些因酷热而疲惫不堪的收割者煮的提神汤。

我手捧一束百里香（这种长在山间和沿海地区的沿海百里香最

为辛香），穿过一个普罗旺斯村庄时，遇到一位老人，他目不转睛地盯着这束百里香，我问他看什么，他说他这辈子每天早晨都喝点泡着野百里香的淡糖浆水。我问他，这是否有助于醒酒。他说至少对他来说很有用。

百里香还能促进睡眠，但不需要加糖。

就像我在"小吃"一节介绍的那样，鼠尾草、百里香、月桂等都有类似的特性，应广泛利用。希腊人会用干野生鼠尾草（三叶鼠尾草）的叶子制作一种名为 *faskómilo* 的浸剂，这种鼠尾草比庭院鼠尾草的味道要浓一些。在酷热的天气里，希腊人还会用薄荷叶泡一杯水，放入几片新鲜柠檬、蜂蜜或糖，这是炎热天气里必不可少的提神饮品。须趁热喝。

另一种提神饮品是意大利鲜榨柠檬汁。有时酒吧里会有这种饮品。在新鲜柠檬汁里加糖，加冰水，还有一款比较罕见的柠檬水冰块，极其爽口。

希腊女人在路上时总会嚼点柠檬皮提神。

# 让我们歌唱生活
## Cantarem La Vida

　　加泰罗尼亚雕塑家阿佩尔-莱斯·费诺萨（Apel.les Fenosa）擅于雕琢花朵绽放那一刹那的形态，他创作的泥塑雕像给人一种临风舒展的感觉。有的雕像从叶子中间伸展而出，有的女性雕像张开的手臂像皱折的翅膀，有的宛若绿叶衬托下含苞待放的花蕾。叶子般的女人像男人的手一样大，形态各异。这些魅影就像闷热的夏日里拂面吹过的微风，上面还留着拇指或其他手指按压的痕迹，正是那魔幻之手赋予其生机。它们倏忽间就站在了本德雷尔房子下面的地窖里；在半明半暗中，它们仿佛是鲜活的生灵，如花儿般婀娜的身影，如身影般灵动的花儿，恰似古老的加泰罗尼亚曲调中激荡高亢的双簧管声，抑扬顿挫，宛如莺啼燕语。

　　"以这种独特的方式，"丹尼尔·阿巴迪写道，"费诺萨就像远古的圣人，从睡梦中醒来，弹奏出美妙的音符，而这正是希腊多多那古城里橡树的声音，也许这是我们最后一次在橡树的喃喃私语中品味他的雕塑。"

　　费诺萨的作品展现了一个古色古香的世界，而加泰罗尼亚人在精神上仍然与这个古老的世界相契合。在荷马时代，国王不仅外出耕地，还自己用巨大的木材造床。历史传承的链条已断裂，但在本德雷尔，人们却可以感觉到历史的根在延续：安妮塔是一位加泰罗尼亚农妇，她正在准备古老的菜肴，她的举止像一位女王。费诺萨的作品把我们带回了地中海，在那里，我们像瑙西卡[1]和她的女仆们一

---

1　瑙西卡在女神雅典娜托梦指引下，外出洗衣救了被海水冲上岸的奥德修斯，并深深爱上了奥德修斯，想要嫁给他，但奥德修斯执意返乡。

样，惊喜地看到了奥德修斯的身影。

　　帕尔多宫殿里有许多建筑，其中一栋是 14 世纪的塔楼，由此可以进入村镇。塔楼上有一张 16 世纪的床，我睡在这不寻常的干草床垫上。与其说它是床，不如说是王座。我把这个神秘的房子看作是"一千零一张床的皇宫"——里面有雕花的、彩绘的、镀金的床，哥特式的床，巴洛克式的床，还有镶嵌着珍珠母的四柱床。我过去常常躺在干草垫上，听着拱门下的小推车在清晨四点钟咔嗒咔嗒地驶过，就像隆隆作响的战车，那是本德雷尔人正奔赴尘土飞扬的田野。

　　在这富丽堂皇的房间里，除了我躺着的那张大床和一个镶钉的皮箱外，空无一物。床头板涂过油漆，上面镶嵌着一张小风景画，金色的阳光倾泻而下。从一扇窗户望出去，我能看到宫殿门上的金字塔形陶瓷装饰、半圆形花环和镶有贝壳饰条的长方形窗户。沿着这条街再往前走，可以看到一个铁阳台上放着一个复活节棕榈树奖杯。我那鲜红的锦缎被子好像漂浮在镶着瓷砖的旧地板上，瓷砖上蓝色的鸢尾花装饰着细长的六边形。墙壁刷成了淡赭红色，灿烂的阳光透过窗户在墙上洒满了斑驳的光影。

在格拉西亚节的早晨，我被双簧管声和鼓声吵醒。身材高大的纸制国王和王后已经在街上四处漫游，他们俯视着脚下的一小群戴着面具的怪诞小丑。十几个系着缎带的棍棒舞者和一群魔鬼在村子里横冲直撞，四处弥漫着微弱的牧羊曲声，这声音似乎就在耳畔，又有点不知所起。

没有人知道多久以前本德雷尔人就开始有建"人塔"的活动了。在本德雷尔、比拉诺瓦和巴利斯都有建"人塔"的风俗。我在威尼斯圣马可广场的建筑上曾看到 16 世纪的"人塔"浮雕。

在两点钟时，大约三十个男人和男孩聚集在教堂旁边的小广场上。他们上穿褪了色的红衬衫，腰间紧束黑腰带，下穿白裤子，赤着脚。烈日当头，热切的参与者把他们围得水泄不通，广场上的每个阳台都人满为患。

他们开始讨论将要搭建的"人塔"，在头上一会儿系上带斑点的手帕，一会儿又解开。建塔大师那年被关在监狱里，人们为了这场盛宴不得不释放他。男人们开始练习抓握，然后一些人紧密地挤成一团。站在中间的男性向上伸展身体，高举双臂，以尽量减少脚和身体所占的空间。塔心由密集的身体组成，粗壮的手臂像绳索一样缠绕在一起。彪悍的男人们站在中心充当"基石"。其他人围着这些强壮的男人，充当"飞扶壁"。四个壮汉爬到"基石"背上，站在这些人的肩膀上，互相搂住脖子。支撑者向上抬起他们的肘部，扣住年轻人的脚踝，让他们紧紧靠住。充当扶壁支撑的人就伸开膀臂，靠在年轻人的小腿上。

当"人塔"的第一层建成后，乐师们开始敲起咚咚的忧伤的鼓声，声音越来越大。在这鼓声的衬托下，双簧管吹起一缕希望之光。体重轻一点的年轻人立即用男人的小腿作为立足点，蹬着他们的脊背开始攀登这个人体组建的框架。当更高的一层建成时，"人塔"开始因张力而颤动，小男孩们开始飞快地爬上"人塔"。他们要爬得更高，高塔颤抖着，摇晃着。最后，两个小男孩像排水管里的老鼠一样，急匆匆地爬上塔顶，行一个罗马式敬礼，然后往下爬，吓得牙齿咯咯作响。

在"人塔"落成的那一刻，乐师们突然奏出一曲高亢的凯旋曲，然后随着小调越来越低，塔楼也一层一层地倒塌。小男孩们气喘吁吁、浑身颤抖，被下面伸出的双臂接住，安全地放到了地上。

整个"人塔"的创建和解体只需几分钟的时间。加泰罗尼亚人紧握双拳，团结一致，这是他们即兴发挥的创举，是无政府主义的核心。

任何想领略加泰罗尼亚精神的人都应该寻找加泰罗尼亚诗人雷蒙（Raimon）的第一张唱片 [ 雷蒙，《唱片选集》（ *disc antològic* ），C.M.62，伊迪萨，巴塞罗那 ]，聆听他演唱的《让我们歌唱生活》（ *Cantarem la vida* ）。

❦❦❦❦❦❦

有一年夏天，我们逃离了弥漫着大理石粉尘的卡拉拉，开着越野卡车穿过罗纳河谷，前往本德雷尔，再次与费诺萨和他的妻子妮科尔相聚。一路上，我们夜间就睡在遍布薰衣草的田野上。

帕尔多宫殿里还过着古老的加泰罗尼亚式生活。这座宏伟庄严的宫殿面对着一条狭窄的肉桂色街道，隐匿在高墙中的一个神秘花园里，穿过门廊，走下几个台阶，两侧是露天拱廊。在这个消暑胜地，首先映入眼帘的是橙色喇叭状紫葳、阔叶的棕榈树和虎视眈眈的西番莲。费诺萨的工作场所就在这个神秘花园的一个洞穴里。

在喷泉和一片纸莎草旁边矗立着一棵参天的无花果树，日悬中天之时，树影会映在一张古香古色的彩陶桌子上。再往前走就是一间室外厨房，灶台垒在高墙边，可用来烧烤，近旁是一个木炭装置。

妮科尔每天都去市场买菜，每次都满载而归，大菜篮里面装满了计划要买的东西。在炎热的夏天，食物在几个小时内就会腐烂变质。

午餐的开胃菜总是新鲜的绿色番茄、生洋葱片和腌鳀鱼，然后是鲜香海鲜饭、新鲜沙丁鱼、小鲭鱼或红鲻鱼，安妮塔主厨，在室外烧烤，用的柴火是芳香四溢的灌木。这顿午饭还有沙拉、奶酪和

摆成金字塔状的紫色无花果。在这棵古树下品一口波隆酒壶里的美酒比喝一大口玻璃杯里的酒更令人神清气爽。

简朴的膳食、尽善尽美的食材和安妮塔的精心烹制促使欧文·戴维斯（Irving Davis）开始收集加泰罗尼亚食谱。

在这里，节俭与慷慨神秘地结合在一起，这也是加泰罗尼亚的古老生活方式，因此，在极端炎热和寒冷的气候条件下，吃饭是为了生存，而不是解决口腹之欲。这种"张力"体现在"人塔"的建造中，体现在萨达纳舞[1]中，在此过程中，无论老幼，每个人皆参与其中，就像人们在夏天每晚吃同样的豆子和土豆。只要有自强自立精神，简朴与团结便同在。

我们经常在晚上吃土豆与四季豆，有时也吃"寡妇"土豆或葡萄干松仁菠菜。有天晚上，三个来自卡拉费尔村的渔夫闯进厨房，做了欧文·戴维斯描述的美味佳肴。

每逢节日，费诺萨都隆重地准备一条羔羊腿，里面塞入大蒜瓣、迷迭香枝，然后把羊腿插在一个19世纪后期的铸铁机械烤肉扦子上：在室外慢慢烤制大块肉时，要先把提前堆放好的橄榄木点燃，烧到烤肉的温度，然后慢慢烤制一个多小时。在烤制时，他用一枝百里香给羊腿淋上橄榄油和红酒醋。

费诺萨带我们去了塔拉戈纳，在那里，一个袒胸露臂的银匠为我熔了一块极好的银子。安妮塔把她在村子外面的畜棚借给我们做工作室——在这样与众不同的环境中工作也是别有情趣的。雕刻家先生则在卡萨尔斯曾经演出过的罗马采石场里雕刻一块金色的石头。

---

1　西班牙加泰罗尼亚的一种民间舞蹈。

我认为此处有必要介绍一下安妮塔的海鲜饭。

## 安妮塔的海鲜饭（Anita's paella）

准备一个比平底锅大的双柄加泰罗尼亚铁锅——在较大的空间里蒸发掉水分才能做出香喷喷的米饭。备齐以下食材：

半只鸡，切成同等大小的小块
2 条小墨鱼，洗净，切成墨鱼圈
4 只海螯虾（带螯的大虾）
6~7 汤勺橄榄油
0.5 千克番茄
2~3 个洋葱，切碎
7~8 根藏红花，在温水中浸泡几分钟

3~4 块猪排，剁成两段
0.5 千克新鲜贻贝，洗净，
　　保留贻贝须子
每人 1 咖啡杯的硬粒米，放入
　　3 咖啡杯的水
1 把新豌豆或菜豆，掐头去尾，
　　瓣成两半

在铁锅中放油，把鸡块煎炒至变色（留 2 汤勺橄榄油备用），盛入盘中。把排骨放入锅中炒成褐色出锅。接着放入墨鱼圈，炸好取出。最后炸好大虾，放在一边备用。

接下来开始制作加泰罗尼亚番茄酱：将切碎的洋葱在铁锅中炒至变色；10 分钟后，加入去皮的番茄，压碎；慢炖 20 分钟，使其变软并释出水分。与此同时，将罐子置于火上，4 人份需 12 咖啡杯水，加盐，煮开，放入豌豆或其他豆子，盖上盖子煮 10 分钟。

把备用的橄榄油放入加泰罗尼亚番茄酱中，搅拌均匀。调大火，放入 4 咖啡杯米饭。边快炒，边用木勺不停搅拌，让米饭充分吸收酱汁中的油。

然后加入藏红花和水，搅拌后饭会变黄，倒入沸水和豌豆或菜豆。将所有炒好的食材放入铁锅中，炒散，加入贻贝，此时不需要再搅拌了。煮 20 分钟，先大火，当汤汁被吸收且水分蒸发时调到中火。当贻贝壳张开时，把贻贝挑出，扔掉空壳，然后再把贻贝肉放回锅中，一两分钟后便可以装盘了。

　　金黄色的米饭，松软、香滑，富含各种营养元素，令人垂涎欲滴。

　　一旦掌握了烹饪要领，食材可以多样化，但通常情况下猪肉、鸡肉、贝类和甲壳类是必备的。

# 土豆菜品和鸡蛋菜品
## Potato Dishes and Egg Dishes

众所周知，土豆的原产地是秘鲁而不是弗吉尼亚，但大部分人仍然坚信儿时听到的有关雷利[1]（Raleigh）的故事。

大约在 1570 年前后，也就是皮萨罗征服秘鲁之后，土豆传到西班牙；据克劳修斯所称，在 16 世纪 80 年代早期，意大利部分地区就已经开始种植土豆了。

植物的引种就像一本悬念重重的侦探小说。我建议您参阅萨拉曼（Salaman）最近再版的《土豆的历史和社会影响》[2]（*The History and Social Influence of the Potato*），特别是第九章——"欧洲入门：雷利及其传说"。您可以在该书中进行一番惊心动魄的探索。

在考证土豆引进英国的历史时，英国植物学家萨拉曼查阅了相关资料，随后发现没有证据能表明德雷克（Drake）和霍金斯（Hawkins）把土豆带回了英国，而更有可能是雷利把它们带回了英国。如今，大家对此深信不疑。

因此，劳登（Loudon）在他的《园艺百科全书》（*Encyclopaedia of Gardening*）中有关土豆的记载似乎可以说是正确的：1584 年，土豆第一次由沃尔特·雷利爵士从弗吉尼亚进口到了他在科克郡附近的庄园（约尔）（虽然是他的一个亲信从德雷克船舱里偷出来的）；土豆很快在爱尔兰广泛种植，但很久以后才传到利物浦，直到 18 世纪才在英格兰普遍种植。

---

1　沃尔特·雷利（1552?—1618），英国诗人、军人、政客、探险家、历史学家、科学家。他派出的探险队和移民们把烟草和土豆从北美带回了英国。
2　在这本著作中，萨拉曼研究了土豆的起源、种植、在世界范围内的传播及其在欧洲的政治命运。

起初，英国人认为土豆和红薯一样"美味"，于是把土豆的根茎烤制后浸泡在萨克葡萄酒和糖浆中，或者与牛骨髓和香料一起烘烤；还做成了蜜饯。以上信息来源于帕金森（Parkinson）的《植物学剧场》（*Theatrum Botanicum*）。

17世纪末的园艺书籍仍在轻视土豆："在爱尔兰和美国，土豆大多用来做面包，是穷人的食物。"怀斯（Wise）1719年写于伦敦的《园丁大全》（*Compleat Gardener*）中根本没有提及土豆。

## 土豆与四季豆
### （Patates i mongetes · potatoes and French beans）

这是加泰罗尼亚农民夏天的传统晚餐，也被称为蔬菜。如果四季豆太老的话，可以用卷心菜代替。

每人2个大土豆·1大把四季豆·1个大洋葱·橄榄油·盐

把土豆切成四半，放入陶豆罐中，加水烧开，放盐。四季豆掐头去尾。水开10分钟后，放入备好的四季豆，加入切成两半的洋葱。再煮15分钟，沥水，装盘。每个人可以根据自己的喜好从油壶中加入橄榄油，这种油壶是一个带有精美壶嘴的小玻璃瓶。

## "寡妇"土豆（Patates vídues · "widowed" potatoes）

1千克硬土豆　　　　　　　盐
1个大洋葱　　　　　　　　加泰罗尼亚碎酱所需食材：
橄榄油　　　　　　　　　　　4颗烤扁桃仁
2个大番茄　　　　　　　　　1汤匙松仁
1茶匙甜椒粉　　　　　　　　1瓣去皮的大蒜
1片月桂叶

土豆去皮，切成薄片。洋葱切碎，在厚平底锅中放入橄榄油，将其煎炒变色，然后加入去皮的番茄。在锅里将其压碎，烹制5分钟后放入辣椒粉和月桂叶。然后放入土豆，加入冷水没过食材，加盐，大火煮沸后转文火，盖锅盖慢煮 15 分钟。

在研钵里把加泰罗尼亚碎酱捣成糊，加少许土豆汤稀释，然后倒入锅中。不盖盖子再煮 15 分钟，直到汤水炖成酱汁并且土豆熟透，但未软烂。

以上两个食谱都是安妮塔·西玛尔·朗奇送给欧文·戴维斯的，我经常使用。

## 蒜香土豆
### （ Pommes à l'huile · potatoes seasoueal with alliums and olive oil ）

将 1.5 千克的土豆带皮煮熟或蒸熟，但不要煮烂，然后沥干、去皮。根据自己的标准将洋葱、青葱、大蒜和欧芹切碎，放入大平底锅中，倒入 1 葡萄酒杯橄榄油，小火加热（不要煎炒葱蒜，生的为好）。将土豆切大块，放入锅中，加盐和大量的黑胡椒粉。用木叉翻炒，可以搭配煮熟的熏猪肉香肠或者猪蹄皮灌肠，或和熏烤的香肠一起趁热食用；还可以佳肴配红酒。

## 牛奶黄油土豆
### （ Patate al latte e burro · potatoes cooked with milk and butter ）

每年五六月，意大利市场上会出售从地里刚拔出来的美味的甜白洋葱，一小捆一小捆地卖，这种洋葱茎呈绿色，最适合做这道菜。

2 个甜白洋葱·盐和黑胡椒粉·2 大汤匙橄榄油·肉豆蔻粉
0.5 千克新鲜土豆·50 克黄油
足量的牛奶·欧芹碎或香菜叶

把橄榄油倒入平底锅中加热，洋葱切成洋葱圈，放入锅中，将去皮的土豆切成 0.5 厘米厚的片，放在洋葱上面。加入牛奶没过土豆，加盐，不盖盖子大火快煮。加入少许黑胡椒粉和肉豆蔻粉。

　　大约10分钟后，在土豆快熟的时候，一些汤水已经蒸发，这时加入黄油，调小火继续煮，土豆很快就会浸没在奶油色的酱汁里。撒上欧芹碎或香菜即可食用。

## 土豆饼——既不是蛋糕，也非馅饼
### （Potato torta · neither cake, nor flan, nor tart）

　　准备一片白面陈面包干，将其放在烤箱里烘烤，烤干后取出并放在一个硬面板上，用瓶子碾压成粉末，接着就可以做这种美味的土豆饼了。这种粉末叫面包糠。意大利南方做面包糠的方法更快捷：用烤干的饼干圈（通常用茴香籽调味）；在北方是用各种类似饼干的酥脆面包棒。

| | |
|---|---|
| 1千克土豆 | 1大汤匙糖 |
| 少许盐 | 2大汤匙磨碎的帕尔马干酪或佩科里诺干酪 |
| 50克黄油 | 250毫升牛奶 |
| 3个新鲜鸡蛋 | 肉豆蔻粉 |
| 橄榄油 | 面包糠（见上文） |
| 100克腌猪油（一种盐腌的生肥猪肉）切丁，加热至变色 | |

　　土豆去皮，煮熟或蒸熟。沥干并捣碎。放入平底锅中，小火加热，

加入黄油，倒入热牛奶。搅拌至奶油状，关火，加入鸡蛋继续搅拌。加入肉豆蔻粉、糖、帕尔马干酪，最后加入腌猪油。

在烤盘上抹上油，在底部和侧面撒上细面包糠，让面包糠沾在烤盘上。把土豆泥倒入盘中，用抹刀轻轻刮平，涂上油，再撒上厚厚一层面包糠。在烤箱里用中火烤45分钟。加热一个大平底盘，将其正面朝下放在烤盘上，然后倒过来。

我多年前曾在坎帕尼亚的维科埃昆塞品尝过这道那不勒斯风味的佳肴，这种土豆饼烤好后呈漂亮的褐色（前面一道菜是烤鲻鱼），像切蛋糕一样将其切成大片。

## 土豆泥（Passato di patate · potato purée）

所有厨师都知道，把上述食谱中的鸡蛋减少到两个，不用加入面包糠和猪油，这道菜就变成了土豆泥。土豆泥是水煮鱼、烤野兔、焖牛肉或炖野鸡的绝佳搭配。需趁热食用。

## 烤箱烤土豆（Potatoes in the oven）

任何一个拥有曼陀林切片器和陶砂锅的人都会想到这道菜。

在陶砂锅上涂些橄榄油或黄油。将1千克土豆切成像纸一样薄的薄片。撒上少许盐、蒜片、墨角兰粉。倒入牛奶没过土豆——这至少需要0.75升牛奶——后放入黄油，如果有鹅油的话，也可以加点。

在烤箱中用中火至少烤1小时。烤好后的土豆外皮呈金黄色，是烤鹅或烤鸡的最佳搭配。如果你比较节俭，那就用培根片代替黄油或鹅油铺在上面，也会是一道不错的晚餐菜肴。

# 在户外面包烤炉烤土豆
## （Potatoes cooked in the outdoor bread oven）

在阿普利亚，传统的节日菜肴是烤小羔羊，烤制时涂上橄榄油，撒上迷迭香调味。

将 1.5 千克的土豆去皮，切成 0.5 厘米厚的块。清洗后用干净的布擦干。将锡盘或方形铝烤盘涂上适量的橄榄油，然后放入大烤箱中。把切好的土豆分层摆在烤盘上，每层淋上几滴橄榄油，也可以根据自己的口味加入一点百里香或冬香薄荷、盐和大蒜。然后在上面再淋些油，放入烤箱顶部，在相当于室内烤箱的高温中烘烤大约 45 分钟，烤熟的土豆呈金黄色。

## 鸡蛋土豆（Avgá ke patátes · eggs and potatoes）

在夏季，当游客来到基克拉泽斯群岛的偏远地区时，卡芬尼翁酒吧的老板常常爱搭不理地列出一份食材有限的日常菜单。

菜单上的主打菜就是鸡蛋土豆：在一锅炸薯条出锅前，把用水稀释后的鸡蛋倒入锅中，稀释鸡蛋是因为鸡蛋定量供应，数量有限。但是你也可能会吃到一盘豆子，偶尔会有煮山羊肉和意大利面，或者在风平浪静的日子里会有炸章鱼圈或炸鳀鱼；有时在节日里还会意外品尝到鲜美的鱼汤。

酒吧老板在整个漫长的冬季都不再烹饪，只是像卖药一样每次出售少量的茴香酒和拉基酒，卖卖陈的面包，酒吧里只留下一个人做几样主食，大多数情况下都是做鸡蛋和土豆，但厨师能把单调的食物变成大餐。

*4 个大紫皮土豆·橄榄油·百里香·香薄荷·盐*
*几瓣大蒜·4 个鸡蛋·欧芹碎·黑胡椒粉*

平底锅里倒入足够的橄榄油，慢慢加热，土豆去皮，用曼陀林切片器切成薄片。油开始冒烟时，倒入切好的土豆片，均匀铺开，撒上盐和香薄荷，调大火，盖锅盖。七八分钟后，土豆的底面会变成金黄色，并且已经粘在一起。

用铲刀慢慢将其翻过来，在土豆的金黄一面撒上盐和几片蒜，然后继续烹制。七分钟后，倒入打散的鸡蛋，蛋液里已加盐、欧芹碎和黑胡椒粉。倾斜平底锅，使蛋液均匀地摊在土豆饼表面，在土豆饼上随意戳几下，让鸡蛋均匀受热。只需烹饪几分钟，不要让鸡蛋完全凝固。一分为二，装盘即可。

## 乡村煎蛋饼（La frittata · a rustic omelette）

当迪尔斯在卡斯特波尔焦村给我上第一堂课时，她说乡村煎蛋饼是用带长把手的陶砂锅做的，我认为这种砂锅是从古罗马平底锅演变而来，它们外形相似，后来又出现了类似的青铜制品。在《罗马烹饪书》（ *The Roman Cookery Book* ）中有一张照片，上面有一个在庞贝出土的青铜锅，该书在参考文献中引用了阿皮奇乌斯[1]（Apicius）。

那时，陶器是极其便宜的消耗品，即使不小心破裂了也无妨。陶器导热性能好，可以保留油炸过程中的热量，调小火后也可以把鸡蛋混合物烹制得非常完美。与法式煎蛋卷不同的是，放入鸡蛋后，烹饪速度就变慢；但无论如何，这道菜风味颇佳。

乡村煎蛋饼可以选用任何一种你喜欢的蔬菜制作——土豆丁、洋葱、红辣椒、洋蓟心、茄子、野芦笋、啤酒花嫩芽、黄药子嫩芽，或者黑莓芽、菝葜芽，或者已经煮熟切片的丛毛麝香兰的鳞茎。下面这个食谱就是一个例子。

---

1 古罗马美食家。

## 西葫芦煎蛋饼（Frittata di zucchini）

准备三四个西葫芦，洗净，擦干，切丁，再备 1 个小洋葱。在煎蛋卷的平底锅中倒入少许橄榄油，将西葫芦和洋葱快速炒至变色，不断翻炒，加少许盐。

在碗里打入 4 个鸡蛋，加少许盐、胡椒粉和一些欧芹碎，然后加 1 甜点匙的面包糠（用烤箱烤的干面包糠）和 1 甜点匙磨碎的帕尔马干酪。

将打散的蛋液倒在锅中煎好的食材上，调小火。几分钟后，煎蛋饼就几乎凝固了。

用一个大盘子、锅盖或木板盖在锅上，把煎蛋饼倒扣在上面，然后把饼的另一面朝下滑入锅中，上下两面煎至变色时立刻装盘食用，也可以凉透后带去野餐。

最好的煎蛋饼须用野笋尖制作，野笋切片，煎至其颜色从古铜色变成翠绿色。不管用什么蔬菜做煎蛋饼，在倒入蛋液之前，所有蔬菜都要切片或切丁后煎至变色。当然，也有例外：在用菜园里的豌豆做煎蛋饼时，可以把熟豌豆与蛋液及其他食材混合在一起煎制。

## 加泰罗尼亚煎蛋饼（La truita · the Catalan omelette）

加泰罗尼亚煎蛋饼和意大利煎蛋饼一样，可以选用各种蔬菜制作，但通常是像法式煎蛋那样，将蛋皮的左右两边向中间折叠后装盘。以小洋蓟为例，无论是多刺的西西里蓟，还是无刺的罗马洋蓟，都要掰掉外层的老叶子，切掉顶部的三分之一，留下几厘米的茎进一步修剪。将洋蓟竖着切成两半，用小勺子将有毛毛的部分挖掉，切成四等份。然后将其放入酸化水¹中浸泡几分钟，捞出，沥干水分，倒入锅里的热油中；它们会立即变色。打散 3 个鸡蛋，调味后倒入锅中，搅拌，然后像普通煎蛋卷一样折叠。

可以用扁豆（已经煮熟）、生甜椒或辣椒、洋葱、煮熟的菊苣根和鸦葱等蔬菜烹制，将这些食材按照像前文提到的备受青睐的野芦笋那样制作。

———————◇———————

1  酸化水是一种将酸与水混合而成的化学溶液，具有很多烹饪用途，其中大部分是为了保持食材颜色。制作方法是在水中加入醋、酸橙汁、柠檬汁或白葡萄酒等酸液，然后摇匀使酸分解。

# 神殿的守卫者

## The Guardian of the Temple

烹饪的秘密在于掌握释放和传递香味的技巧。香味的来源有：神圣的月桂树——燃烧时是多么明亮，多么凶猛，如果可以的话，请在夏天收集其深色叶子的树枝；迷迭香香气宜人，其粗糙的灌木茎上绽放着淡紫色的花朵；在去果园的路上踩到薄荷时会闻到辛辣的气味；7月，在干旱的石灰岩山坡上，自然风干的野生墨角兰（牛至）会散发出辛辣的甜味；一簇簇散发着柠檬香味的野生香薄荷是穷人的胡椒；小小的金鱼草花在8月开放，采石工人从采石场下来时沿路采摘；一位老人在市场上卖的香草让人欲罢不能，他历经万难在高地牧场上采到被野兔啃过的百里香枝和绿叶鼠尾草，还有香紫苏；香菜的叶子和种子散发出的神圣暗香使人想起一座坐落在光秃秃山脊上的希腊小教堂里焚香的味道；路人在山坡上随手就可以折到花梗上的茴香花或采摘其种子；在9月，在寸草不生的白垩岩上能采到带着奇异甜味的蓝黑色杜松子；在春天的玛基群落，你可以徜徉在百里香、迷迭香、岩蔷薇、乳香黄连木和香桃木的花海中，身边暗香涌动。

我想带你去莫林·巴恰加卢波家，他是卢尼戴安娜神庙的守护者。在他门前的卢尼平原上矗立着一座罗马神庙的废墟，一棵盘根错节的老葡萄树把莫林的打谷场和神庙隔开。向西可以眺望到第勒尼安海，以及延伸到蓬塔比安卡海角的连绵群山。向东望去是高耸的阿普利亚山脉，即使在春天山顶也依旧覆盖着皑皑白雪，隐藏在大山后面的是卢尼贾纳地区神秘的穷乡僻壤，聚集在较低斜坡上的那些山村就像一块块的珊瑚。

莫林以前饲养了七头公牛。他是个单身汉，很适合做这座神庙的守护者。他家厨房宽敞明亮，刷成白色，红砖铺地，几根横梁支撑着高高的天花板。厨房里有一个大壁炉，一个瓶装液化气炉，一张桌子，几把餐椅，一个靠背长椅。长椅后面墙边的木架上挂着一排铜平底锅和铝平底锅。窗边有一个石水槽，一个托斯卡纳柱式[1]大陶碗里盛着饮用水，碗里有光滑的绿色大理石花纹，水是从外面的井里打来的。奶酪放在厨房抽屉里，这样就不会被猫偷吃，面包放在面包箱里。过道对面的小酒柜里摆满了白葡萄酒和红葡萄酒。

1　风格简约朴素，比较粗大雄壮。

　　这个人一直住在农场里，每天面朝大海，吹着轻柔的海风，坐在房前看着夕阳西下，明月升空。他操着极富韵律感的热那亚方言。他的食量少之又少，因为他只吃天然食品。他从不吃用电炉烤的面包，不吃工厂加工的香肠或意大利腊肠，只吃自然发酵的奶酪，喝自酿葡萄酒。

　　他慢条斯理地准备着饭菜。用一个大铝锅中的沸水煮意大利面，当然是用海盐了。当面煮得有嚼劲时，他用一个令人印象深刻的滤锅在水槽里把面沥干，然后把一个大瓷碗放在桌上。我们已经坐在桌边品尝着他自酿的醇香白葡萄酒了。他把意大利面倒入碗中，放入酱汁，然后娴熟地用两把叉子搅拌意大利面和酱汁。当他把罗勒青酱或是把大蒜、香草和新鲜番茄煨制的番茄酱与意大利面完美融合到一起时，他的客人顿时觉得异香扑鼻。莫林，你真是好运气！

# 意大利拌面和汤面
## Past'asciutta and Pasta in Brodo

意面是指将硬质小麦粉加水揉成弹性面团后制成的各种面条。加入鸡蛋，就变成了蛋面。

意大利拌面指将刚煮好的意大利面拌在美味酱料中的各种意面。做这种酱料的食材可以选用鱼、甲壳类、软体动物；肉、家禽、野味；新宰杀的羔羊内脏；意式培根（咸猪五花肉）；精选的菌类、蔬菜或野菜；必不可少的番茄；意大利乳清干酪（羊奶干酪）；或者橄榄油和蒜片。

做汤面的关键是先做好鲜美的汤，再放入美味的意大利面，煮几分钟入味即可。为了节日喜庆，意面可以精工细作，或者简单地做成贝壳、星星、车轮、蝴蝶或其他有趣的形状。晚餐适合吃汤面。

这两种面通常（但并非总是）搭配爽口的奶酪碎。

烤意面与上述面食料理方式不同，是先把比较筋道的通心面、斜管面、空心面、加乃隆或者千层面煮半熟，捞出，过凉水。烤盘（陶、锡或锌制浅盘）中涂上适量的橄榄油，把煮好的意面分层摆放，每层都放上备好的酱料和事先煎好的食材，撒上奶酪碎和马苏里拉奶酪片。顶层多撒些奶酪碎、面包糠，或用脱盐鳀鱼和去核的黑橄榄装饰。再淋上橄榄油润滑或铺上卷状黄油。将其放入热烤箱中，各种味道会完美融合，外表酥脆。

在阿普利亚，每到烤面包的日子就会于当天早晨在室外烤炉中烤制这道斋日菜肴。由于烤箱内四面受热，因此，为了避免面条变干，放入的酱汁要比制作意大利拌面时多，配料也更加丰富，这样味道会更醇厚。

　　新鲜意面比包装袋中的更入味。1 人份是 150 克；做意大利拌面只需 100 克。新鲜意面烹饪时间比较短；把意面放入沸盐水中，当意面浮上水面时就可以出锅了。无论哪种意面，煮至意面有嚼劲时，捞出，滤水。

　　烹制意大利面只需要几分钟，但准备一份上好的意大利拌面酱汁则需要一些时间。虽然也有例外，比如做鳀鱼意面和意大利乳清干酪意面只要花费 10 来分钟。

## 罗勒青酱意面
### （Trenette al pesto · narrow ribbon pasta with pesto）

制作罗勒青酱需要一个杵和研钵，以及如下食材：

*1 枝罗勒 · 2 汤匙橄榄油 · 海盐*
*2 汤匙佩科里诺干酪碎、萨尔多或帕尔马干酪*
*2~3 瓣蒜 · 1 把松仁*

　　将罗勒洗净，摘下叶子，撕碎。在研钵中放少许盐，放入去皮蒜瓣，捣碎，然后放入松仁捣碎，再放入罗勒捣碎，最后加入橄榄油和奶酪碎，搅拌均匀。

　　配上筋道的新鲜意式扁条面或意式拌面一起食用。

　　这种青酱起源于利古里亚海岸，但在其他地方有不同的版本。在拉斯佩齐亚南部，酱里的配料不是用研钵捣碎的，而是用刀剁碎的。有时用秋天新采摘的核桃仁代替松仁。

　　说到新鲜的意大利面，我并不是说一定得是自己做的。许多城镇都有面食工厂，那里每天都制作各式各样的面食。例如，卢卡的面食店里的意大利拌面和汤面很令人向往。这些大大小小的店铺都是老房子，坐落在宏伟的罗马露天剧场附近，这容易让人联想到卡纳莱托[1]（Canaletto），而不是皮拉内西[2]（Piranesi）。多年来，里面的蔬菜批发市场总是熙熙攘攘。

如果在威尼斯，一定要去罗坎达蒙提酒店（在学院美术馆后面，圣特罗瓦索教堂附近）的花园餐厅，坐在爬满常春藤的凉亭里，先点一份奶油面团。这些"制作粗糙"的小面团里包着鸡胸肉泥和羊杂，像意大利馄饨一样在沸水里煮几分钟，面团浮上水面后用漏勺捞出，淋上奶油酱，用肉豆蔻调味即可。这家给人留下美好回忆的餐馆曾是邓南遮[3]（D'Annunzio）经常光顾的地方，他一直资助贫寒的艺术家们；在他的资助下，这些艺术家们创作了大量的作品，餐厅室内的墙壁上挂满了他们的佳作。

## 奶油意面
### （Fettuccine alla panna · ribbon pasta with cream）

如果担心这些奶油面团不好烹饪，你可以用奶油来制作意大利带状意面，这种意面在罗马叫 *tagliatelle*。 4 人份所需食材如下：

| | |
|---|---|
| 600 克鸡蛋制成的新鲜带状面 | 肉豆蔻粉 |
| 盐和黑胡椒粉 | 50 克黄油 |
| 少许新鲜豌豆，焯水 | 半个白色甜洋葱 |
| 100 克切碎的五花肉（咸五花肉卷） | 欧芹碎 |
| 　　或用黄油炒过的鸡胸肉，切碎 | 2 瓣大蒜，切碎 |
| 2 汤匙帕尔马干酪碎 | 0.5 升奶油 |

--------◇--------

1　卡纳莱托（1697—1768），意大利风景画家，尤以准确描绘威尼斯风光而闻名。他将准确的建筑细节与明亮的色彩结合起来，将真实建筑置于想象的背景中。

2　乔凡尼·巴蒂斯塔·皮拉内西（1720—1778），意大利雕刻家和建筑师。他以蚀刻和雕刻现代罗马以及古代遗迹而成名。其作品的特点是强烈的光、影和空间对比，以及对细节的准确描绘。

3　加布里埃尔·邓南遮（1863—1938），意大利诗人、剧作家、小说家、民族英雄和法西斯主义者。

在大平底锅内加入黄油，小火加热，洋葱变色前，加入切碎的五花肉或鸡胸肉、一些肉豆蔻粉、少许盐、胡椒。几分钟后放入焯好的豌豆。倒入奶油。小火慢煨，用木勺搅拌；稍微黏稠即可。

在制作酱汁的同时，另起锅，锅中烧水，水开下面条，煮几分钟。煮至八九分熟时，捞出，沥干水分，放入奶油酱中。用木叉搅拌意面，使其完全入味，一直小火慢煮。边搅拌边加入欧芹碎和大蒜，撒上黑胡椒和帕尔马干酪碎，趁热食用。

我不打算介绍做托斯卡纳饺子的烹饪方法，托斯卡纳饺子是一种意大利饺子（面团里放入少量已经调味的肉馅），制作这种饺子像绣花边，要心灵手巧。这种手艺不是从书本上能学会的，要实践模仿。

## 真菌酱意面

### （ Fettuccine colla salsa di funghi · ribbon pasta with fungi sauce ）

毋庸置疑，做这道面食最适合选用牛肝菌或橙盖鹅膏菌。橙盖鹅膏菌的菌盖未完全张开时像橙色的蛋；详情可参见"真菌与米开朗琪罗"一章。

| | |
|---|---|
| 400 克带状意面 | 橄榄油 |
| 400 克新鲜真菌 | 1 甜点匙乡村番茄浓缩酱 |
| 　　（见上文） | 　　或浓缩番茄酱 |
| 1 个小洋葱 | 1 小杯红酒 |
| 1 瓣大蒜 | 1 茶杯浓缩小牛肉或鸡肉汤 |
| 新鲜欧芹 | 新鲜山地香薄荷 |
| 黄油 | |

真菌去蒂，用湿布擦干净。用不锈钢刀在砧板上切碎。然后将洋葱和蒜瓣去皮切碎，将欧芹和香薄荷切碎，小陶罐中放入橄榄油，放入以上所有香料，文火煨制。加入番茄酱，几分钟后加入切碎的真菌，在油中翻炒均匀，再加入葡萄酒和高汤。不盖盖煮 20 分钟至

黏稠。出锅前加入 1 小块黄油。

在盐水中煮好带状意面，捞出，沥干，盛到温热的盘子里，再将酱汁倒在意面中间。

## 蒜香黄油意面

### （ Spaghetti con aglio e burro · spaghetti with garlic and butter ）

这是做法最简单的一道意面。但是，关于如何加入大蒜，一直以来有两种不同的观点。

曼图亚人认为，蒜瓣应切片，在热橄榄油中炒至稍微变色。大蒜极易炒焦，因此，有经验的厨师会把握好火候，及时从锅中取出，和新鲜黄油一起用来给煮好的意面调味。可以根据个人喜好加入欧芹碎和帕尔马干酪。

另一派则喜欢鲜蒜，尤其喜欢 6 月的鲜蒜切片后散发出的蒜香，将蒜瓣放在热的白瓷碗中，热意面与蒜瓣相遇后香气隐隐不绝，再加入 1 汤匙橄榄油，味道会更佳。这时，要加入大量黄油和帕尔马干酪，最后放入欧芹碎或罗勒调味。

## 番茄酱意面

### （ Spaghetti colla salsa di pomodori · spaghetti with tomato sauce ）

我猜想，在阿普利亚每家每户夏天都要做新鲜的番茄酱。他们都有一种叫 *mattareddha*（方言）的长方形带孔锡器皿，用来过滤番茄汁，在每周开放的市场上就能买到。要做美味的番茄酱，您需要：

| | |
|---|---|
| 1 千克新鲜意大利西梅小番茄 | 欧芹，切碎 |
| 一些干牛至 | 海盐 |
| 橄榄油 | 1 片月桂叶 |
| 1 个甜白洋葱，切碎 | 几滴红酒醋 |
| 一些芹菜叶（作为香草种植的芹菜） | 1 茶匙糖 |

在平底锅里倒入一层橄榄油，放入切碎的洋葱、芹菜、欧芹和牛至。慢火煨几分钟，但不要让食材变色，加入番茄，需要提前将番茄放到水里轻轻挤压，去籽，然后放入月桂叶、红酒醋、盐和糖，盖上盖子，放在石棉垫上慢慢煮。40 分钟后过筛，如果没达到酱料的浓稠度，再次回锅加热，收汁；然后倒在意面上。与佩科里诺干酪碎或卡秋塔奶酪 [1] 一起食用。

## 生番茄酱
### （Salsa cruda di pomodori · uncooked tomato sauce）

番茄刚熟的时候（7 月初），按照以下方法制作生番茄酱将会其乐无穷：将 1 千克熟透的番茄放入碗中，浇上开水。1 分钟后倒掉热水，浸入凉水中，去皮，去籽，切碎果肉。

在研钵中放入两三瓣大蒜，少许盐，一起捣碎。再放入 1 根去皮去籽的烤青椒捣烂。然后加入一些罗勒叶捣碎，最后放入切好的番茄和少许橄榄油。把这个调料（未加热的）铺在沥干水分的热意面上，然后装入热盘中。这种意面清爽可口，不需加奶酪。

## 咸鳀鱼意面
### （Spaghetti colle acciughe · spaghetti with salt anchovies）

选用优质意式特细面。将 4 人份 400 克的面煮至七八分熟。100克的咸鳀鱼在冷水中清洗，一分为二，去骨去刺。再次清洗，放在砧板上剁碎。

将小平底锅置于火上，放入鳀鱼、大量橄榄油和一些黑胡椒粉。油温不要过高。油热后，加入 50 克黄油、辣椒油和少许番茄酱。用

---

1　卡秋塔奶酪是意大利中部的传统农舍奶酪，半软型。而佩科里诺奶酪也被称为意式羊乳干酪，是硬质型。

木勺搅拌、让鳀鱼融在番茄酱中即可。

　　将煮好的意面沥干，放入热碗中，将番茄酱倒在上面，用两把叉子拌匀。可根据个人喜好加入欧芹碎和大蒜。

## 意面配里科塔奶酪（新鲜羊奶酪）
### （Spaghetti colla ricotta · spaghetti with fresh ewe's cheese）

　　最近几年，斯佩格力兹庄园的一个牧羊人常在山坡上放羊，那里布满岩石，寸草不生，绵羊还撞倒了石块堆砌的围墙，山羊啃掉了那些能结出甜美小无花果的半野生无花果树嫩枝。他篮子里的乳清干酪之所以格外香滑可口，是因为那些干酪就是用这些绵羊奶和山羊奶制成的。

　　午餐可以吃半块意大利乳清干酪，搭配大量的黑胡椒和一盘野菜或菠菜。晚餐可以按照平时的做法把意面煮到有嚼劲时，马上捞出，留出少量（2 人份需 1 大葡萄酒杯的量）煮面的热水。然后将煮面水倒入预热好的盘中，加入里科塔奶酪，迅速用木勺搅拌成浓稠的酱汁。放入切碎的欧芹和黑胡椒，再加上几根肉豆蔻，然后加入热意面，用 2 把叉子搅拌均匀，让面条充分吸收酱汁。香喷喷的意面就做好了。

牧羊人会在凌晨 3 点给绵羊和山羊挤奶，黎明时分在炉膛的大锅里做里科塔奶酪。里科塔奶酪在当地方言中叫 *lu quagliatu*，相关的更多信息，请参阅珍妮特·罗斯（Janet Ross）的《曼弗雷德的土地》（*The Land of Manfred*）中的第 12 章。

## 烤意面（Pasta al forno · macaroni in the oven）

这里介绍的是阿普利亚做法，这种做法简单易行，但很难解释清楚；清晨，在给室外面包烤炉加热的同时做些准备工作，但也可以用室内烤箱制作。烤意面的特色是里面的肉丸。

800 克直尖通心粉或波纹
  贝壳状通心粉（粗通心面）
200 克生火腿或
  风干猪颈肉香肠
2 个煮熟的鸡蛋
1 块马苏里拉奶酪
0.5 升新鲜浓缩番茄汁
0.5 升浓缩鸡汤
2 片香叶
1 汤匙橄榄油
2 汤匙佩科里诺奶酪碎
2 汤匙帕尔马干酪碎

制作肉丸需要：

0.5 千克马肉（或瘦牛肉）馅
1 瓣蒜
几个刺山柑
盐
1 甜点匙橄榄油
2 个新鲜鸡蛋
百里香
欧芹碎
1 杯白兰地红酒
一些细面包糠

沸水下直尖通心粉，加盐。面条煮至筋道（也就是说，没有完全煮熟）时，捞出，沥干，立刻过凉水。

接下来做肉丸。捣碎大蒜，加入刺山柑和盐继续捣。放油，加入碗里的肉馅。所有食材一起捣碎，然后打入生鸡蛋，撒一些百里香和欧芹碎，倒入葡萄酒。

在砧板上铺上一层面包糠。先把捣好的肉馅揉成小球状（弹珠大小），再裹上面包糠。平底锅中的油八成热时放入肉丸，晃动锅身，待肉丸煎至金黄，捞出。然后用厨房用纸吸干表面油脂。一次至少可以炸 50 个肉丸，留出一半当小吃。卷起生火腿片，然后切成丝，摊开。将熟鸡蛋剥壳，切好。把马苏里拉奶酪切成四半。将番茄酱汁倒入鸡汤中，加入香叶，小火慢炖。

准备一个大浅陶盘，倒入一点橄榄油，转动盘子，让橄榄油均匀挂在盘子四周，撒上一些细面包糠，然后加入意面、肉丸、马苏里拉奶酪丝、生火腿和切好的鸡蛋。撒上一层佩科里诺奶酪，再加一层意面。重复同样的操作直到满盘。然后倒入酱汁，最后在顶部撒上面包糠和帕尔马干酪。

这样，你就给这道面盖上了"盖子"，最后淋上橄榄油。如果你喜欢把黄油片放在上面，那就变成了金灿灿的盖子。将其放入烤箱中央烤 30~40 分钟。可以通过香气来判断是否已经烤好。从烤箱中取出后放置 10 分钟，可以像蛋糕一样切开食用。

## 双份酱料（La salsa doppia · the double sauce）

在格罗塔列，在家里吃意面时，通常用一个大盐釉盘盛放，放好作料后，每人用叉子分餐食用。基克拉泽斯岛的希腊人也遵循这一饮食传统——每人一把叉子，公盘较小。这一传统在萨兰托已经消失了。也许只有那些老农夫才这样吃意面，他们仍然在捕猎、烹饪并食用獾肉和狐狸肉，但他们做出的意面都是一样的，都呈鲜亮的深红色。盘中的酱料和奶酪碎还是要分层放入，然后搅拌均匀。必须分餐食用。

如今，不管这道面是用直尖通心粉（通心粉的一种）还是用自家小麦自制的猫耳朵意面（小耳朵形状）做成的，酱汁一定要是红色的。

6 人或 8 人份需要 1 升瓶装番茄酱。平底锅中放入橄榄油，将洋葱碎或是洋葱苗、2根辣椒一起放入锅中小火慢煨。在做这款基本酱料的同时，煮好意面。此外，新采摘的西梅番茄[1]去皮去籽，另起锅，锅中放入橄榄油、大蒜和新鲜罗勒叶，加入西梅番茄文火慢炖。

将沥干水分的热面倒入一个大热盘中，交替放入基本酱料和佩科里诺干酪碎。搅拌均匀。将分开烹饪的西梅番茄酱放在上面提鲜提亮。再放一些佩科里诺干酪碎至满盘。

当我们和邻居特蕾莎、萨尔瓦托雷一起坐下来吃饭时，特蕾莎神采奕奕地说：我做了双份酱料。我不知道这款双份酱料是否在其他书中有记载，但它确实存在。也许只有夏季田地里会长满新鲜番茄的地方才有这款酱料吧。

## 豌豆意面
### ( Spaghettini coi piselli · fine spaghetti with peas )

这是威尼斯初夏时节的常见菜肴。只需上好的意大利细面和极新鲜的嫩豌豆来制作。4人份菜谱：

400克意大利细面·盐
1千克新鲜豌豆·薄荷叶·100克新鲜黄油
卷状黄油·1个甜白洋葱，切碎

———◇———

1　意大利番茄的一个品种，即李子番茄。

将豌豆去豆荚，放入沸水中焯 2 分钟。捞出沥干，留着煮豌豆的水。在平底锅里慢慢融化黄油，放入洋葱碎。小火煨 5 分钟，然后放入豌豆、盐、薄荷叶和少量的煮豌豆水。

将意面放入盐水中快煮四五分钟。然后捞出，沥干，放入深汤盘中。用勺子把豌豆舀到每盘意面的中间，加入一些酱料，最后在每盘意面上放一个卷状黄油点缀。不放帕尔马干酪。

## 肉汤意面（Pasta in brodo · pasta in broth）

这道面是用一年左右的小牛肉（在小牛犊肉和成年家养牛肉之间）和髓骨熬制的浓汤，或者由鸡骨架和小牛骨熬制成的高汤，和香料一起烹制后过滤出残渣，待到晚餐时再加热煮沸，然后放入一两把意面，煮 5 分钟即可。

肉汤意面也可以精工细作。在节日里，可以用这种汤煮长方形、环形、半月形、正方形、圆形等各种形状的意大利饺子，当煮这些填馅的美味面食时，所需的肉汤要比煮意面的量大。与帕尔马干酪碎或佩科里诺干酪碎一起食用，会让人食欲大增。

在一些特殊场合，这种肉汤要用老母鸡熬制成，用那种在后院散养了一两年的母鸡做出的汤会更鲜香。把鸡放入一大锅水中，边煮边撇去上浮的血沫，加入香料——洋葱、胡萝卜、芹菜、茴香、盐，然后小火慢炖至少 1 小时。将干净的布垫在漏勺中过滤肉汤，再倒回锅中。再次煮沸，放入贝壳意面。为了款待客人，主人会在客人喝完汤后立刻端上切好的鸡肉。按照传统惯例，这是周日复活节时阿普利亚盛宴中的第一个重量级菜肴。

## 芝麻菜"小耳朵"意面
### （Orecchiette con la rucola · "little ears" with rocket）

这是一道萨兰托美食。选用鲜嫩的野生芝麻菜（也可选用花椰菜头或油菜叶），洗净。平底锅中放水，放盐，煮沸，然后把芝麻菜放入沸水中。另起锅，煮面，煮至面有嚼劲时，捞出，沥干水分。

在煎锅中倒入橄榄油，放入 2 根辣椒，2 瓣切成片的去皮大蒜，煮几分钟。将沥干的意面和芝麻菜放入锅中，用木叉搅拌均匀，撒上开胃的奶酪碎趁热食用。

## 意大利面的起源（Origins of Pasta）

时至今日，我才知道意面的起源至少可以追溯到罗马时代，我从未相信是马可波罗从中国带回了意大利面——这更像是威尼斯人的自吹自擂。

一位匿名记者在《南方日报》（*Gazzetta del Mezzogiorno*）撰文提醒我们，如果我们曾经阅读过贺拉斯（Horace）的《讽刺诗集》（*Satire*）第一部第六首，就会读到他描写的回到家吃"韭葱、鹰嘴豆与面片"时的快乐心情。现在萨兰托也有这道用鹰嘴豆搭配各种意面的菜肴。有人猜测贺拉斯的家仆是阿普利亚人，贺拉斯的家乡韦诺萨与卢卡尼亚接壤。他热爱阿普利亚和勤劳的阿普利亚人。

我立刻在格哈德·罗尔夫斯（Gerhard Rohlfs）的《萨兰托方言词典》（*Vocabolario dei dialetti salentini*）中查到了 lagana 这个单词。在萨兰托希腊方言（格里克方言）中，这个词指一种片状的面食，用擀面杖擀好后，切成千层面（希腊语叫作 *láganon*）。在讲格里克方言的地区依旧在使用这些词语，例如在佐利诺、斯特尔那提亚、卡利梅拉、玛尔塔诺、卡斯特利尼亚诺、梅伦杜尼欧和奥特兰托的克利尼亚诺等村庄。

## 意大利宽面（Laganelle）

意大利宽面是用面团擀成的，这是一种乡村切面，1.5~2厘米宽，由非精制的硬质小麦制成，这种小麦是本地种植，颗粒饱满。先做好面团，然后擀平，抻长，撒上面粉，卷起，切条。最后把面条整齐地摆放在撒了面粉的木头或大理石上晾干。您需要：

*500克硬质小麦粉·3个鸡蛋 ·1汤匙磨碎的海盐*
*一些温水 · 1把切面的半月刀·1根擀面杖*

将面粉倒到面板上，堆成堆，在中间挖一个洞，打入鸡蛋，放入盐和少量温水。揉成一个面团，如果不够有弹性，再加点水。将面团分成两份，继续揉面。撒上面粉，擀成两个同样大小的面片。再次在每张面片上轻轻撒上面粉，把它们卷起来，然后用半月刀切成1.5厘米宽的面条。把面条摊开，也可以根据个人喜好，在木制编织针上盘好。将每条面或每卷面放在撒了面粉的面板上晾干。

煮沸一锅水。如果想制作贺拉斯吃的那种面，那么就准备好 2 瓣蒜、6 根切碎的嫩韭葱和 0.5 千克熟鹰嘴豆，一些欧芹碎、橄榄油、盐和 1 个柠檬，请按照以下步骤操作：

在厚平底锅中倒入橄榄油，加入去皮的大蒜和切好的韭葱，用文火炒至变软，然后加入鹰嘴豆。烹饪几分钟，这期间要不停晃动锅身，让油浸透鹰嘴豆，再加入煮鹰嘴豆用的水和柠檬汁。

在盛有沸水的大锅中加入盐和一半宽面（另一半留作第二天用更传统的方法烹饪）。几分钟后，面条就会煮得有嚼劲了；立刻捞出，沥水，放入韭葱和鹰嘴豆，充分搅拌后放入热陶碗中。撒上欧芹碎即可食用。

这道菜用的韭葱是橄榄园和葡萄园里野生的。这些农家菜是体力劳动者的菜肴。在《南方日报》的同一页上有一个并不太令人吃惊的标题："他们（意大利人）每天摄入的热量高达上千卡路里"。

像往常一样，贺拉斯点明了至简生活的乐趣。

在斯特尔那提亚村，*laganelle*（意大利宽面）叫作 lavanedda；在卡利梅拉村叫 *lanedda*，所以，在这个村子里，这道面食的方言名称是 *ruittia ce lanedda*。

根据罗尔夫斯的说法，位于马利埃城附近的许多萨兰托村庄讲的是格里克方言，这种方言保留了很多古希腊语词汇。这些词汇在其他地方已经废弃，其起源可以追溯到荷马时代而不是拜占庭时期。

来自马利埃的朱塞佩·托马（Giuseppe Toma）博士针对这个争论不休的话题做了阐释。他追溯了一些与圣周有关的现存传统的起源——与向死者家属提供邻里帮助和悼念死者的传统形式有关，一直追溯到索福克勒斯（Sophocles）的《俄狄浦斯王》（*Oedipus Rex*），这是一部与荷马时代有关的戏剧。

因此，人们可能推断出意面的起源并不是古罗马，而是古希腊。

它甚至可能在公元前 8 世纪斯巴达人建立塔兰托之前就已经在萨兰托出现了。

当我把这个结论告诉一名意大利教师朋友时，他忧心忡忡地说："那么马可·波罗带来的一定是中国面条。"我对那位不知名的记者感激万分，是他把我带到了贺拉斯时代。

查尔斯·佩里（Charles Perry）提出了一个有关意大利面起源的不太"片面"的观点，具体内容可以参阅《闲话烹饪》（*Petits Propos Culinaires*）1981 年第 9 期的《最古老的地中海面条：一个警示寓言》（The Oldest Mediterranean Noodle: a Cautionary Tale），以及《闲话烹饪》1982 年第 10 期同一作者撰写的《波斯面食》（Notes on Persian Pasta）——一个复杂的语言学故事。

但是，通过深入研究当地情况，我们了解到，上文刚刚提到的萨兰托菜品叫 *cicere e ttria* 或者 *cicerittria* 等（鹰嘴豆丝带面），*ttria* 一词是 *tagliatelle* 的土语，来自古希腊语 *itria*。在罗尔夫斯的词典中，*tria*（*ttria*）的解释为"通常在 3 月 19 日圣朱塞佩日食用的一种仪式性食物——鹰嘴豆配意大利拌面"。

除了专门用方形或长方形的意大利面（千层面）制作烤面和切面（乡间叫意大利干面）外，还有一种乡村版的意大利通心粉，这是把宽度一样的意面快速卷在涂过油的钢管上，名叫 *minchialeddi*、*minchiareddi* 或 *pizzicarieddi*。它们有时会和猫耳朵面一起烹饪。猫耳朵面是把小面片用拇指捏成"小耳朵"状，耳蜗里能存酱料。现如今，在萨兰托城乡的食品店里已经很难找到纯手工猫耳朵面了。猫耳朵面基本都是在家里自制的，当地心灵手巧的女人以会制作这种面食为豪，就像我之前介绍过的那样，在古老的传统中总能找到创造性的例证。

¶ Queſtion de amor.
Agora nueuamente
impreſſo: con algu-
nas choſaʒañadidas.

Año. M.D.xlv.

# 向一位卓越的厨师致敬

## Homage to a Classic Cook

与一位卓越的厨师为友，比博览群书更有启发性。

当我第一次见到欧文·戴维斯的时候，他对我居然敢在认识他之前就写关于烹饪的文章大为惊讶。那次，我们对真菌展开了热烈的讨论。当他获悉我曾对真菌做了第一手研究时，我才通过了他的"测试"。于是，他邀请我到他在布伦瑞克广场的公寓共进晚餐。

他做了一道苦橙炖鸭。"我的烹饪生涯到此为止了"，他的此番言论与眼前的确凿证据截然相反。这只金灿灿的鸭子还没从铸铁搪瓷砂锅中盛出来就香气四溢了，这与他的说法完全不符。

他对尽善尽美的追求在烹饪中体现得淋漓尽致。在很久以前，他曾经把另一只"不完美"的鸭子当着几位满怀期待的客人的面扔出窗外。这只鸭子不巧挂在了几层楼高的排水管上，当时正值盛夏，鸭子很快就腐烂发臭了，邻居们埋怨不休，最后动用消防队把鸭子"救"了下来。在欧文的餐桌上，我领悟到了"卓越"一词的全部诗意，其中所蕴含的预先筹划、精挑细选、劳心劳力、时间掌控等烦琐的创造过程，可最后得出的结果却是出人意料地简单，多少带给人些许满足与喜悦。

由此可以看出，他的生活方式是慷慨与节俭两种相反理念的结合，顺便说一句，这也是他烹饪艺术的关键。他的菜肴是对理想的召唤；他用这种方法来表达他对地中海的庆祝。1911 年，23 岁的他和皮诺·欧里奥利在佛罗伦萨合营了一家书店。往昔的魔力让我重温历史，我觉得，与他结识之后，我不再是流浪的波西米亚人，在他的书店里，鲍里斯·考特佐夫、欧里奥利、道格拉斯、劳伦斯、弗班克、比尔博姆都跃然纸上，不再是脑海里的回忆。

　　他在布伦瑞克广场厨房里和后来在汉普斯特德新区厨房里烹饪的菜肴让我"毕生难忘"。虽说"难忘"，但我真的记得吗？我确实还记得那些从晶莹剔透的威尼斯醒酒器里倒进透明的威尼斯玻璃酒杯里的纯正红葡萄酒，还有起泡的沃莱白葡萄酒和烟熏味的梧玖庄园葡萄酒。我还记得插在红木桌上绿酒瓶里的那朵娇艳欲滴的红玫瑰；还有碗柜里的那个中国鱼盘。厨房墙壁上挂满了美食版画，以及戴安娜·曼托瓦纳（Diana Mantovana）在 1575 年雕刻的华丽的"众神讨论会"（Symposium of the Gods），这是贡扎加家族挂在曼托瓦[1]夏宫里朱利奥·罗曼诺特宫[2]里的壁画，这幅画描绘的不是一场会议，而是一场盛宴。

　　记不起上菜的顺序了。这顿饭很简单，一些食材是事先备好的，

---

1　曼托瓦是一座位于意大利北部伦巴第大区的小城。在公元 14 世纪早期，贡扎加家族统治了曼托瓦，使其成为文艺复兴的中心之一。
2　曼托瓦的标志性建筑物。

这样厨师就可以把注意力集中在主要的事情上：一份酸果蔓豆沙拉配盐煮金枪鱼腹肉条，希腊风味韭葱；或者是茴香沙拉配一盘腌鳀鱼；新鲜芦笋，或者是意式炒辣椒；嫩洋蓟或酸模汤，酸模是在房后的花园里采摘的。

有时还会有一盘葡萄酒洋葱炖鳗鱼、奶油比目鱼或龙虾，接着是一盘配有上等调味料的沙拉和从巴黎带回来的美味小山羊奶酪。我记得还有烤野鸡、烤松鸡；炖山鹑；炖猪蹄皮灌肠和熏猪肉肠，后面几道菜要配着蒜香土豆吃。

他在盛宴之余皆禁食。

欧文在烹饪方面设定了极其严格的标准，就像他在整理图书目录时那样。这个讨喜的人精通法语、意大利语、拉丁语和古希腊语。出于对意大利和逝去岁月的怀旧之情，我们有时会去探险。有一次，我们踏着道格拉斯和欧里奥利的足迹，去了意大利南部，寻找大希腊[1]的遗迹，虽然我们本没有打算南行。我们随身带着乔治·吉辛（George Gissing）的《爱奥尼亚海滨》（*By the Ionian Sea*）和弗朗索瓦·勒诺尔芒（Lenormant）的《大希腊》（*La Grande Grèce*）、《穿越阿普利亚区和卢卡尼亚》（*Voyage à travers l'Apulie et la Lucanie*），但事实证明，我们没有闲暇读书；我在相互交谈中就受益良多。欧文对很多古典文学倒背如流，他背诵的贺拉斯、奥维德、阿特纳奥斯和佩特洛尼乌斯的诗句令我陶醉。

他是位地地道道的意大利老教授，他的早餐只有白葡萄酒，格拉巴酒和菲奈特布兰卡苦酒能让他精神焕发，可以助他驾驶着小型菲亚特车在巴斯利卡塔（以前的卢卡尼亚）山区荒野上安全地曲折前行。我们一路上吞云吐雾，抽了无数根托斯卡纳雪茄。令

---

1　指公元前 8—前 7 世纪古希腊人在意大利半岛南部建立的一系列城邦的总称。

他震惊的是，昏暗的葡萄酒商店在南部是如此稀少。但是，当到达阿普利亚葡萄酒酿造区时，他立刻精神振奋，信心百倍。我们在乡村餐饮店发现了鲜为人知的上乘白葡萄酒。啊！那可真是天壤之别。

就像力大如牛的加泰罗尼亚人，这里的开胃酒很浓烈，要加点酒劲小的酒，或是当场饮用。我们终于意识到，这片土地出产的神奇葡萄酒正好抵御了当地的严寒。基克拉泽斯群岛的纳克索斯、加泰罗尼亚的普里奥拉托和阿普利亚的阿伦托都出产酒精含量（17度）差不多的葡萄酒，在当场饮用可以提神，但如果运到气候比较温和的地区饮用就会头晕。当然，我做梦也没想到有一天我会自酿葡萄酒来排解在阿普利亚生活中遇到的苦闷。

欧文是个非常古怪的人，他把购书的时间安排在佛罗伦萨新豌豆和小芦笋的生长旺季，选在萨巴蒂尼餐厅享用这些当季美食。他的怪癖就是根据自己的喜好确定事情的先后。

他在意大利购买旧手稿时，还从一位藏书家那里购买了一些初榨橄榄油，这位藏书家的地窖和他的图书馆一样书盈四壁，这表明，藏书家都是不折不扣的美食家。成桶的葡萄酒和陈年红酒醋都成了讨价还价的筹码。

在欧文的引荐下，我结识了几位优秀的书商，并踏入了他们的圣地：来自那不勒斯的年已八旬的大收藏家塔玛罗·达马里尼斯（Tamaro Damarinis）和巴黎诗人兼艾吕雅[1]诗歌的出版人吕西安·舍勒（Lucien Scheler）。但瘦骨嶙峋的加兰蒂（Galanti）先生给我留下的印象最深刻，他那张愁容满面的脸让我想起了19世纪早期的意大利革命者。他家在欧特伊镇，家里堆满了珍贵的书籍。公寓里

---

1　艾吕雅（1895—1952），法国著名诗人和社会活动家，法国左翼文学家的代表之一。

的每个房间、走廊、浴室、厨房和曾经当作客厅的地方堆放的书就像火山喷出的岩浆一样淹没了一切。只在加兰蒂夫人卧室的一个角落里才能隐约看出有人居住的迹象，一张带底座的桌子和两把路易十五时期的椅子。加兰蒂夫人——一位身材高大的佛兰德人——坐在其中一把椅子上，就像被淹没在了书海里。这些书不知不觉减去了她很多家务活儿，她盯着时钟，以免错过去附近一家餐馆吃午饭的时间。与此同时，加兰蒂从床底下掏出了一些举世无双的珍宝，接着，他打开一个古董衣柜，露出了一大堆华丽的收藏品，可不是帽子，而是用新艺术装订法装订的书。

我之所以提到这些传奇人物，是因为在书写和印刷文字中寻找真实性与在烹饪中寻找真实性之间存在联系。一位藏书人乐观地认为他能找到但丁的著作的第一版副本，这说明了他对食物的态度——要带着前所未有的执念去追求完美。我有时认为，他对费诺萨一家和加泰罗尼亚恋恋不舍是一种秘密的渴盼，渴望找到迄今为止还不为人所知的一份 14 世纪食谱集 *Libre de Sent Sovi* 的手抄本，或罗伯特·德·诺拉[1]（Robert de Nola）的 *Libre del Coch* 的手稿，此书 1520 年在巴塞罗那首次印刷。

此处应重温一下欧文·戴维斯描写的在本德雷尔的那次著名盛宴——结束所有饭菜的一顿饭，他的《加泰罗尼亚烹饪书》也借此杀青，妮科尔为该书做了精美的版画插图。这样的盛宴每年举办一次，我有幸参加过两次。那是渔夫们数小时的灵感大进发。傍晚时分，他们提着一大篮子鱼、章鱼以及一个特大号大理石研钵来到阴暗的厨房，在做饭期间，他们不时地喝口传递过来的波隆酒壶里的美酒。夜幕降临，菜肴上飘着蒜香，席间其乐陶陶。

◇

1　**罗伯特·诺拉**（Robert de Nola），西班牙厨师、作家。

# 卡拉费尔三个渔夫的盛宴
## The Feast of the Three Fishermen of Calafell

此宴三道菜：

第一道菜是用土豆和鱼配加泰罗尼亚蒜泥酱做成的渔夫的罗梅斯科酱。

第二道菜是黄米饭。

第三道菜是章鱼，在加泰罗尼亚语中叫作 *pops*。

备料为：2 千克岩鱼（在英国大多数鱼的名字均不详，一种是地中海游客熟悉的 *rascassa*，其他的是 *corballs*、*rata*、*esparrall sàlvia*），1 千克熟透的番茄，1 千克大米，4 千克土豆，4 头大蒜，500 克洋葱，4 根很辣的辣椒（干的），1 片面包，1 千克的小章鱼。

"先搭乘飞机前往巴塞罗那；然后驱车前往卡拉费尔；找到这三位渔夫后，约四点钟的光景，和他们一起去维拉诺瓦；鱼捕捞上岸后，让他们选鱼。

"当你回家后，让渔夫们把岩鱼洗净，切成小块，放入盆中，加盐。彻底清洗章鱼，去除墨汁。土豆去皮，切成 2.5 厘米左右厚的片，洋葱切末。大蒜和番茄去皮。

"第一道菜是渔夫的罗梅斯科酱。在一个大深炖锅（砂锅）中，用橄榄油把 12 瓣大蒜煎至变色，放入 2 根开口、去籽的整辣椒。两三分钟后放入面包片。在煎面包时，取出辣椒和蒜瓣，放到研钵里捣碎。把面包煎至变色时放到研钵里捣成细糊。加入 1 小玻璃杯白葡萄酒。在研钵中加水，不停搅拌。把研钵里的食材倒到砂锅中，油温要达到烟点。如果面包吸油太多，再加点油。再加满满 3 研钵的水。

　　"这里我要说一下，加泰罗尼亚的研钵比英国的研钵大得多。把食材煮沸。放入土豆，大火煮 10 分钟，然后放入岩鱼，6 分钟后加入按如下方式制成的加泰罗尼亚碎酱：在研钵中捣碎 2 根很辣的辣椒（去籽），再加入 10 瓣大蒜，捣成细末后加入 1 小杯水。将此混合物放入锅中。6 分钟后关火。

　　"准备搭配鱼和土豆的加泰罗尼亚蒜泥酱。将 12 瓣大蒜捣成蒜泥，加入 2 滴水，向一个方向边搅拌边滴入橄榄油。油变稠时加入 5 滴醋，继续加油搅拌，直到研钵中盛满浓稠的大蒜蛋黄酱令人不可思议的是，加泰罗尼亚渔民可以做出没有鸡蛋的蛋黄酱（在这里我必须补充一句，不仅加泰罗尼亚渔民能做到这一点；任何人只要知道方法就都可以做到）。现在把备好的加泰罗尼亚蒜泥酱放入调味汁碟里。先用水冲刷研钵，然后再把刷研钵的水倒入碟中稀释蒜泥。

　　"第二道菜是黄米饭。取一个大浅煎锅（实际上是双柄加泰罗尼亚铁锅），放入一些油，2 个大洋葱切丝放入锅中，煸炒几下，加入没有淘洗过的大米，慢火煮，直到大米吸油变成金黄色。然后将前面煮土豆和岩鱼的汤汁倒入煎锅中。这些汤汁足够煮饭了，但是如果您不确定够不够，可以再加一点水，请切记：1 杯大米需要 3 杯水。加入 1 汤匙加泰罗尼亚蒜泥酱。再煮 20 分钟，不时搅拌。米饭不要煮得太黏，一定要蓬松饱满，粒粒可辨。

　　"第三道菜是白章鱼（卷曲的章鱼）。在锅中烧开约 500 克水，将章鱼放入锅中，煮半小时，盖子盖一半。沥干水分。另起锅，放入油，把洋葱碎炒至变色，然后加入去皮的番茄碎；章鱼需煮半小时左右，通常煮到汤汁浓稠时为佳。

　　"吃着美食，一波隆酒壶一波隆酒壶地喝着本地产白葡萄酒，再请渔民唱几首加泰罗尼亚歌曲。这是我书中的最后一道菜，是结束所有饭菜的一顿饭。"

欧文的书出版于 1969 年。现在，借助艾伦·戴维森的《地中海海鲜》( *Mediterranean Seafood* ) 中的鱼类目录，我们可以对下面的鱼进行分类。

| 加泰罗尼亚语 | 拉丁学名 | 英语 | 法语 | 意大利语 | 希腊语 | 中文 |
|---|---|---|---|---|---|---|
| rascassa | *Scorpaena scrofa* | scorpion fish | rascasse | scorfano | scórpena | 赤鲉（蝎子鱼） |
| corballs | *Umbrina cirrhosa* | corb | ombrine | ombrina | mylókopi | 波纹短须石首鱼 |
| rata | *Uranoscopus scaber* | star-gazer | boeuf, rat | pesce prete | lýchnos | 瞻星鱼 |
| esparrall | *Sargus annularis* | annular bream | sparaillon | sparaglione | spáros | 尾斑重牙鲷 |
| sàlvia | *Trachinus radiatus* | weever | vive rayée | tracina raggiata | drákena | 鲈鱼 |

我们至今仍清晰记得日落时分在岩石上烤鱼的情景，或月光如银，或夏日里电闪雷鸣，黑暗的海面上总是荡漾着粼粼波光。

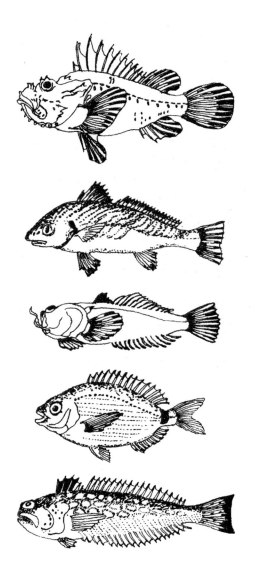

# 鱼类、贝类、甲壳类水产品
## —— Fish, Shellfish, Crustaceans ——

虽然我很想强调一下岩虾和基围虾的区别，描述一下如何使用岩虾制作意大利烩饭，谈谈烹饪成年鮋鱼和奇特的鲂鱼（看上去很凶猛，但入口香鲜）的快乐，但是，我在这里还是先介绍一下大小适中、价格便宜的各种地中海鱼的简单烹饪方法。

这些烹饪方法都以鱼的名称命名，先给出的是这些鱼的加泰罗尼亚语（加）或法语（法）或希腊语（希）或意大利语（意）的名称，也就是我首次学到这种烹饪方法的地方，接着是其英文名称（如果有的话），然后是其拉丁学名，在学名后面是这些鱼在其他语言里的名称。

### 帝王石斑鱼 Cernia imperiale（意）· grouper（英）
#### *Epinephelus guaza* · 鮨科
#### mérou（法）anfós（加）rophós（希）

这种鱼值得一赞。夜幕降临时，可以划着小船在爱奥尼亚海的深水域打捞石斑鱼。这种鱼十分凶猛，体长 1 米多，头大且硬，长着锈红、朱红、古铜色和金色斑纹，味道鲜美，长相很有"帝王"范儿，它有一个名副其实的绰号"阿普利亚的钻石王老五"。

### 黑石斑鱼 Cernia nera（意）· grouper（英）
#### *Epinephelus caninus* · 鮨科
#### mérou noir（法）anfós（加）rophós（希）

我第一次烹制石斑鱼是我们秋天去海边露营时。那时我一时冲动从一个渔民手里买来了一条小黑石斑鱼。别无他法，我们只能从沙丘上收集矮树和松树枝，在石头之间生火烤鱼。一个来自附近村子的年轻男子也饶有兴致地和我们一起做烤鱼。他在一旁帮我们扇火。

他对我们要烤石斑鱼很震惊。他说，烹饪石斑鱼应该先备好用洋葱、西梅小番茄和香草做成的酱汁，然后用橄榄油烹饪石斑鱼。这简直就是天方夜谭！我们连平底锅都没有。我只能用海水清洗鱼，在烤制过程中，时不时用一枝迷迭香在鱼上撒些油。鱼烤好后，那位年轻人就礼貌地离开了，这样我们用手抓鱼吃时就不会太过尴尬。鱼肉细嫩，带点龙虾的味道。他说得对，整条鱼碎成了美味多汁的小块。

用来烤制的鱼必须肉质紧实：帝王石斑鱼才适合烤制，将其切成鱼排，烹饪方法与旗鱼和剑鱼一样——调味，涂油，放在烤架上炙烤。

## 中齿海鲷 Besuc（加）· red bream（英）

*Pagellus centrodontus* · 鲷科
dorade commune（法）occhialone（意）lithríni（希）

简·曼德罗（Jeanne Mandello）在巴塞罗那向我介绍了这种鱼的加泰罗尼亚烹饪方法。

## 烤中齿海鲷（Besuc al forno · red bream cooked in the oven）

| | |
|---|---|
| 1 条重 1.5 千克中齿海鲷 | 盐和胡椒粉 |
| 橄榄油 | 1~2 个蒜瓣 |
| 1 个柠檬 | 1 个大洋葱 |
| 3~4 个中等大小的土豆 | 百里香 |
| 夏鼠尾草 | 3 个番茄 |
| 1 个烤盘 | |

鲷鱼刮鳞，用锋利的刀去鳃，去内脏，但保证鱼头完整。把鱼放在砧板上，用刀横向在鱼每一侧最厚的位置剖一字花刀，到鱼脊骨处。在每个切口处撒上盐，涂少许油，然后放入蒜片，再盖上柠檬片。在烤箱适用的搪瓷烤盘上涂一层橄榄油，放上鱼，再撒上盐和胡椒粉，淋上橄榄油。

把大洋葱切成薄洋葱圈，放在鱼的周围。将土豆切成 1 厘米多厚的土豆片，置于洋葱之上。撒上百里香、鼠尾草和少许盐。番茄去皮去籽，切碎后放在土豆上面，淋上橄榄油。烤箱提前预热，把烤盘放到烤箱最上层，烘烤 45 分钟。烤鱼中的蔬菜是用橄榄油与鱼汁烹制的。

## 水煮鱼（Pesce in bianco · fish poached with aromatics）

像上文提到的黑石斑鱼、中齿海鲷与各种没有英文名字的海鲷和海鲈等鱼味道鲜美、肉质细嫩，宜搭配百里香、月桂叶、欧芹、西芹、茴香叶、香菜（叶或籽）、洋葱片和小胡萝卜等香料水煮，里面再加入 1 玻璃杯白葡萄酒或红酒醋、柠檬汁和一些柠檬皮碎、1 汤匙橄榄油。水要没过鱼，盖上锅盖。小火煮沸，文火慢炖至鱼肉柔软，放凉。

佐以蒜泥蛋黄酱和加泰罗尼亚蒜泥酱（见下文食谱），或者只简单地搭配橄榄油和柠檬片即可。下文还会介绍另外两种搭配鱼的酱料。

意大利绿酱（欧芹酱）是煮鱼的最佳伴侣。罗梅斯科酱的另一种版本——加泰罗尼亚渔夫酱——则更适合搭配烧烤鱼或烘烤鱼。

## 蒜泥蛋黄酱（Aïoli）

制作蒜泥蛋黄酱的方法和制作蛋黄酱一样。但是需要先捣碎四五个去皮蒜瓣，加入海盐后捣成糊状。在放蛋黄之前要先加入 2 滴水，然后一滴一滴地滴入橄榄油（2 个蛋黄约放 0.5 升的橄榄油）。加少许红酒醋使其酸化。或者，如果您喜欢也可以加入柠檬汁，但是要最后滴入，因为柠檬汁会让亮黄色的浓稠酱料变白。

## 加泰罗尼亚蒜泥酱（Allioli）

我在"切与捣"章节中介绍了加泰罗尼亚蒜泥酱（详见加泰罗尼亚碎酱），并且在"卡拉费尔三个渔夫的盛宴"中也做了介绍。这款酱料非常适合在炎热的天气里食用，最好用 6 月刚刚从地里拔出来的大蒜（尚未变干）来制作。先提前把未去皮的大蒜头放在木灰里烤制。在大理石研钵中把七八瓣大蒜和海盐捣成浆状。加入 2 滴水，再次搅拌。然后一滴一滴地滴入橄榄油，就会做成浓稠的白色调味酱。最后加入几滴红酒醋搅拌均匀。

大蒜捣成泥后，有时会在酱料里加入几勺白色面包糠。面包糠须提前用红酒醋泡软。挤干水分后捣碎；或是把一些油炸过的面包片捣碎。这两种情况都需要加入单叶欧芹碎，然后在研钵中一起捣碎。

这样就可以做出一款辛辣的酱料。然后用烤箱里烤鱼的鱼汁稀释，最后加入橄榄油和柠檬汁，使其口感顺滑。把这款蒜泥酱放在研钵中和鱼一起上桌。或许我现在应该引用何塞普·普拉（Josep Pla）的一句话："相较而言，蛋黄酱之于蒜酱，就如同像羔羊之于狮子。"

希腊版本的蒜泥酱叫作 *skordaliá*。

## 绿酱（欧芹酱）（ Salsa verde · green sauce ）

1 把新鲜的欧芹 · 1 瓣蒜 · 12 个刺山柑 · 2 条鳀鱼，脱盐切片
1 片面包，去掉面包皮，放在红酒醋里浸泡
黑胡椒 · 橄榄油

欧芹切碎。在研钵内捣碎去皮大蒜、刺山柑和鳀鱼；挤掉面包片里多余的红酒醋，放入研钵再次捣碎。加入切好的欧芹，捣碎，加入黑胡椒调味。然后边加入几甜点匙橄榄油边搅拌均匀，使里面的酱料完全融合。这款绿酱不仅可以搭配煮鱼和烤鱼，还可以和煮肉一起食用。

这款酱料历史悠久，在古代手稿中有不同的名称。在加泰罗尼亚食谱 *Sent Soví* 中叫 *jurvert* 或 *salsa vert*；在《14 世纪的小论文》（ *Le Petit Traité de 1300* ）中叫 *Savor verte*；在《食谱全集》[1]（ *Le Viandier* ）中叫 *Saulce vert*。在《烹饪方法》[2]（ *The Forme of Cury* ）中叫 *Verde Sawse*。罗伯特 · 德 · 诺拉称它为 *Jolivertada* 和 *Salsa verda*。我从 *Sent Soví* 的编辑鲁道夫 · 格雷韦博士的学术注释中了解了这些资料。

下面便是 *Sent Soví* 中提到的食谱，我大致翻译一下：

制作 *jurvert*（欧芹酱或者是绿酱）需要使用欧芹、甜墨角兰、鼠尾草和薄荷。切碎后捣碎。加入 2 个蒜瓣、用醋浸泡过的烤面包、榛子、核桃和蛋黄。捣碎后用油和醋润湿。接着根据个人喜好加入蜂蜜或煮过的葡萄汁。

---

1 这是一本在 14 世纪由宫廷厨师纪尧姆 · 蒂雷尔（ Guillaume Tirel ）撰写的有关烹饪技术与方法的书，是中世纪法国最早的食谱之一，在此基础上建立了法国美食传统，对以后法国美食食谱产生了不可估量的影响。
2 写于 1390 年，是英国现存最古老的菜谱。

格雷韦博士并不确定蛋黄是生的还是煮熟的，也不确定这款酱料是乳化的，还是混合而成的。只有亲自制作这款酱料才能解开谜团。

## 加泰罗尼亚渔夫酱（Romesco·the Catalan fisherman's sauce）

加泰罗尼亚渔夫酱是加泰罗尼亚番茄酱的改良版。在渔夫酱中，鱼（和肉）是按常规烹饪的，但可以使用各种各样的食材。所以在第一个食谱中的鱼要切大块烹饪。

这款酱料有很多不同的秘方，渔夫和厨师们都没有一个统一的制作方法。在塔拉戈纳附近的海滨小镇坎夫里尔斯举行的年度渔夫酱节旨在让渔夫们竞相做出"最美味的"渔夫酱。四千人（作为旁观者）参赛。为了给这些参赛者做赛前准备，餐馆老板们会彻夜不眠。在4月的骄阳下，小赛台上的制酱高手们蹲在研钵旁开始捣碎食材，饶有兴致的观众们把他们围得水泄不通。

第一个食谱。从下列鱼中任选一种：金头鲷、琵琶鱼、比目鱼、海鲈或鳐鱼。把鱼洗净，切大块。

> 1大片面包·橄榄油·3个蒜瓣
> 3~4个大番茄，在柴火上烤后去皮去籽
> 12个磨碎的扁桃仁·1大玻璃杯金色葡萄酒
> 1汤匙甜椒粉·少许辣椒粉·1茶匙红酒醋

先在平底锅中放少许油，炸面包片。然后把面包片放入研钵中捣碎，按照上面的顺序将列出的食材逐一放入研钵中，捣成光滑的糊。最好选用普里奥拉托产的金色葡萄酒。

把鱼片放入一个浅平底锅中。将研钵中捣碎的食材倒入炸面包的平底锅中，用油烹制1分钟，并不停地使劲搅拌。然后把酱料倒在鱼片上面，小火烹制大约20分钟。

第二个食谱。不仅木火烤鱼可以用这个版本的渔夫酱作为酱料，还可以先把鱼涂上油，然后放在热炉灶（阿加炉具或者类似的炉具）上把两面"烤熟"后，搭配此款酱料一起食用。这就是烤鱼。

适合做此酱料的鱼：叉牙鲷（法语为 *saupe*，意大利语为 *sarpa*）、鲻鱼、鲂鱼、切片烤制的剑鱼。

| | |
|---|---|
| 40 个烘烤过的扁桃仁 | 3 个在木灰上烤过的蒜瓣 |
| 1 小片生洋葱 | 1 片干硬饼干 |
| 1 茶匙甜椒粉 | 欧芹碎 |
| 少许辣椒粉 | 1 茶匙红酒醋 |
| 3~4 个用木柴烤过的番茄 | 橄榄油 |

把除了油以外的所有的食材都按照上面的顺序放入一个大研钵中，用力捣碎。最后加入橄榄油，用木勺搅拌酱料。装在研钵中，与烤鱼一同食用。

甜椒粉是用叫作 *pebrots de romesco* 的红甜椒制成。

## 岩鱼汤

### （Zuppa di pesciolini di scoglio · soup of little rockfish）

在鱼贩摊位上大盘子里堆放着刚打捞上来的小岩鱼，如果你仔细观察过这些岩鱼亮晶晶的眼睛、脊背、鱼鳞和它们的颜色——玫瑰红、朱红、青铜色、黑色、铬绿色——的话，你就会琢磨如何料理这些鱼了，下面是萨兰托人的料理方法：

| | |
|---|---|
| 1 千克岩鱼 | 一些绿色芹菜和欧芹叶 |
| 3 个去皮蒜瓣 | 1 把去皮去籽的西梅小番茄 |
| 一些茴香叶 | 几枝罗勒 |
| 1 根绿辣椒，对切去籽 | 1 片月桂叶 |
| 2 玻璃杯水 | 橄榄油 |
| 盐 | |

用剪刀处理 8~10 厘米长的岩鱼。每条鱼都要刮鳞，去内脏，用

剪刀去鳃，去鳍。这是个精细活儿。然后把鱼洗净。

厚平底锅内加入橄榄油，放入大蒜，加热至变色，盛出备用。放入切碎的番茄和绿辣椒。与此同时，把撕碎的（不是切碎的）芹菜、欧芹、茴香、罗勒和月桂叶放入锅中，加入水和盐。盖上盖子文火炖10分钟，关火，放凉。放入小鱼，调大火煮沸3分钟，然后盖上盖子小火炖7分钟。

连同少许鱼汤汁一起盛入大盘中，放入香草。这种鱼骨硬，味美，吃的时候可以直接上手，用面包蘸鱼汁也很美味。

这是在残杀幼小的动物吗？这些玫瑰色小蝎子鱼是不是也像棕色鲉鱼那样在渔夫摊位上出售？如果不打捞这些小鱼，它们会长大吗？

在这款汤中小红鲂鱼、鲈鱼、鳊鱼、瞻星鱼和杂斑盔鱼也可以如此烹饪。事实上，我只能说萨兰托人（比如纳克索斯人）很喜欢吃小鱼，对大鱼不屑一顾。

大岩鱼的烹饪方法与上文相同，但要加入更多的香草和水。里面的汤汁可以给带状意面中的番茄酱增味。

在我看来，这样烹制失去了鱼汤的原汁原味。但是，雕刻家先生不这么认为。像他这样持反对意见的人应该看看上文提到的艾伦·戴维森的那本书，里面提到了许多用鱼、软体动物和甲壳类动物精制的面食。

## 棒鲈 Pupiddu, pupillu, zerro（意）· picarel（英）

*Spicara smaris* · 长身鲷科

gerret（加）marída（希）

因为这些小鱼（7.5厘米左右）可能自古希腊既有之，所以萨兰托人视其为珍品。人们为了储存在莱乌卡浅滩捕获的棒鲈，就将小棒鲈先油炸，后用醋腌制[1]。这种鱼在拉丁语中有个别称，叫作 *pupillus*（小孤儿）。

　　普雷西切的鱼贩子们认为棒鲈是雌性牛眼鲷，但事实并非如此，它们的鱼嘴更尖一些。

　　参阅威尼斯菜醋腌沙丁鱼（第 138 页），也许能知道这种储存方法的来源。

## 腌棒鲈（Pupiddi a scapece · marinated picarel）

*1 千克棒鲈 · 面粉 · 橄榄油*
*3 汤匙白色的面包糠 · 2 瓣蒜 · 1 束薄荷*
*1 大口杯红酒醋（足够腌鱼）· 盐 · 5~6 根藏红花*

　　不去内脏。清洗、沥干。撒上些白面粉。油炸，用吸油纸吸干表面油脂，放入陶盘中，裹上白面包糠。大蒜去皮切碎，薄荷切碎。把蒜末和薄荷末放入平底锅中，加入红酒醋、少许盐和几根藏红花，煮沸，浸泡几分钟，然后把汤汁倒在鱼上，装盘，盖上盖子，放在阴凉处，第二天食用即可。

　　在莱乌卡和加里波利，人们会在秋天用木桶腌制大量的棒鲈，到圣徒节的时候售卖。但是鉴于藏红花非常昂贵，所以现在人们都用姜黄根粉来染色，就像威尼斯菜中的醋腌沙丁鱼一样，这道菜至少要腌制 10 天。

　　表示腌鱼的词汇，在那不勒斯有：*ascapecia, schibbeci, scabeci*。在卡拉布里亚方言里是 *schipeci*。在加泰罗尼亚语是 *escabetx*。这些特有词汇来源于阿拉伯语的 *iskebeg* 和古阿拉伯语的 *sikbag*（腌肉）。我是从格哈德·罗尔夫斯的《萨兰托方言词典》中查到的。鲁道夫·格雷韦博士在他编辑的 *Sent Sovi* 的注释中也给出了佐证。里

---

1　这是在意大利南部常见的腌制鱼类和蔬菜的方法。

面有三个菜谱是用 *escabeyg* 或 *esquabey* 来做炸鱼。在中世纪时，这道菜里用了很多调料。有的时候腌泡汁中还会放蜂蜜来增甜。这道菜通常要放凉后食用。在罗伯·德·诺拉的 *Libre del Coch* 中也记载了这种做法：在第 211 条目 *Bon Escabelx* 里作者认为最适合做这道菜的鱼是海鲷和海鲈。

| 鯔鱼 Cefalo（意） | 金色鯔鱼 Cefalo dorato（意） |
| --- | --- |
| *grey mullet* | *golden grey mullet* |
| *Mugil cephalus*·鯔科 | *Mugil auratus*·鯔科 |
| llissa，mujol（加） | alifranciu（加） |
| képhalos（希） | mixinári（希） |

鯔鱼在意大利语中也叫 *muggine*，是同等大小的鱼里最便宜的一种，在地中海地区十分常见。最适合的烹饪方法就是慢慢烤制。在下一个食谱中会具体介绍。

### 烤鯔鱼（Cefalo sulla brace·grey mullet on the braise）

鯔鱼重达至少 1 千克。不用去鳞，去鳃，在腹部划一个切口取出内脏。拿出胆囊后再把鱼肝放回鱼肚中，放入 1 束迷迭香。把鱼放入盘中，在鱼身上淋上少许油，少许红酒醋，红白葡萄酒均可。

在旺火上放置一个三脚架，架上放一个烧烤网，把鱼放在烧烤网上，两面各烤 5 分钟。把鱼翻面，用迷迭香枝蘸上醋和油，给烤鱼浇汁、涂油。现在，火焰已经越来越小，每一面再烤制 10 分钟（一共 30 分钟），不时地浇汁。把烤鱼放在砧板上；用小铲子去掉所有的鱼皮和鱼鳞。吃的时候配上橄榄油和柠檬，或是绿酱。

如果运气好的话，你会在鯔鱼眼睛旁看到一个发出淡金色光泽的斑点，而不是常见的银色，那就赶紧抓住它。也许因为金色鯔鱼来自深水区，所以，其肉质更紧实，味道更鲜美。在9月下旬，为了寻找温暖的浅水区产卵，金色鲻鱼会游到爱奥尼亚的浅滩。它们从亚得里亚海的深水域游到莱乌卡到加里波利沿岸的淡水泉附近（见参考书目中的 *Congedo*，*Salento Scrigno d'Acqua*）。这些鱼有最美味的鱼子。

根据上述方法烹制，先取出鱼子。放入过滤器里，浇上沸水。过凉水，去掉鱼子外面的薄膜。把鱼子放入研钵，加入2瓣蒜和少许海盐。然后一起研磨，加入一点柠檬汁搅拌均匀，然后加入橄榄油。这是吃烤鱼的最佳酱料。如果你喜欢的话，也可以放入欧芹碎或香菜叶。

## 尖吻白鲑 Lavarello（意）· houting or whitefish（英）
### *Coregonus lavaretus* · 鲑科

在南部，尖吻白鲑是这个物种中最具代表性的一种，分布在欧洲的大部分地区，主要生活在湖泊中，但也会在波罗的海出现。它们统称"白鱼"，都属于鲑科。

在意大利，尖吻白鲑生活在加尔达湖中，但在法国的上萨瓦省湖泊中也有分布，被称为 *lavarets*。格特鲁德·斯泰因（Gertrude Stein）和爱丽丝·B. 托克拉斯（Alice B. Toklas）在贝利的伯诺莱酒店住了几个夏天，她们每晚都点这种鱼（单调是作家的最爱）。格特鲁德·斯泰因有一只叫作拜伦的十分凶猛的小黑狗，我确信她用此鱼喂狗。我十分欣赏格特鲁德·斯泰因：她在《爱丽丝·B. 托克拉斯自传》（*The Autobiography of Alice B. Toklas*）中真实地再现了毕加索（Picasso）、布拉克（Braque）和马蒂斯（Matisse）年轻时在巴黎的生活；我也很赞同她对职业的诠释。

## 烤尖吻白鲑（Lavarelli sulla graticola）

*La graticola* 是指一种铁烧烤网，也有烤架的意思。在庞贝古城的多个壁炉里发现了一种罗马铁网（拉丁语叫作 *craticola*）；这种铁网可能是在铁器时代就已广泛使用了。

因为很多到意大利湖泊游玩的人都想找到这种鲑鱼，所以我在此要介绍一下这些美味以及其烹饪方法。加尔达湖周围有很多宜人的小客栈，他们用熊熊燃烧的橄榄木火烤制整条尖吻白鲑，通常把鱼放在大烟囱下的壁炉上，在既没有火焰，也没有烟雾的炽热状态下烤制。

细嫩的鱼皮上会有铁网的痕迹，鱼肉是粉色的。吃的时候要配上加尔达橄榄油、新鲜柠檬，外加一块金黄色的烤玉米糊。

| 沙丁鱼 Sardines · sardelle | 鳀鱼 Acciughe · anchovies |
|---|---|
| *Sardina pilchardus* · 鲱科 | *Engraulis encrasicolus* · 鳀科 |
| sardina（加）sardélla（希） | anxova（加）gávros（希） |
| sarda, sardina（意） | acciuga, alice（意） |

现在谈谈粗茶淡饭，拜伦对特里劳尼说："……你对我的粗茶淡饭不屑一顾，但你快回来吧，我会端上沙拉和沙丁鱼，然后我们再来瓶白干葡萄酒，把事情好好谈谈……"

由于数量多，价格适中，所以新鲜的沙丁鱼和闪闪发光的鳀鱼在地中海地区的鱼市很畅销（近些年来，其数量有所下降，价格也有所上涨）。这些鱼数量多的时候，因为"太廉价"，所以高档餐厅不做这些鱼。只有在小酒馆或者鱼市附近工人住的旅店里才能吃到。你得走进一家拥挤的酒吧，穿过一群吵吵嚷嚷的男人，来到靠里面的一个房间，桌子上盖着油布。在这里，他们把沙丁鱼和鳀鱼洗净，沥水，裹上面粉快速油炸，然后撒上盐；就着篮子里的大块面包、桌上扔着的那瓶红酒醋，还有瓶里剩了四分之一的酒（0.25 升的苦涩红葡萄酒）一起食用。

在鱼贩店里，人们可以通过蓝绿色的光泽、大的薄鳞片和"短粗的"外表来鉴别沙丁鱼的质量。鳀鱼比较细长一些，吻部较尖，后背呈蓝黑色，两侧为银色，鳞片较小较薄。如果沙丁鱼和鳀鱼的外表暗淡无光就不要购买了。

## 烤沙丁鱼（Sardines abrusades · grilled sardines）

下面我介绍一下大家不太熟悉的加泰罗尼亚版本烤沙丁鱼菜谱。您需要：一个带把手的双层烤架，每人200克沙丁鱼、百里香、迷迭香、橄榄油。

最好是在流动水下，把小鱼去头，去内脏，刮鳞。然后把拇指从头部伸入鱼腹，在尾部停下，慢慢地抽出脊骨，这样把鱼翻过来，但要保持鱼身完整。这个操作很简单，稍加练习就可以做到。把鱼放在纸上吸干水分。然后在裸露面撒上百里香粉、迷迭香，再滴上几滴油。

将处理好的鱼整齐地放在双层烤架内，固定稳固。在室外的火上把鱼的两面快速烤制几分钟。根据个人喜好，可以搭配油和红酒醋一起食用。新鲜鳀鱼也可以如此烤制。

## 烹制鳀鱼的别样方法
## （Acciughe alla marinara · anchovies another way）

每人200克鳀鱼 · 橄榄油
柠檬汁 · 欧芹碎 · 盐与胡椒

按照处理沙丁鱼的方法（见上文）准备好鳀鱼。在大煎锅中倒入一层橄榄油，放入鱼（不裹面粉），鱼的两面都撒上黑胡椒、欧芹碎、一点点盐，挤上柠檬汁，小火加热。鱼肉会变成白色。

用铲子把鳀鱼从锅中取出。在大盘子上铺上两三片无花果叶，然后把鳀鱼摆成扇形。

## 醋腌沙丁鱼（Sardoni in saor · marinated sardines）

这是烤肉店里穷人可以填饱肚子的菜，也是威尼斯人短时间内储存沙丁鱼的方法。冬季的时候，在威尼斯、维琴察、帕多瓦和特雷维索等地的小货摊就可以买到沙丁鱼和可口的玉米糊。这种吃法可能来自古罗马，当时人们发现可以把热醋浇在炸鱼上来储存鱼。地中海地区的许多地方都用这种方法储存鱼。虽然这种方法源自古罗马，但好像是由摩尔人传开的。

曼图亚画家乌戈·西萨（Ugo Sissa）带着仪式感向我们展示了这个威尼斯食谱——男人对待烹饪十分严肃，尤其是当他们是美食家时。他先强调了蜜饯果皮的重要性，然后强调要把陶盘置于窗台阴凉处，三天之后方能享用这道菜。

保存时间越久，沙丁鱼的味道就越好。百吃不厌。

1千克新鲜沙丁鱼 · 面粉
橄榄油 · 2个大洋葱 · 0.5升红酒醋
一些松子和去籽葡萄干 · 1块柠檬皮蜜饯，切碎

保留鱼头，将沙丁鱼洗净，去鳞，擦干，裹上面粉。在厚平底

锅中倒入一层橄榄油，加热，小火将鱼煎至金黄色。先吸干多余的油，再把鱼放入陶盘中。

把洋葱切成薄薄的洋葱圈，放入油中小火煨至透明。然后倒入煮沸的红酒醋，加入松子、葡萄干和蜜饯果皮。

把锅里的热调味汁浇在沙丁鱼上，盖上盖子置于阴凉处。腌制两三天，让鱼肉充分吸收调味汁。腌制时翻动一两次。

吃的时候配上红菊苣沙拉。

也可以用同样的方式来腌制整条小鳗鱼。

如果用加泰罗尼亚腌制方法，煎沙丁鱼之前不裹面粉，使用比较常见的月桂叶、红甜椒和带皮的蒜瓣等调料来给红酒醋增味。沙丁鱼、鲱鱼、胡瓜鱼和小鳗鱼也都可以照此腌制。

# 牛眼鲷 Vopa · bogue（英）

### *Boops boops* · 鲷科
### boga（加）gópa（希）

就像在纳克索斯岛的阿波罗那一样，帆船载着大鱼离开港口，把瘦骨嶙峋的小鱼留给当地居民。因此，在阿普利亚，人们普遍认为沙丁鱼、鳀鱼、牛眼鲷和小岩鱼等小鱼才是劳动人民"命中注定的食物"。这些劳动人民不在乎鱼的名称、性质和烹饪方法。夏天乡村市集上一大群人——大多数是男人——盯着各种各样的鱼，却不购买。这足以说明他们不重视鱼。在过去，贫穷严重限制了他们的购买力和鉴别力，现在的情况不同了。令人诧异的是，他们认为有钱买肉的人才是大款。

料理这种鱼需要费力地把瘦骨嶙峋的牛眼鲷鱼鳞刮掉，清理，去鳃，洗净，沥干，裹上面粉，油炸。

也可以烤制或者和酱汁一起烹制——把牛眼鲷和少许油、水、芹菜叶、几个去皮去籽的番茄、大蒜和盐一起煮几分钟，放凉食用。

## 牛眼鲷（或鳀鱼、鲱鱼）配土豆
## （ Vope con patate · bogue or anchovies, sprats with potatoes ）

*0.5 千克牛眼鲷，洗净，去鳞，去鳍*
*8 个光滑的新土豆，切成 0.5 厘米厚的片*
*橄榄油 · 盐和胡椒 · 少量肉豆蔻粉*
*2 小玻璃杯白葡萄酒和水*

在宽平底锅内倒入一点油，放入土豆片，撒上盐、胡椒和少量肉豆蔻粉，然后淋上几滴油。把清洗干净的牛眼鲷放在上面。在鱼上面再淋上一些油，撒点盐和胡椒，然后倒入葡萄酒和水。盖上锅盖，小火加热。

　　大约 10 分钟后，土豆变软，大部分汤汁已被吸收，鱼也就煮好了，但没有煮碎。如果突起的鱼眼泛白了，那鱼就已经炖熟了。

　　可以用同样的方法烹制鳗鱼和小鲭鱼。最优质的牛眼鲷来自意大利最南部的圣玛丽亚迪莱乌卡，那里曾是"白色女神"的避难所。关于这位女神的"最详细和最有启发性的描述"，请参阅罗伯特·格雷夫斯 [1]（Robert Graves）的《白色女神》（*The White Goddess*）第70页等。神有多种存在形式，她可以是伊娥 [2]（Io），即月亮母牛。爱奥尼亚海（Ionian Sea）就是以她的名字命名的 。

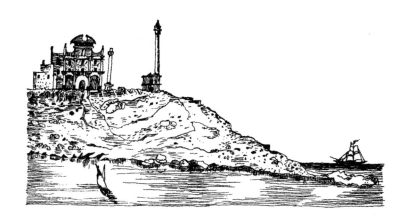

---◇---

1　罗伯特·格雷夫斯（1895—1985）是 20 世纪英国著名诗人。他最有争议的一部学术著作
　　是《白色女神：诗的神话的历史语法》（1948）。
2　宙斯偶然遇见如花似玉的伊娥，顿生爱慕。宙斯的妻子赫拉早已熟知丈夫的不忠，她密切
　　监视着丈夫在人间的一切寻欢作乐的行为。为躲避赫拉，宙斯曾将伊娥变成一头雪白的小
　　母牛。

## 鲭鱼 Verat（加）· mackerel（英）

### *Scomber scombrus* · 鲭科
### sgombro（意）scoumbrí（希）

加泰罗尼亚人认为沙丁鱼是地中海春季出产的最好的鱼，尤其是在4月下旬，这也是新鲜豌豆上市的季节。但是，有种特别油腻的鱼，叫作蓝鱼，蓝鱼其实是鲭鱼的别称。鲭鱼虽然不那么受人青睐，却最有营养，尤以六七月的鲭鱼为最佳。

## 烤鲭鱼（Verat）

必须强调的是，本菜所用的鲭鱼必须是小鲭鱼，新鲜的，呈蓝黑色。安妮塔在本德雷尔的花园里做了烤鲭鱼：

将鱼洗净，去头，慢慢将鱼从内向外翻，去除大部分脊骨，但是在尾部要留出 3 厘米左右。然后把鱼放在砧板上，在鱼的两面都撒上红甜椒、黑胡椒、盐、蒜片和欧芹碎。再挤一些柠檬汁，烤制前要盖好腌 2 小时。用带铰链的双层烤架旺火烤制。每一面都要烤几分钟。开餐的时候先上烤鱼，再上蔬菜沙拉。

## 贻贝 Cozza（意）· mussel（英）

### *Mytilus galloprovincialis* · 贻贝科
### musclo（加）mýdi（希）

阿普利亚人有生吃贻贝的嗜好。在岩石密布的小爱奥尼亚海岸没建避暑别墅之前，成群结队的人在夏夜里携一家老少围在竹子搭的小露营地尝着贻贝，吃着面包，品着美酒。这是从中石器时代延续下来的喜好。

现在人们不再生吃贻贝了。人们用它来给意面增味，或者和大虾一起做意大利烩饭。有一个所有阿普利亚女人都知道的极好的烹饪方法，我从塔兰托的一家炸鱼店老板那里学会了这个方法。这需要选用从皮科洛海打捞上来的贻贝，这些贻贝个头大，肉质鲜嫩，呈漂亮的橙色。

## 烤填馅贻贝（Cozze al forno · stuffed mussels in the oven）

每人 9~10 个贻贝 · 1 瓣蒜 · 欧芹碎
橄榄油 · 2 汤匙帕尔马干酪碎
1 茶杯面包糠，用瓶子把在烤箱中烘干的白面包棍碾成碎屑

把面包糠放入碗中，加入少许欧芹碎、大蒜末和帕尔马干酪。

将贻贝擦洗干净，去须，放入最宽的平底锅中，盖上盖子，开大火，并不断晃动。三四分钟后贝壳会张开，扔掉没有张开的贻贝。

从锅中取出贻贝，去掉上面的壳，保留下面的壳和贻贝肉，然后放在涂了油的烤盘上，用锋利的小刀快速把贻贝肉戳下来。过滤掉汁水中的泥沙，然后用汁水浸湿面包糠，但不要湿透。把面包糠和贻贝肉放在贻贝壳上，每个壳上都淋上几滴油，然后放入热烤箱烤制几分钟，也可以在烤架上烤制。

这道菜是节日大餐的前菜，接着是用烤箱烤的羔羊肉或小山羊肉，金黄色的烤土豆片，这些都是用橄榄油在同一个烤箱里烤制的。

## 加泰罗尼亚贻贝（Musclos · a Catalan dish of mussels）

2 千克贻贝 · 3 汤匙橄榄油 · 2 个洋葱
3 个熟透的番茄 · 半咖啡勺甜椒粉 · 1 瓣蒜 · 欧芹 · 盐与胡椒

这道菜制作简单，适合夏天晚上冷食。

把贻贝擦洗干净，去须。换几次水。将其放入大平底锅中，盖上盖子，调大火，不断晃动平底锅。贝壳张开后离火，去掉上面的贝壳，把剩下的部分摆放在白色大平底盘中。过滤掉泥沙并保留汤汁。

准备加泰罗尼亚番茄酱：在平底锅里加热橄榄油，把洋葱切碎，

慢慢炒至变色。加入去皮、压碎的番茄，小火炖煮 30 分钟，让番茄中的水分蒸发。然后加入一点煮贻贝的汤汁、甜椒粉、黑胡椒、大蒜末和欧芹碎。加盐之前尝一尝咸淡，然后把做好的酱料浇在贻贝上。

## 鱿鱼 Calamars（加）· squid（英）

### *Loligo vulgari* · 枪乌贼科
### calamaro（意）kalamári（希）

加泰罗尼亚制作方法：4 人份需要 1 千克鱿鱼、苏打水、面粉、橄榄油。

用一碗水把鱿鱼洗净。拔掉带有触须的头部，取出每个"袋子"（身体）里的杂质、墨囊和透明的软骨。然后撕掉鱿鱼的淡紫色外皮。掐掉头上的眼睛和"嘴"。倒掉碗里的水，冲洗清理过的鱿鱼。然后把这些身体切成圈，把头部和触手切段。用虹吸管把小苏打水挤在切好的鱿鱼上面，使其湿润。把它们放到一块布上，撒上面粉，摇匀。然后扔入煎锅中滚热的橄榄油中，煎至金黄色，六七分钟后沥干，与柠檬片一起食用。

## 小墨鱼 Polipetti, moscardini, fragoline di mare, seppiole （意）· little cuttlefish（英）

### *Seppiola rondeleti* · 乌贼科
### sipió（加）soupítsa（希）

意大利警察是不折不扣的美食家，他们膀大腰圆，穿戴整洁。有时候我看到他们蹲在鱼贩摊子上最小的墨鱼旁，仔细检查一番后才购买这些美味。这些墨鱼看起来更像是漂白过的海葵。

把这些墨鱼放在碗里，用水彻底清洗干净（参见上文鱿鱼）。先准备一份美味酱汁（少许）。把带绿葱苗的白洋葱切碎，用橄榄油小火慢煨——很快就会变软。加入撕碎的欧芹或芹菜叶、两三个番茄（去皮，去籽，切碎）和少许柠檬皮碎。然后放入小墨鱼、1小杯白葡萄酒和水。用旺火煮大约10分钟，放凉。午饭时搭配面包和黑橄榄一起食用。

## 章鱼 Polpo, polipo（意）· octopus（英）

### *Octopus vulgaris* · 章鱼科
### pop（加）ochtapódi（希）

烹制刚打捞上来的章鱼是一件乐事。体贴的渔夫可能在水下就已经把它们清理干净了，但还是要记得去掉它们的眼睛和"嘴"。

章鱼令人望而生畏。怎么料理呢？

一名米兰潜水员是这样料理的：不用敲打1千克以下的小章鱼。只需清洗干净后放入汤锅中，加入冷水堪堪没过章鱼。盖上盖子，迅速煮沸，煮的时间不要超过7分钟。取出章鱼。用少许海盐把粉红色的外皮擦掉，洗净，然后把触须切小段，身体切成圈。加香料煨 15 分钟（见下文的"香料章鱼"），放凉后作为第一道菜食用。让人口舌生津。

萨兰托的潜水员则确信一开始烹饪时不需要加水，章鱼自己会出水。将其放入陶锅中，盖上盖子，小火慢炖半小时（章鱼会分泌出体内的水分，然后蒸发掉）。时不时地晃动陶锅。取出章鱼，去皮，切碎，然后按照下面的菜谱操作即可。

大个头的章鱼通常需要在岩石上敲打。渔夫们会把章鱼整个身体翻过来，倒空，然后拿着身体部分，用触须击打岩石。把厨房里没有击打过的章鱼放在带棱纹的老式搓衣板上反复摩擦，然后按照上述步骤入锅烹制，切碎食用即可。如果是新鲜章鱼，这两种方法都可以。

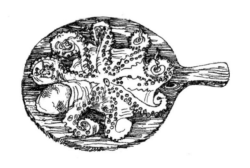

## 香料章鱼

### ( Polpo in umido · octopus cooked with aromatics )

用上文介绍的两种方法之一处理好章鱼。准备一些香料：两三瓣去皮大蒜；切碎的野茴香叶；如果您自己种香菜的话，就摘点香菜叶，没有的话就用欧芹叶和芹菜叶代替；一些香菜籽；两三个去皮去籽的番茄和半个烤好的去籽绿辣椒。不需要食盐。

在厚平底锅里加热一些橄榄油，加入香料，小火慢炖几分钟，然后加入 1 玻璃杯白葡萄酒和 1 杯水，放入切碎的章鱼和 1 汤匙红酒醋。大火煮 15 分钟后尝一块，如果还不够嫩，就小火再炖一段时间，最后放凉食用。这道菜很适合在天气炎热时食用。

## 基里奥·马诺利的鱼汤
### （Psarósoupa tou Kyríou Manólyi·Kyrío Manólyi's fish soup）

基克拉泽斯群岛偏远地区的人们的高超厨艺让人自愧不如。我这里要说的是宴会之日出现的那道"让人意想不到的鲜美鱼汤"。下面就介绍这道由阿波罗那码头咖啡馆老板做的汤。

这道菜简单易做。在一口常见的大黑锅里煮鱼和蔬菜，在汤汁中打入几个生蛋黄和一些新鲜的柠檬汁来增加黏稠度，然后把汤盛到汤盘中趁热食用。喝完汤之后再享用一大盘鱼和蔬菜。

渔夫卡佩塔尼奥斯也擅长在这样的场合大显身手。他不情愿地为马诺利准备了鲻鱼、海鲈鱼、红鲂鱼和鲂鱼。把这些鱼去鳞清洗后整条放入锅中，然后把大量切段的海鳗、海鳝或未去皮的干净狗鲨（随时都可以捕捞到）置于最上层。

准备 4 人份，需要从上面提到的鱼中挑选 2 千克洗净的整鱼，再加上一些切段的、未去皮的、清洗过的海鳗或海鳝，这是为了让鱼汤更加爽滑。因为使用了各种不同的鱼，所以这款鱼汤鲜香醇厚，余味无穷。

其他配料：

蔬菜：2 个洋葱，1 根芹菜芯，4 个大土豆，4 个胡萝卜，
　　　500 克豌豆，3 个番茄（去皮去籽）
香草：1 把切碎的香菜叶，1 小枝百里香
调料：盐与黑胡椒
液体：1 玻璃杯纳克索斯烈性葡萄酒（金色），
　　　4 汤匙橄榄油，0.5 升水
汤料：3 个蛋黄，1 个新鲜大柠檬挤出的汁

在大锅或砂锅内倒入橄榄油，蔬菜切好后（除了豌豆）下锅，小火慢煨，然后放入清洗好的鱼。加入香草，倒入葡萄酒。

在另一个平底锅里把水烧开，然后浇在大锅里的鱼上。用盐和胡椒调味，调大火煮沸，然后调小火，盖上锅盖。用文火煮 20 分钟。10 分钟后放入豌豆。

把肉汤过滤到另一个平底锅里，用盖子挡住汤中的食材，不要让其掉到平底锅中。然后把鱼和蔬菜放到大盘中。在盆里打入蛋黄，放入柠檬汁，边搅拌边倒入 1 茶杯热鱼汤。将浓稠的汤汁倒回盛肉汤的平底锅中，离火前不停地搅拌。汤要趁热喝，把鱼和蔬菜放在盘子里一起上桌即可。

## 龙虾 Astakós（希）· spiny lobster（英）
### *Palinurus mauritanicus* · 龙虾科

在 11 月那两周风平浪静的日子里（冬至前后有 14 天风平浪静的日子），卡利诺斯岛的采海绵潜水员会乘坐一艘朱红色的小船，在纳克索斯附近采集海绵，他们顺便从深海中捕获了 3 只大龙虾。

在阿波罗那港口，人们把盛满海水的铁锅放在一个大三脚架上，然后把这些生龙活虎的生物（长约 50 厘米）扔进去，点上火煮（40分钟）。

在所有甲壳类动物中，龙虾算是最美味的了。这是一个临时宴会，可没人邀请我们。宴会上没有叉子，没有刀，没有盘子，没有酱汁。让卡芬尼翁酒吧的老板和路过的阿波罗那人感到震惊的是，我们在卡芬尼翁酒吧桌旁把无螯的龙虾直接用手掰开，搭配着面包和一瓶 4 升阿波罗那葡萄酒一起享用。酒瓶用柳条包裹着，是很有先见之明的雕刻家先生带来的。

## 石蛏 Dattero di mare（意）· date-shell（英）

*Lithophaga* · 贻贝科
**dàtil de mar（加）solína（希）**

　　石蛏的形状和浓厚的褐黄色（里面有珍珠母）都有点像大枣。这些形似贻贝的双壳类动物长 8~10 厘米，味道甘美无比，可生吃（加或不加柠檬汁）或制汤。石蛏生活在石灰质岩石缝隙中，从海里打捞上来后，只有用锤子敲碎石块才能将其取出，因此它们的价格非常昂贵。

　　我给出的食谱是马戈拉口授给我的。他是一位和蔼可亲的厨师，在费马莱塔的皮罗塔餐厅工作。用这个方法来烹制石蛏，味道极好。拉斯佩齐亚和维内雷港口都以盛产这种海鲜而闻名遐迩。但是，上乘的石蛏产自那不勒斯、塔兰托和加里波利。在港口鱼市上，这些美味盛放在格罗塔列产的盐釉陶盘中售卖。

### 石蛏汤（Zuppa di datteri · date-shell soup）

"取大量的单叶欧芹、绿芹菜、1 个洋葱、1 个小胡萝卜、一些迷迭香叶、一两瓣大蒜和 1 根红辣椒，全部切碎。在大平底锅内加入油，小火将这个意大利调味菜烹至变色，然后加入辣椒、1 甜点匙用少许水稀释后的番茄泥和 1 大玻璃杯白葡萄酒。调大火收汁，然后放入 1 千克洗净的石蛏。盖上锅盖快速煮几分钟，石蛏的壳全部张开后离火。

"另起锅，用油煎几片面包，然后涂上切好的大蒜。用长柄漏勺将石蛏捞入漂亮的白瓷盘中，周围摆上热乎乎的油炸面包，再淋上热腾腾的汤汁。"

补充一点：不要提前煎面包。只有将热汤汁浇在刚出锅的煎面包上才会释放出蒜香。

### 鳎鱼 Sogliola（意）· sole（英）

**Solea vulgaris · 鳎科**
**llenguado（加）glóssa（希）**

### 白葡萄酒鳎鱼配麝香葡萄（sogliola al vino bianco con uva moscata · sole in white wine with muscat grapes）

人们喜欢充分利用手边的一切食材，比如蒂勒尼安海的小鳎鱼、干白葡萄酒和来自拉巴罗扎葡萄园的麝香葡萄。每人 1 条鳎鱼，每条鱼需要用 30 克黄油。1 把去皮去籽的葡萄、盐和胡椒。

斜刀切掉鱼头，将鱼洗净，在切掉鱼头的地方掀起一小块鱼皮，然后顺势撕掉全部鱼皮。如果用一块布握住鳎鱼的话，会容易一些。留下两侧的鱼鳍，其富含胶质，可以让汤汁更加浓稠。

在鳎鱼上撒盐和胡椒粉，放入平底锅中，锅内加入黄油和葡萄酒。4 条小鳎鱼需要 0.25 升葡萄酒。旺火炖，倾斜锅身，让汤汁蒸发。最后加入葡萄。

当葡萄酒、黄油和鳎鱼的汁水充分融合时，完美的酱料就做好了。烹饪的奇迹来自液体的蒸发。趁热食用。

## 鮟鱇鱼 Rospo（威尼斯语）· angler-fish（英）

### *Lophius spp* · 鮟鱇科
### rap（加）vatrachópsaro（希）

鮟鱇鱼也叫蟾鱼、蟾鱼、扁鲨，法语名字是 *baudroie*。这种怪物的脑袋长得特别可怕，鱼摊上卖的鮟鱇鱼一般都没有头。鮟鱇鱼尾是一种最受欢迎的威尼斯菜，可以配上蛋黄酱烧烤，也可以配上橄榄油和柠檬清蒸。

## 鮟鱇鱼汤（Sopa de rap · angler-fish soup）
## （加泰罗尼亚风味）

至少在巴塞罗那和萨兰托是要买整条鮟鱇鱼烹制的。人们在晚上吃鱼尾，第二天喝鱼汤。让鱼贩切掉丑得可怕的鱼头（鱼头可以做汤用），去鳃，切成 3 块；这样回家后就不用自己处理了。4 人份需要重 1.5~2 千克的整鱼。

将鱼头洗净，放入盛有水的煎鱼锅中。在另一个平底锅里准备加泰罗尼亚番茄酱：用橄榄油将 1 个切成碎末的大洋葱小火慢煨，然后加入 1 个去皮、去籽、切碎的大番茄。煮 20 分钟后倒进鱼锅里。煮沸后大火煮 30 分钟。把肉汤倒入另一个平底锅中，放凉后再煮鱼尾；也就是说，烧开后，大火煮 10 分钟，再盖盖文火煮 15 分钟。把鱼放在肉汤中放凉，然后过滤，保留汤汁，搭配油、柠檬汁（或蛋黄酱）和新土豆一起食用。

现在只剩下鱼汤和熟鱼头了。把鱼头上的白肉取下，切碎，用茂利手动研磨器磨碎。然后放入鱼汤中，以每人 1 片面包的量放入面包片，煮沸，大火煮 5 分钟，用打蛋器不停搅拌。这样可以让汤变得浓稠。可以根据个人喜好加入捣碎的大蒜和欧芹做的加泰罗尼亚碎酱。

烹饪鮟鱇鱼尾最好的方式是普罗旺斯蒜泥蛋黄酱鮟鱇鱼羹，这款富有诗意的菜肴是夏天的滋补品。我无法用语言描述出这道只有法国人才能做出的佳肴的美味，这道菜里的神奇食材是大蒜，不仅使人口感火辣，还有助于在盛夏恢复身体机能——让人在烈日炙烤下也能精力充沛，所以我列出了下面的食谱：

## 蒜泥蛋黄酱鮟鱇鱼羹
### （Baudroie à la bourride · angler-fish à la bourride）

在一个炎热的 7 月，当我们正在考察朗格多克的贝齐耶大理石采石场时，偶然来到了梅泽，这是个内陆海小港口，盛产牡蛎和贻贝。我们累得精疲力竭，就走进了码头上的奥佩斯卡多餐厅。

鮟鱇鱼体形大，仅鱼尾的重量就多达 1 千克。鱼尾切片，先用砂锅炖，加入洋葱丝、1 束百里香、1 片月桂叶和橘皮碎，加热水刚好没过食材，放入盐与胡椒粉，炖 10 分钟。

与此同时，蒜泥蛋黄酱已备好：先把 6 瓣蒜捣成蒜泥，然后在研钵中加入 2 个蛋黄，边滴入橄榄油边搅拌。一半蒜泥蛋黄酱放在冰块中冷藏，另一半用来做鱼羹。再加入两个蛋黄，然后用滤网滤出煮熟的鱼汤，把鱼汤倒在上面，不断搅拌。

然后，把鱼片浸入平底锅的酱汁中，将平底锅置于隔水蒸锅里，小火加热几分钟。等鱼片入味后，移到一个椭圆形白盘中，把酱汁浇在鱼片上面，酱汁香而不稠。在每一片鱼肉上放上一小堆冷藏的蒜泥蛋黄酱，酱浓稠，呈金黄色，再撒上一些用黄油炸的碎面包丁。

热气腾腾的（像龙虾肉一样的）鱼片、热大蒜和冷蒜泥蛋黄酱会令人垂涎三尺。再喝点朗格多克红酒会别有一番风味。

也可以用多宝鱼或大比目鱼制作这款鱼羹。

# 烟熏咸鱼
## Smoked and Salt Fish

接着，端上来一道奇怪的热菜，呈深褐色，有一股浓浓的烟味；可能是一条鱼不小心爬进烟囱里，熏成了鱼干。我刮下一块尝了尝，尝起来怪怪的，但味道还不错，相当不错。

对我来说，现在腌鱼和黑线鳕鱼都成了英国美食。我希望那边的朋友们不要再寄给我那些乏味的小说了，他们最好在书里凿个洞，插进去一两条腌鱼再寄给我。我将感激涕零！

——G. 奥里奥利（G. Orioli），《书商历险记》（*Adventures of a Bookseller*）

这是欧文的朋友兼同事写下的一段话，一时激起了人们对腌鱼、烟熏鲱鱼、黑线鳕鱼（消失的早餐）的怀念之情——事实上，人们也很喜欢北方产的鲑鱼、鲭鱼、鳗鱼、鲅鳞鱼、小沙丁鱼、海鳟鱼和鳕鱼子，这些鱼都可以烟熏处理，十分美味。

到目前为止，我们的朋友中还没有人按照奥里奥利的建议寄来鱼，但是我们退而求其次，在冬天吃到了咸鲱鱼，这就心满意足了。这些烟熏咸鱼是从荷兰和葡萄牙用木箱运过来的。

*Boutargue* 指的是特制的烟熏鲻鱼子，如果我在此再过多介绍就是赘述了。在偏远的萨兰托边境根本找不到这一美味。

所以，我热心推荐咸鲱鱼，这曾是意大利和加泰罗尼亚穷人的主要菜品，虽然现在已经不是了，但仍然是冬天里的重要食物——尤其是对那些有胸部疾病的人来说。关于如何烹制，请参阅"咸鲱鱼轶事"一章（第162页）。

腌鲱鱼也是道上好的菜品，去头，去皮，切片，在冷水中浸泡大约1小时，然后沥水，擦干，浸泡在橄榄油中，用黑胡椒和切细圈的生洋葱调味。鱼子要分开处理，用盐浸泡更长的时间，然后做成希腊红鱼子泥沙拉，在研钵中捣碎大蒜、欧芹、橄榄油、柠檬和干面包糠，放入鱼子沙拉中，与塔拉利咸饼干圈一起食用。购买鲱鱼的时候，挑选有鱼子的。

不言自明，大罐子里未烟熏的腌鳀鱼和腌沙丁鱼是全年的备用食材。西西里作家维尔加[1]（Verga）在小说《马拉沃利亚一家》（*I Malavoglia*）中滔滔不绝地阐述了如何储存鳀鱼和沙丁鱼——在20世纪初是放在木桶中储存的。

## 斋戒食物
## Fasting Food

如今，很少有人知道，为什么匹克威克[2]先生在12月22日前往丁利戴尔的途中，要山姆和车掌把一条庞大的鳕鱼塞进玛格尔顿马车车子前部的行李柜里。到达蓝狮饭店时，他们遇见了那个胖男孩，人们正从行李柜里将鳕鱼挖出来，当这些至关重要的东西被放到沃尔德先生的马车上后，胖男孩把缰绳递给了山姆·维勒，然后他就在这条鳕鱼旁边躺下，用一个牡蛎桶做了枕头，立刻就睡着了。下文没有再提及这条神秘的大鳕鱼，这条鱼一定成了平安夜晚餐的主角儿，根据传统习俗，平安夜是禁食之夜。

在意大利，人们仍然在平安夜吃盐渍鳕鱼，除了周三，盐渍鳕鱼也是所有周五禁食日的主要食物。但是，现在无论是在意大利还是西班牙，鳕鱼和禁食的联系更多的是因为其营养价值。在一些国家，许多人居住在偏远山区，他们很难吃到新鲜鱼，所以，盐渍鳕鱼因为其"不腐性"而备受欢迎。

---◇---

1 乔万尼·维尔加（1840—1922），意大利作家，代表作是长篇小说《马拉沃利亚一家》和《堂杰苏阿多师傅》。
2 这段描述取材于英国作家狄更斯创作的长篇小说《匹克威克外传》。

## 风干鳕鱼 Stoccafísso（意）

wind-dried cod
peixopalo, estocfix（加）
morue sèche（法）

## 盐渍干鳕鱼 Baccalà（意）

dried salt cod
bacallà（加）baccaliáros（希）
morue blanche（法）

风干鳕鱼和盐渍干鳕鱼都会用到鳕鱼，但不同的加工方式会产生完全不同的味道、质地和外观。

风干鳕鱼是一种坚硬得像棍子一样的食物。将鳕鱼去除内脏后，放在挪威峡湾岸边的卵石上，任北风吹干。在冰岛和纽芬兰也是这样风干鳕鱼的。在威尼托，人们在冬天把这些鳕鱼放在木桶里，有的长达1米，看起来就像多节的雨伞架。鳕鱼被冷风吹得坚硬、干燥，像着色的羊皮纸一样发黄，在浸泡前，用锤子把干鳕鱼敲碎，差不多需要浸泡12小时，勤换水；或者浸泡几天。杂货店老板制作鳕鱼的方法通常也就一两种。第一种方法是用鳕鱼和橄榄一起制作成黄油鳕鱼羹（Baccalà mantecato）（mantecare 意为"鞭打"），这是法国鳕鱼羹的威尼斯式做法（易产生误解的原因是，在意大利语中，baccalà 一词既指风干鳕鱼也指盐渍鳕鱼，就像在法语中，morue 也包含上面的两层含义）。事实是，在法国和意大利，这两道菜都可

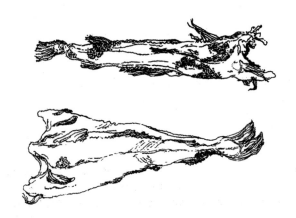

以用风干鳕鱼做，而不用盐渍鳕鱼，因为盐渍鳕鱼含纤维——尽管两者都可以使用。威尼斯式做法参见伊丽莎白·戴维德（Elizabeth David）的《意大利美食》(*Italian Food*)。

莫拉尔（Morard）在《普罗旺斯烹饪指南》(*Manuel de la cuisine Provencale*)中明确指出了二者的差别，并给出了两种制作挪威风干鳕鱼和盐渍鳕鱼的方法，这两种方法都相当费事，但绝对值得一试。他写了一首赞美挪威风干鳕鱼的诗，开篇是：

> 看看这条淡黄鳕鱼
> 厨房的小学厨不停地打它
> 用他的长杆

关于这个话题，他总结道："适合做黄油鳕鱼羹的是那种干硬的黄色鳕鱼。用这样的鳕鱼做鳕鱼羹会非常美味，用来制作其他菜肴就没有必要了。"

尽管如此，我还是在这里给出两个做风干鳕鱼的食谱。

## 烤鳕鱼干（Stoccafísso al forno · stockfish in the oven）

在卡拉拉，烹制鳕鱼时通常不需要敲打——也许是因为当地居民担心会损坏他们新买的塑料餐桌布。所以，浸泡（7 天）后，水煮，切片，放入陶器中，加入橄榄油、洋葱、欧芹、芹菜、辣椒碎（干的）、土豆片、1 玻璃杯白葡萄酒和少许红酒醋，然后置于面包烤箱中慢慢烘烤，相当与众不同的一道菜。

多年前，克拉拉每周六都要为 40 名大理石工人做很多盘烤鳕鱼干，现在，她一年四季中的每个周一制作。人们看见她从近旁的面包烤箱那里回来，把盖着盖子的餐盘送给在圣弗朗西斯科广场那群无所畏惧的顾客——一群精挑细选的大理石工人。他们午餐时常常喋喋不休地谈论克拉拉能不能多做几样菜，而不是仅限于意大利拌面、汤面、豆汤、牛肚、盐渍鳕鱼和烤鳕鱼干，还有和烤鳕鱼干一样不好消化的填馅贻贝，幸运的是克拉拉很少做这道菜。最后一道菜克拉拉的做法有点奇怪，她会在贻贝里塞满香草和香肠碎肉。克拉拉虽然厨艺一般，但她菩萨心肠，因此她的顾客对她忠贞不贰。

## 捣碎与烹制（Pista e coza · pound and cook）

回想一下我上文提到的"消失的早餐"，下面的菜品是一份地地道道的卡拉拉菜肴。在这个小镇上仍有一些工作了 40 余年的老采石工，他们凌晨 3 点钟起床做早餐，然后进山采石，为了不磨坏皮革，他们提着靴子光脚走路，随身带着一瓶葡萄酒和 点小吃。一个叫卡托西的退休采石工是出了名的美食家，下面这道菜就出自他之手。

卡托西天不亮就起床，用石匠的锤子敲打那个顽固的东西——一个还没泡透的鳕鱼干，然后在大理石案桌上将其撕碎。他在研钵中捣碎一些番茄、欧芹和大蒜，然后把撕碎的鳕鱼和捣碎的配料（上面提到的香料）扔入陶砂锅（烹饪锅）中，加入适量橄榄油（不要加水），用文火炖到所有的汤汁都被吸收。他是搭配一块玉米糊食用的。因为吃的时候会感到口干，所以他会喝口水或者喝口格拉巴酒来解渴。

那么盐渍干鳕鱼是什么呢？那是用北大西洋鳕鱼分层腌制并压平制成的；这种鳕鱼保留了自身的白颜色，它的组织更像鱼而不像硬皮带。它的气味不那么刺鼻，浸泡的时间也比较短——24 小时。但可以根据品质和厚度，把这种鳕鱼分成几个等级。

根据司汤达的说法，这种东西"裹着神秘面纱"（参见他于

1840 年 5 月 7 日在奇维塔韦基亚做领事时写给蒂尔斯先生的信）。他声称法国人永远做不出英国人为罗马、翁布里亚和教皇辖境提供的那种盐渍鳕鱼，除非他们知道怎么在盐渍的过程中像英国人那样加入明矾。鳕鱼贸易的重要性——和现在一样，从 10 月到次年 4 月之间——体现在司汤达提供的数字中，即在 1836 年共有 1 724 000 吨英国盐渍鳕鱼运抵罗马港口。而在 1838 年，有史以来第一次有 138 000 吨的法国盐渍鳕鱼从纽芬兰运抵罗马港口。人们普遍认为，法国盐渍鳕鱼的味道和口感更好，但不易保存——英国盐渍鳕鱼是用盐和明矾制作的，十分坚硬，能一直保存到 6 月，而高温和潮湿导致法国盐渍鳕鱼容易变软腐烂。

这也许能够解释为什么运到阿普利亚的盐渍干鳕鱼与那不勒斯山区的相比更加干燥了，后者是亮丽的金色，也许稍微烟熏过，例如，在圣阿加塔代戈蒂的周日集市上就能买到这种盐渍鳕鱼，在本德雷尔和塔拉戈纳的夏末集市上还能买到上乘盐渍鳕鱼，或许这些鳕鱼是从法国进口的。萨兰托的鳕鱼一定是用明矾处理过了。

## 烤盐渍鳕鱼（ Bacallà a la llauna ）
### 在陶盘中烤的盐渍鳕鱼

做盐渍鳕鱼最好选用鱼肉最厚的上部。在加泰罗尼亚语中，*llauna* 的意思是 "罐子"，但与其矛盾的是，此处用到的 *llauna* 指一种古香古色的粗糙浅陶盘，盘底弯曲。

8 段盐渍鳕鱼，约 1 千克·面粉·橄榄油
5 瓣大蒜·1 千克新鲜番茄·另备 2 瓣大蒜·欧芹

提前一天浸泡鳕鱼（除非是在加泰罗尼亚市场买的已经浸泡过的鳕鱼），换几次水。切成 7 厘米 ×5 厘米的段。冲洗，擦干，撒上面粉，在滚烫的橄榄油中每面煎 5 分钟左右，煎至变色后从平底锅

中取出备用。把 5 个去皮的蒜瓣切碎，在同一个平底锅里迅速煎至变色，然后加入去皮并压碎的番茄。直至汤汁蒸发。

在陶盘上抹一点油，放入鳕鱼段，浇上酱汁，不用盖盖子在中等温度的烤箱中烤半小时。上菜前，撒上用蒜末和欧芹碎制作的加泰罗尼亚碎酱。这个方法极简单，味道极好。

意大利版本叫作 *Baccalà marinato*，蒜味不浓，用切碎的绿芹菜、欧芹和辣椒在橄榄油中小火慢炖成调味蔬菜，这是与番茄酱的主要区别。油煎过程一样，都使用滚烫的油。

## 牛奶炖盐渍鳕鱼

### （ Baccalà stufato con latte · salt cod cooked in milk ）

盐渍鳕鱼很适合在牛奶中烹制。4 人份需要：

| | |
|---|---|
| 1 千克盐渍鳕鱼 | 0.75 升牛奶 |
| 1~2 片月桂叶 | 肉豆蔻粉 |
| 5~6 个大土豆 | 从腌辣椒的罐中取出一点油 |
| 1 个大洋葱 | 橄榄油 |
| 蒜末 | 牛至（野生墨角兰） |
| 欧芹碎 | 黑胡椒粉 |
| 2 个煮熟的鸡蛋 | 12 个黑橄榄 |

将鱼切成两到三段，陶锅中放水，入鱼段，鱼皮朝上，浸泡 24 小时。中间换一两次水。

陶器皿中放入足量的水，冷水下锅，加入一两片月桂叶。水无须煮沸，因为沸水会使鱼肉变硬。冒出水蒸气后，小火煮 5 分钟，离火，静置半小时。沥干，去皮去骨，切成薄片。

土豆和洋葱去皮，切成硬币厚薄。在锅底放一些橄榄油（最好用平底锅），铺上一层土豆和洋葱，然后铺一层鱼片，这样层层摆放。撒上牛至和黑胡椒粉，加入牛奶刚好没过食材。小火煮至土豆熟透；这时，大部分牛奶已经被吸收或蒸发，剩下的部分会呈现出奶油般的稠度。加入少许肉豆蔻粉和几滴从辣椒罐里倒出来的油，在快要出锅的时候，撒上蒜末和欧芹碎。最后加入切片的水煮鸡蛋和未去核的黑橄榄（去核的橄榄会让这道菜呈浅黄色）。

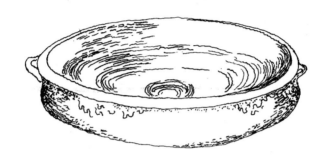

# 咸鲱鱼逸事

## Apropos of a Salt Herring

————————— ⋄ —————————

当今世界之时事与我笔下偏远地区所发生的事情迥然不同，这促使我回首久远的过去，而不是研究饮食习惯的变化。即使有人委婉地称这种变化为进步，但在我看来视之为种族文化灭绝更恰当。因此，我开始关注另一个经常引起厨师注意的差异——准备菜肴花费的时间和人们狼吞虎咽吃下去所需的时间之间的差异。

在埃利奥·维托里尼[1]（Elio Vittorini）于 1936 年至 1937 年冬天创作的杰作《西西里谈话》（*Conversazione in Sicilia*）中，西尔维斯特罗那勇敢无畏的母亲对在拉康塞宗山上用炭火盆做咸鲱鱼不屑一顾。这是此章中的亮点，接下来三章描写了十五年后母子重逢的情景。气味刺鼻的鲱鱼营养丰富，是常见食材。腌制鲱鱼能唤起整个童年的记忆：将蚕豆（希腊阿普利亚西西里岛的一种本土植物）、苦菜和小扁豆（塞萨利新石器时代早期遗址中发现的第一种豆科植物）一起烹制，再用洋葱、干番茄、猪油、迷迭香调味，这儿时的菜肴就像冉冉升起的太阳，一点一点在眼前浮现。但对这位母亲来说，那时最基本的食物还有：冬天的炖鲱鱼和夏天的烤辣椒。这些就是她经常配着大量橄榄油和面包一起吃的美食，橄榄油是必不可少的。在秋天，有时也会搭配猪肉，如果他们碰巧在仙人掌果的种植园附近饲养了一头猪的话。

先小心翼翼地剥掉鲱鱼皮，然后洗净，去骨，淋上橄榄油，当鲱鱼上桌时便开启了记忆的闸门，"甘甜的"仙人掌果点心从时间的

————————— ⋄ —————————

1　埃利奥·维托里尼（1908—1966），意大利作家，著有《红石竹花》《西西里谈话》等反法西斯作品。

迷雾中缓缓重现。去掉仙人掌果随处可见的种子，将稀缺的果肉发酵，然后与面粉一起制成节日小蛋糕，中间再点缀上扁桃仁、松仁和开心果。毫无疑问，这和在每个节日都能买到的阿普利亚糕点有点相似，散发着肉桂的香味，烘烤后裹上一层薄薄的巧克力食用。

有句关于仙人掌果的谚语说："仙人掌果会给人带来三次痛苦。一次是摘的时候，一次是吃的时候，然后是吃完以后！"事实上，如果食用过量的话（在夏末，有些人常常"大快朵颐"——他们吃完后惊呼：吃了"59个"！），在小肠里会堆积起一个难以消化的小球。益处是：仙人掌果是治疗腹绞痛的特效药，食用三四个削皮后的仙人掌果即可见效。但是，采摘时要万分小心，最好用几片藤叶当手套。冬天，北风将其吹干，风干仙人掌果味道独特。

在回想起西西里中部山区沙漠中可以让孩子充饥的食物时，母子俩都对鲱鱼记忆犹新。那时，西尔维斯特罗的父亲是一名铁路工人，这些回忆让他们重新发现了那个时代的本质，也是这个时代（写这本书时）的本质，那就是饥饿和贫穷。人们发现，那些饥不择食的孩子们竟然捉蝉吃，蝉是世界上最古老的昆虫之一。像其他在硫

黄矿上班的工人一样，西尔维斯特罗的父亲在当月的头十天就花光了工资，余下的日子里全家人只能以能够采集到的所有东西为食：蜗牛（蛋白质来源）和易于消化的野菊苣。西尔维斯特罗的母亲说，烹制蜗牛的方法多种多样：水煮；与大蒜和番茄酱一起煮；或裹上面粉，带壳一起油炸（使劲吸吮蜗牛壳，吸出里面的肉）。

回味一下上面这段描述，我突然意识到，今日的西西里和阿普利亚依然保留着大约 13 000 年前中石器时代的生活痕迹，在野外不仅可以找到一些精致的燧石和食物采集者用作工具的贝壳化石，而且当地人还热衷于收集海洋和陆地上的软体动物，采摘可食用野菜。仅此一点就说明过去二十年的"进步"是多么微不足道。

在萨兰托，秋雨过后，男女老少都拿着一个塑料袋在石头中寻找蜗牛；事实上，也可以晚上拿着火把来收集，因为蜗牛在夜间出动。

在爱奥尼亚海岸，人们在水边的沙子里挖海螺和双壳类动物，从岩石上撬下小帽贝，还有各种多汁的可食用海藻。在离岸边较远的海里，养蛙人拿着浮动的板条箱在采海胆。在岩石中间有一堆被即时生吃后丢弃的带刺海胆壳（只有女人才食用这种海鲜，她们用刀把海胆壳敲碎，取出海胆壳底部呈小五角星状的橙黄色海胆卵，其余的部分则直接扔到海里）。

# 食物采集
## Food Gathering

　　采集食物花费的时间和烹饪准备的时间一样，都与吃掉食物所需时间成反比。这个有趣的话题可以说与蜗牛和青蛙这两种美食风马牛不相及，但其实也完全可以相提并论。

　　我们的一位画家朋友用某种蜗牛（陆生蜗牛）做了一款超级美味的意面酱料。夏天，长在荒地的野茴香枝条上才有这种蜗牛。而且，其他村子的村民也会不辞辛劳地赶来收集蜗牛，所以，他们在晨光熹微时便动身了。如果你碰巧路过，他们会赶紧向你解释，他们收集蜗牛是为了消遣，而不是贪求美味。

| 普通蜗牛 | 陆生蜗牛 | 葡萄园 / 勃艮第蜗牛 |
|---|---|---|
| Chiocciola（意） | Cozza di terra（意） | Marrune, cozza ceca（意） |
| common snail | land snail | vineyard/Burgundy snail |
| *Helix aspersa* | *Cepaea nemoralis* | *H pomatia* |
| *H melanostoma* | | |

　　秋天，走进萨兰托任何一间体面的厨房，你都可能看见锃亮的铝平底锅里放着的蜗牛，这是在给这些珍馐做初步清洗。先把少许面粉或麦麸撒在蜗牛上，静养两三天，小心翼翼地把它们的粪便清理干净，然后再次撒上面粉或麸皮。再让它们空腹一天，就可以烹饪了。

　　准备工作：洗净，入冷水锅中浸泡 1 小时；蜗牛的一部分身体就会从壳里冒出来。盖上锅盖，先大火煮，然后小火煮半小时。这样，蜗牛的触角会伸出来，就能很容易地挑出蜗牛肉。葡萄园蜗牛个头大，呈棕色，煮的时间要长一些。

西尔维斯特罗的母亲所提及的"煮熟的"蜗牛就是按照上述方法烹制的。煮熟的蜗牛可以搭配面包、橄榄油、盐一起食用。还可以在稀薄的番茄酱中小火煨一下，然后用大蒜和绿芹菜调味，我们的那位画家朋友就是如此制作意面酱料的。事实上，小海蛤也是这样处理后搭配意面一起食用的：鲜贝意面是一道很受欢迎的菜，里面的小蛤蜊带壳或不带壳都可以。

## 奶油蜗牛 Cozza alla panna

### *Helix operta* 螺旋纹蜗牛
### municedda（萨）attuppatedda（西西里方言）

螺旋纹蜗牛是另一种备受追捧的蜗牛，因为这种蜗牛清淡可口，而且无须清洗或给它们空腹，因为在初夏时节，它们会分泌大量的泡沫覆盖全身，这些泡沫会变得又白又硬（*la panna* 意为"奶油"）。它们喜欢在阴暗潮湿的地下生活。到了 8 月，可以用锄头把它们挖出来，但你得知道在哪里挖——在葡萄园里或者石头砌的蓄水池附近。这些蜗牛呈椭圆形，中等大小，金黄色，有一个漂亮的对数螺旋形壳，现已被大量商业养殖，价格昂贵。

在阿普利亚有四种食用这些美味的方法：

1. 敲碎外壳，然后直接生吃。

2. 去除外面的白色覆盖物，放入热橄榄油中煎几分钟，加少许盐趁热食用。

3. 将其直接放入炽热的柴火灰烬中，几分钟后扒出，擦干净食用即可。

4. 用手指或刀除去白色硬壳，在细铁丝网上用木火烤制，佐以用蒜末和欧芹碎做的调味酱趁热食用。在制作调味酱时，要边滴入橄榄油边搅拌，直至黏稠。

还有一种与众不同的方式。在罗塞洛和加泰罗尼亚的恩波达和弗里乌地区每年都举办蜗牛盛宴。先把葡萄园里的蜗牛空腹数日，然后将其放在一堆稻草上，点燃稻草，待烤熟后用细棍子把蜗牛从草灰中取出，然后立即浸到香料瓶里（字面意思是"辣味油醋汁"，也就是由蒜末和辣椒等混合而成的调味汁），与面包和葡萄酒一起食用。

用蜗牛做结语：在海滩的海蓟上有一种最小的白色蜗牛，长着漂亮的黑色螺旋形壳。我们的邻居特蕾莎认为这种蜗牛味道极佳，有时我们还帮她采集。可能有人觉得很难把这么小的蜗牛拔出来。其实，你不必把它们拔出来——只要煮 15 分钟，用尖头工具在蜗牛尾部扎一个小洞，就可以将其吸出来，这是夏日里最畅快的消遣活动。有时特蕾莎会搭配一款罕见的酱料（油、番茄、大蒜、芹菜叶）食用，在风清月朗的夜晚，坐在葡萄架下，喝着萨尔瓦托雷自酿的葡萄美酒，品尝着这人间美味，岂不乐哉。

如果您对以上内容感兴趣，并能读懂意大利语的话，我建议您研读达尼埃莱·多勒齐（Daniele Dolci）的《西西里故事》（*Racconti Siciliani*）。在书中有一位名叫罗萨里奥的年轻人介绍了三种主要的蜗牛，并介绍了基于不同习性、季节与天气收集这三种蜗牛的方法，这些方法都是在仔细观察后才获得的。这个古老的文化遗产跟文化水平没有任何关系。当然读者也可以到老普林尼（Elder Pliny）和迪奥斯科里德斯（Dioscorides）的有关论著中求证，前者在书中谈论了软体动物，后者则介绍了很多植物。

罗萨里奥详细说明了收集食物所需的技能和知识，他还讲到如何采摘可食用野菜以便出售，捕捉河鳗和河蟹；如何捕捉青蛙以便出售（这肯定会让盎格鲁-撒克逊的读者反感）；奇怪的是，他并没有提到真菌。但他耐心地采集长在西西里西部石头中的野生刺山柑，我在纳克索斯和萨兰托时也采集过刺山柑。在5月底6月初，每隔一天采集一次刚长出的花蕾，越小越好。请参阅第385页了解如何腌制保存。

罗萨里奥认为可食用野菜有五六种之多。对于外行来说，这个数字已经十分可观，但事实上，这极大地低估了可食用野菜的种类；请参阅有关野菜的章节。但是，他后来又列出了七种：菊苣属，野生菊苣；十字花科植物；蒲公英属；琉璃苣科植物；各种蓟；野生茴香；荆棘的紫色嫩芽。

在罗尔夫斯的《萨兰托方言词典》中，最大的词条是这些最初的食物来源：蜗牛有65个词条，其主要物种及变种的名称各不相同；青蛙有33个名字；菊苣有31个名字；真菌有27种；海洋软体动物约30种，有63个方言名字。这证明了它们的食用价值和我的观点，即中石器时代的食物采集就已经决定了阿普利亚和西西里岛的饮食习惯。

我们可以说，在冰盖消融后，中石器时代的人制作了一系列全新的燧石工具，用来采集新出现的海洋和陆地软体动物。他们堪称是美食先驱。他们的手工制品何止是小，简直就是微小，而且做工精湛——鱼钩、半月刀、撬开双壳贝类的小刀片、用来犁地或者抠出海生蜗牛的尖头刀。尖头的锋利燧石箭镞可用来猎捕知更鸟、云雀、金翅雀等小鸟。遗憾的是，这些鸟至今仍然是秋天猎鸟大军的猎物。

　　作为工匠，我们对工具情有独钟，因此，秋日的一天，雕刻家先生能在斯佩格力兹附近发现一个被忽视的中石器时代的遗址就不足为奇了。我们随后在这里收集了大量中石器时代的工具。这个遗址就在我们的画家朋友的乡间住宅对面，旁边有一条峡谷，峡谷里有许多洞穴，河鳗穿梭游弋的一条潺潺小溪从地下汇入附近的大海，换句话说，无论是过去还是现在，这里都是最佳的食物采集地。

　　如果有人急于知道如何烹饪青蛙，可以参考阿图西的《厨房中的科学》的第 503 条"炖蛙"，第 504 条"佛罗伦萨风味青蛙"。

　　如果要烹制小河鳗，则要去内脏，去皮，清洗后切成 7 厘米的长段，用硬木烤肉扦子穿起来，每隔一段鱼肉穿上 1 片月桂叶，涂上油，在木火上烤至外皮酥脆金黄，然后在室外的长桌旁，直接上手吃，配着面包和浓烈的红酒一起食用。

# 市　场

## La Piazzetta

卡拉拉是一个工业小镇，四周环绕着阿普阿尼亚阿尔卑斯山。当车夫让马儿停下来，布莱辛顿夫人从拉福切山顶俯瞰时，曾误认为卡拉拉是"人间天堂"。当我们在此居住时，每到 5 月，山上的丛林枝繁叶茂，金合欢花清雅的甜香就会飘进镇子里。

从远处眺望，周围的群山上好像点缀着一条条冰碛，在阳光下，宛如瀑布倾泻而下。人们用炸药开采大理石，或者锯下山体表面的大理石，还用螺旋形金属线切割山顶的大理石。大理石工人把大理石块放在木滑轮上，将这些白色的瀑布当作"滑道"，把大理石从山上运下来。时至今日，他们的运输通道依旧危险丛生。

这个市场坐落在一个 12 世纪大教堂附近的封闭空间里，是老城区里最喧嚣的场所，被当地居民亲切地称为 *la piazzetta*。此处不仅赏心悦目，而且散发着每天从地里新采摘的瓜果蔬菜的香味。这里是锱铢必较老太太们的天下，她们把货物摆在木板上。冬天，她们把火炭装在一种叫 *caldanin*（意思是"给孩子取暖"）的小铁桶里取暖。夏天，这些老太太们头顶大白菜叶遮阳。她们总是对别人的隐私津津乐道，不花个几年把别人的家谱翻个遍，她们是不会罢休的。

❦❦❦❦❦

讣告：借着促进发展的名义，人们把这个市场迁到了城郊的一个洁净的现代化大楼里了。

※※※

市场周边有很多肉铺，肉铺的柜台建在高高的大理石基座上，根本看不清上面摆放的肉的品质。这就是传说中的卡拉拉人的贫困和所谓的贪婪。

猪肉铺里顾客盈门。天棚的钩子上挂着火腿、新鲜的香肠和烟熏香肠、熏猪肉肠与猪蹄皮灌肠。柜台上的盆子里放着搅打过的猪油，里面加了香草，可以用来给豌豆和鹰嘴豆汤增味；红白相间的血肠是一大早刚刚做好的；还有猪蹄、猪尾、猪舌、用大网膜包裹着的碎肉卷和猪油块；店里还不时传出砍猪排声。

在通往市场的小巷里，家禽贩子在贩卖珍珠鸡和身上插着鼠尾草和迷迭香的鹌鹑，还有兔子、母鸡，在狩猎季节还会有野味。

渔妇们在市场尽头的一条小巷里摆摊，这里距离港口只有 7 千米远，新鲜的鱼随意地堆在木桌上。小巷里回荡着声嘶力竭的叫卖声。这里的讨价还价就像在打仗，胜利者带着新鲜的沙丁鱼或鳗鱼、鲭鱼、河鳟鱼，或者小鲽鱼、鲻鱼扬长而去。我有时会迷上岩虾，或者喜欢上让人迷惑的海蝉。之所以叫海蝉，不仅因为它们在水下能发出像蟋蟀一样的"唧唧吱"叫声，还因为它们有类似于真蝉的那种从甲虫到长出翅膀时褪下的外壳。

令人神摇目夺的是市场中心摆放的各种新鲜蔬菜，林林总总，举不胜举。在夏天，人们能天天吃到鲜嫩的蔬菜、美味的沙拉、奶酪——黎明时分，有人把新鲜的意大利乳清干酪裹在山毛榉或香叶里，从山上带到城里——和水果，偶尔还能吃到鱼或家禽。

冬季蔬菜有：长在多汁茎上的小洋蓟，灰色波罗门参根茎，黑色鸦葱根；嫩菠菜，多汁的叶用甜菜，清脆的小卷心菜（甘蓝）；橘黄色的冬南瓜；长有螺旋状花序的美丽花椰菜，有些是乳白色的，产自西西里岛的是绿色或紫色的，还有一种杂交的矮小品种；用来做冬季沙拉的野生菊苣，这种菊苣平展生长，有白色的芯；宽叶莴苣也是白色的，非常清脆。人工栽培的菊苣种类繁多：长着白色苦根、成簇售卖的美味菊苣；像大蒲公英的深绿色大叶菊苣，比利时白菊苣。这些菊苣都是猪肉的理想配菜，菊苣根去皮后还可以做成红色苦味沙拉。

　　这些蔬菜中的一部分是冬天从西西里、那不勒斯和巴里陆路运来的。韦西里亚平原从马格拉河向南延伸到维亚雷焦，平原上的葡萄藤之间密集地种植着各种蔬菜，但我必须承认，当时我对这片生机勃勃的蔬菜知之甚少，根本没有研究它们的起源。我正忙着找一个行踪不定的邮差，他以前是个珠宝商，利用业余时间为我熔化些小块金子和大块银子；我每天两点一线，从市场到工作室。

在那些日子里，我必须融入卡拉拉村民的生活中，了解他们的天性，学会他们的方言。托斯卡纳的蔬菜是香甜的，而英国的蔬菜只是蔬菜而已。意大利人快言快语，令人愉快。但在英国，你说话得有理有据。意大利人天性质朴；英国人则拥有"个性"。因此，意大利人无论是对人还是对水果和蔬菜，都持有一种激情四溢的情怀，他们活在当下，吃着当季的瓜果蔬菜，对每天的生活和一日三餐都充满热情。

大山的气息久久萦绕：退休的大理石工人卖着他们在山里采集的香草。夏天，大篮子里装着欧洲越橘，小篮子里装着野生草莓。秋天，村民在西班牙栗树林里采摘新鲜蔓越莓、真菌和栗子。城镇和乡村之间不仅以这种方式对话，而且城镇居民还预约了边远农场新碾的玉米粉。每个人随身携带的皮包里装的不是证件，而是金黄的玉米粉、山羊奶酪、乡村肉肠……在那些日子里，人们可以感觉到卡拉拉人肯定与"人间天堂"有联系。

# 宝贵的蔬菜
## Vegetable Heritage

**正是我找到火种，将其盗走，然后把它藏在干茴香秆中。**

——埃斯库罗斯[1]（Aeschylus），《被缚的普罗米修斯》（*Prometheus Bound*）

这里的人们从秋季开始，按照蔬菜的生长周期种植蔬菜。如果没有特殊注明的话，先给出的蔬菜名字是意大利语名称。

## 结球茴香 Finocchio · bulbous or Florence fennel

*Foeniculum vulgare* · 伞形科

fonoll（加）márathon（希）

普罗米修斯把他盗取的火种藏在了一枝大茴香（木本茴香）里。他在烈焰熊熊的太阳车上点燃了火炬，然后把从火炬上掉下来的一块火炭藏在了一枝大茴香秆中。他竟敢公然反抗宙斯，给人类带来了火，所以，茴香是神圣的植物，是携带火种的植物。

罗伯特·格雷夫斯在《希腊神话》（*Greek Myths*）中说："茴香在神话中的意义在于，每年火熄灭后，茴香秆把新的圣火从天上带到人间。"

野生的茴香（直到近期才被单独归入药用茴香，以体现其药用价值和保健功能）生命力很强，在地中海地区干旱的钙质土地上到处可见这种大茴香，这种茴香有种子便能生长。野生种子比人工栽培的种子更香，可以用来做菜和蜜饯。茴香叶可以用来做鱼的填料，做汤，还可以在春季搭配蓟和蒲公英等做托斯卡纳炖

---

1　埃斯库罗斯，古希腊悲剧诗人。

野菜。

结球茴香的膨大球茎香气浓郁，是冬季的时令蔬菜，有很高的食用价值，并且易于栽培；将种子播撒后培土，就会长出白色球茎。可以不加调料，整个食用，味道清爽。也可以切成薄片，放入油和红酒醋做成沙拉。茴香作为一种蔬菜，可以用煮、炸、炖等方法烹饪。阿图西曾说，在19世纪的意大利，只有犹太人才会吃这种香气扑鼻的蔬菜和茄子，由此可见他们的美食观。

**炖结球茴香。**先把茴香洗净，竖切两半，用沸盐水焯5分钟。沥干后放入厚平底锅中，加入橄榄油或黄油慢炖。在烹饪过程中，在茴香上面撒上磨碎的佩科里诺干酪或帕尔马干酪，然后把茴香翻面，再撒上一些干酪。两面煎至变色。这需要大约15分钟。加入一些冬天保存的新鲜番茄，再炖几分钟即可。单独食用。

## 胡萝卜 Carota · carrot
### *Daucus carota · 伞形科*
**pastanaga（加）karóto（希）**

从市场上女人们售卖的芳香植物可以看出人们的烹饪方式：做意大利调味菜的芳香植物分布在托斯卡纳，这种调味菜是烹制很多菜肴的前提。这些芳香植物可以是2根胡萝卜、两三根细韭葱（有时是野生韭葱，有时是细长的冬韭葱）、一些单叶欧芹，还有其他芹菜（种植这种芹菜主要是为了食用其叶子，不需焯水——常见的焯水芹菜是沿海芹菜），有时还有小葱；在用这些植物烹饪米饭、豆类、家禽、野味、鱼时，需要事先将其切碎，然后放入油中，文火烹制。

也就是说，在意大利料理中，胡萝卜多少起点香料的作用，而非蔬菜，个头较小。但在萨兰托的科尔萨诺村，那里的胡萝卜长得非常大——阳具的象征。在那里，胡萝卜被叫作 *la pastinaca*，而不是意大利语中的 *corota*，且颜色较淡。在圣帕蒂节上，已订婚的青年要找到最大的胡萝卜，然后把它献给未来的新娘。随后，全村的人会在嬉笑中，用粗鲁的手势来检验这些胡萝卜的大小和威力，以判定哪位青年是获胜者。

## 菊苣根 Cicoria di radice · root chicory

**Cichorium intybus** · 菊科
xicoira（加）radíkia（希）

菊苣根是一种冬季蔬菜，是用野生菊苣栽培的根茎。因为其苦味很浓，所以在市场上人们通常称之为苦根，但其味道不错。在意大利的冬天，虽然猪肉制品很受欢迎，但要搭配苦味菜食用。

**煮菊苣根。**这道菜的做法最简单。去掉细长的乳白色须根，切成小指长度的段，浸入酸化水中以防变色。煮至变软即可，然后淋上橄榄油和柠檬汁，与烤猪肉一起食用。

## 婆罗门参 Barba di prete　　鸦葱 Scorzonera

salsify　　　　　　　scorzonera
*Tragopogon porrifolius*　　*Scorzonera hispanica*
baraba de frare（加）skoulí（希）　　escorçonera（加）starída（希）

野生婆罗门参是紫色的山羊须，叶片狭长，3月初发芽，与菊苣根和鸦葱一样，都属于菊科，蒲公英也属菊科植物。在栽培过程中，圆锥形主根上会长出许多须根，因此，它也被称为——牧师的胡子。它的刀剑形、蓝绿色的叶片富含一种乳白色的汁液，对肝脏有益。其嫩叶可切碎，做沙拉。

**烹制婆罗门参或鸦葱。**去皮，将根部放在酸化水中。烹饪和食用方法与菊苣根相同,见上文。或放入沸盐水中焯15分钟,沥干,再在冷水中过凉,擦干,裹上细面粉,放入热油中炸熟(菊苣根也可以如此烹制)。搭配柠檬汁和猪肉一起食用,味道极佳。

## "加泰罗尼亚"菊苣 Cicoria "Catalogna"
### 菊苣属的一种

这种植物因其叶子像蒲公英一样细长,并含有芳香类物质而被广泛种植,冬季在意大利北部供应充足。去根后在市场出售。

制作方法:在水中浸泡1小时左右,然后切成一手长的段,放入盛有沸淡盐水的大平底锅中。15分钟后沥干,既可以冷盘上桌,淋上油与柠檬汁当作沙拉吃,也可以搭配煎猪排食用,搭配煎猪排时,需要把菊苣放入盛有肥肉和猪油汁的煎锅中翻炒,然后再淋上柠檬汁。

## "芦笋"菊苣 Cicoria "asparago" · asparagus chicory
### 菊苣属的另一种

这是阿普利亚冬季最好的蔬菜,主要培植它的芦笋状嫩芽:外层的叶子像蒲公英,内层长着一大把芦笋状嫩芽。

制作方法:在芦笋菊苣的生长初期就从根部割下嫩芽,洗净,在餐后与球状茴香一起生食。或者煮熟吃,撕掉外层叶子,割下嫩芽,洗净,然后扔进平底锅里,加入2瓣去皮大蒜和2根辣椒(油浸保存的辣椒,制作方法参见第370页),用橄榄油快速翻炒。加入少许盐和大约半玻璃杯水。盖上盖子,调小火。10分钟后嫩芽变软,水分蒸发。美味的蔬菜就已经浸入香气扑鼻的汤汁里了。在大希腊地区的做法和希腊烹饪方法相似。

**罗马风味芦笋菊苣沙拉。**从根部切断,修剪。然后把空心茎两头各竖切 4 刀，放入水中 。过一会儿，茎会向外卷曲成 8 个卷。沥干，甩掉多余水分，用油和醋调味。这款沙拉是非常漂亮的一道菜，只能用新鲜嫩芽来做。

**阿普利亚沙拉。**皱叶苦苣和阔叶菊苣的最小嫩芽经常用来做沙拉，二者都是菊苣属。在 2 月末，人们做这些沙拉时，最后会放入几朵琉璃苣的蓝色花朵点缀。

# 芸苔[1] Rapa · rape
## *Brassica rapa* · 十字花科

这种植物的生长受到太阳直射点位置的影响。芸苔在北欧广泛种植，用来喂牛，但在南欧则是春天最受欢迎的蔬菜。在秋天播种，其生长期是在二三月间的冬季芦笋莴苣、菠菜、结球茴香和本地洋蓟还未长出的这段时间。在茎部长出之前，剪掉中央的头状花序，这样其他的头状花序就会像冬季西兰花一样不断长出。因为花期很短，所以要每隔一天采摘一次含苞未放的芸苔花；如果任其生长，芸苔就会开出灿烂的黄花，然后很快就长成了美味的芸苔。

烹饪方法：洗净尚绿的花苞，剪去老叶子和茎，浸泡在水中。在平底锅中倒入橄榄油，加热，放入一些去皮大蒜和一两根辣椒。当大蒜变色时，将其盛出备用，放入湿花苞，加盐，在油中翻炒。加入 1 葡萄酒杯的水，盖上盖子。调小火。水分蒸发后，芸苔就熟了。西兰花也是这样做的。

搭配意大利面：参见芝麻菜"小耳朵"意面的菜谱（第 110 页）。可以用芸苔或者小西兰花球做这道菜。

---◇---

1 又名欧洲油菜。

## 洋葱 Cipolla · onion

### *Allium cepa* · 百合科
### ceba（加）kremíthi（希）

对西班牙洋葱 *calçots* 的新认识：这个加泰罗尼亚词的意思是"洋葱苗"，来自 *calçar* 这个词，意思是"穿上鞋、靴子、长袜"。这说明栽培洋葱时，需要和芹菜、刺菜蓟、结球茴香一样土培。

在 1 月，把大甜白洋葱的一些小鳞茎播种后就会长出葱苗，到六七月时，葱苗长成了大鳞茎。拔出，在无花果树树荫下成捆晒干，然后储存在干燥之处。到了 9 月，把发芽的洋葱像芹菜一样种在垄沟里。秋季的时候就会长出七八个绿色嫩芽，然后给这些嫩芽培土。到了 1 月，每根芽都会长得像韭葱那么高。

### 洋葱苗盛宴（La calçotada · the onion shoot feast）

这是春天来临之前在瓦尔斯附近举行的室外庆祝活动，有时在繁花满枝的扁桃树下，有时在漫天雪花中。最初这只是一个家庭聚会，但现在参加的人越来越多。第一道菜是在床垫大小的烤架上烤制洋葱苗，然后是烤鸡、羊排和香肠（瓦尔斯香肠），人们直接用波隆酒壶畅饮葡萄酒。

拔出洋葱，从根部剪下葱苗，将绿色部分切成同等长度。将像韭葱一样的葱苗一个挨一个地摆放在烤架上，下面点燃葡萄藤枝，每一面都要烤制。剥掉烤焦的外皮，把里面的嫩葱苗蘸着一种名为 *Salvitxada* 的酱料食用。要制作这种酱料，需要先用炭灰烤一整头蒜，然后备好下列食材（1 人份的量）：

60 克烤扁桃仁 · 2 瓣烤大蒜和 1 瓣没烤的大蒜
1 小撮甜椒粉 · 少许欧芹碎和薄荷碎 · 盐
1 个去皮的烤番茄 · 根据喜好可以加醋 · 橄榄油

用研钵把上述食材捣碎,最先放入扁桃仁,最后加一点橄榄油使其顺滑;酱料不能太浓稠。

在早春时节,萨兰托有很多洋葱苗——在去年蒜苗发芽的时候就长出来了。这些洋葱苗长得很高。天一亮就起床干活儿的人可以在上午十点左右搭配面包生吃洋葱苗,当作补充能量的小吃。可以代替洋葱来给瓶装番茄酱调味——把白色和绿色部分切碎,还可以给扁豆调味。它们的方言名字是 *sprunzale* 或 *spunzale*,意思是"结婚",也许是因为其成对生长,密不可分。

## 烤洋葱（Cipolle arrostite · roasted onions）

曼托瓦和维罗纳的冬天天寒地冻,市场的商贩们用炭火盆取暖时,也会把冬天的大紫皮洋葱放在带孔的罐子里烤制。可以把烤好的洋葱带回家,剥掉外皮,配上盐和橄榄油一起食用。在蔬菜店买到的烤洋葱通常是在附近的面包烤炉里烤完面包后烤制的。也可以自己用烤箱烤洋葱,大约需要 50 分钟。

## 蒜 Aglio · garlic

### *Allium sativum* · 百合科
### all（加）skórdo（希）

1491 年,比阿特丽斯·德·埃斯特[1]（Beatrice d'Este）在提契诺州的一个狩猎小屋里给她在曼托瓦的姐姐伊莎贝拉（Isabella）写信说:"我必须告诉你,我为你种了一大片大蒜,这样你来的时候就可以品尝到你最喜欢的菜肴了。"[*]

---◇---

1　比阿特丽斯·德·埃斯特是费拉拉的统治者埃斯特家族的小姐,她和她的姐姐伊莎贝拉都是当时赫赫有名的时尚领头人。

*　在此对茱莉亚·卡特怀特（Julia Cartwright）深表感谢,此句引自 A. Luzio and R. Renier, *Delle Relaziomi di Isabella d'Este Gonzaga con Ludovico e Beatrice Sforza*, Archivio Storico Lombardo, xvii。

人们想知道做菜时要不要去掉大蒜皮。答案是，捣碎、切碎、油炸的话要去皮，但是烧烤时不去皮，用研杵或拳头使劲拍一下就可以了——不去皮才不容易煳（一旦大蒜发芽了，种了比吃了好）。

意大利比安科小城种植的大蒜易于保存，不易腐烂。

用 6 月还没晒干的新鲜大蒜制作的加泰罗尼亚蒜泥酱的味道最好，这时的大蒜易于乳化。

"特大蒜"不是正宗大蒜，是一种人工种植的葱属植物。这种大蒜是人工种植的韭葱的野生祖先，有的种类也被称为"野生韭葱"；虽然"特大蒜"的颜色和叶子的形状像一棵大韭葱，但是它的鳞茎超大。没有普通大蒜那么辛辣，在德国和美国很常见，可能因为易于去皮的缘故，但是这种大蒜不能代替真正的大蒜。

那些不喜欢这种鳞茎植物的人可以阅读一下贺拉斯的《牧歌集》第 3 卷，可以得到些许慰藉，维吉尔的朋友胃肠功能欠佳，而医生早已认为大蒜对肠胃有益。

| 菠菜 Spinaci | 叶用甜菜 Barbabietola |
|---|---|
| spinach | spinach beet |
| *Spnacia oleracce* · 黎科 | *Beta vulgaris* var *esculenta* · 黎科 |
| espinacs（加） | bleda（加） |
| spanáki（希） | pantzarófilla（希） |

菠菜刚刚出苗就会在意大利市场上出售，菠菜的嫩叶带有光泽，呈鲜绿色，与切断的根连接的地方呈玫瑰红色。与之相比，叶用甜菜长得更大些，有时整株出售，有时成捆出售，有鲜亮的绿叶，它们的叶柄粗壮，呈白色，丛生。

这两种蔬菜都可以作为肉菜的配菜。它们可以搭配牛肉、煮香肠或切片烤制的烟熏香肠。

意大利人非常注重保健和肠胃消化问题，他们认为菠菜和叶用甜菜营养丰富，是天然食补。把菠菜和叶用甜菜切碎，在上桌前几分钟放入汤中，还可以配上肉豆蔻和新鲜的乳清干酪做成意式饺子馅——在锡耶纳的小餐馆里可以品尝到这道美味佳肴。做馅时要把菜里的水分挤干，切好后捣碎。菠菜是制作绿千层面的主要食材。把切碎的菠菜在黄油中煨制后可以做成煎蛋饼或加泰罗尼亚煎蛋饼。

最简单的食用方法：将菠菜洗净，撕碎，直接扔进平底锅中，用少量沸水煮 5 分钟；沥干，放在两个盘子中间，挤出多余水分。然后把叶子在砧板上切碎，放到黄油、小牛肉肉汤或奶油中煮几分钟，再加入少许盐和肉豆蔻调味。有时也可以把小洋葱丝或大洋葱丝在黄油中炒至变色，然后再放入切碎的菠菜。

叶用甜菜叶的做法同上，但是需要更用力地挤干水分。先把叶用甜菜梗中的纤维去掉，然后放到油或黄油中，文火慢炖，因为梗部需要较长时间才能炖烂，所以要和叶子分开煮。

## 葡萄干松仁菠菜（Espinacs amb panses i pinyons · spinach with raisins and pine kernels）

这道加泰罗尼亚菜类似于阿图西笔下的"罗马涅地区穷日子里吃的菠菜"，只不过多放了松仁和葡萄干。如果使用叶用甜菜的话，一定要去掉菜梗和叶脉。这道菜要开饭前做，做好后立刻上桌食用，只要五六分钟即可完成。

1 千克菠菜或叶用甜菜

1 把马拉加葡萄干和 1 把松仁 · 4 汤匙橄榄油 · 盐

将菠菜洗净，然后把滴着水的菜放入大平底锅中，加入少许盐，用中火煮几分钟，直到流出汁液。沥干备用。

在煎锅内倒入橄榄油，最好使用西班牙大平底锅。在热油中扔入葡萄干，2 分钟之后葡萄干变大；放入松仁，不一会儿松仁就会变色；然后加入菠菜和盐。用木叉子搅拌几分钟，趁热食用。

## 花椰菜 Cavolfiore · cauliflower

### *Brassica oleracea* var *botrylis* · 十字花科
### coliflor（加）kounoupíthi（希）

在众多品种中，西西里的紫色花椰菜味道最佳，"头部"呈深紫色或深绿色。这种花椰菜不如白色花椰菜紧实，需要快蒸、快煮，然后趁热用橄榄油和几滴红酒醋调味即可。

## 维吉尔酱拌花椰菜
## （Cavolfiore colla salsa virgiliana · cauliflower with Virgil's sauce）

这道菜应该选用长着密集的螺旋状花序的花椰菜，此品种叫雪球花椰菜。

把小花球切下来，浸入沸盐水中煮几分钟。必须保证花球完整、清脆。沥干，放入瓷盘中，然后浇上酱汁。制作这种酱汁要把四五瓣去皮大蒜和少许盐放入研钵中捣碎，然后像做蛋黄酱一样淋入油，朝一个方向搅拌，接着倒入 2 汤匙干面包糠，淋上几滴红酒醋，撒上一些欧芹碎。如果先在研钵里捣碎一些鳀鱼片，再加入一些刺山柑，这款酱汁会更开胃。

## 冬南瓜 Zucca invernale · winter pumpkin

*Cucurbita maxima, C moschata* · 葫芦科
carbassa（加）kokkinokolokýthia（希）

第一个品种是普通南瓜；个大，体长，外表光滑，呈金色；中国南瓜则外表粗糙。两者都很甜，皆可食用。

## 南瓜沙拉（Zucca invernale in insalata · pumpkin salad）

这道阿普利亚菜带有一点维吉尔风味。

去皮去子，一半冬南瓜切丁备用。另一半用来做南瓜汤或是腌南瓜。

将金色南瓜丁放入平底锅中，在盐水中煮沸，然后过滤。将南瓜丁放入陶盘中，用大蒜、橄榄油、白红酒醋和一些切碎的薄荷叶做调料。在南瓜丁上先撒上一些现磨的面包糠，再倒入调料，这样调料的味道就会被吸收。冷食。

## 红菊苣、特雷维索菊苣、维罗纳红菊苣
### Radicchio rosso, cicoria di Treviso, rosso di Verona

菊苣红沙拉（red salad variety of Cichoria endivia）· 菊科

无论是从颜色还是从味道来看，这都是最适合冬天食用的沙拉之一，尤其适合与玉米沙拉一起食用。用橄榄油和醋调味拌食。

## 红薯 Batata · sweet potato

*Ipomoea batatas* · 旋花科
batata（加）glikopatáta（希）

红薯最初是从西班牙和加那利群岛引进的，早在所谓的弗吉尼亚土豆出现之前就在英格兰广泛食用。

在纳克索斯岛，红薯是冬季的主食，可以放在柴火灰烬中烘烤，也可以放在尚未冷却的面包炉中烘烤。贫困地区的人们买不起糖，把富含糖分的红薯和冬南瓜视为珍品。

也可以像在烤箱里烤欧洲萝卜一样烘烤红薯，或者把它们烤熟后做成红薯泥，撒上肉桂粉，搭配牛骨髓食用。在福斯塔夫[1]时代，人们把烤熟的红薯浸泡在萨克葡萄酒（sack 一词源于 vin seck，意思是"干葡萄酒"，即干型雪莉酒，也是从西班牙进口的）和糖中。

## 甘蓝 Cavolo · cabbage
### *Brassica oleracea* · 十字花科
### col（加）láhano（希）

皱叶甘蓝（一种开胃菜）就像小甘蓝中的女高音，唱出了冬日之曲中轻柔的音符。用曼陀林切片器将生皱叶甘蓝切丝，加入油和醋拌成沙拉。

做法：用松露切片器将甘蓝切成细丝。在平底锅中倒入少许油，加入洋葱丝和甘蓝丝，小火慢煨。加入 1 茶匙莳萝籽和少许盐。盖上盖子。10 分钟后就可以出锅了。

制作葡萄叶包饭：在冬末会有很多皱叶甘蓝，可以用皱叶甘蓝代替葡萄叶做这道菜。需要小心翼翼地把甘蓝叶掰下来，在滚沸的水中焯四五分钟，然后把香味浓郁的米饭包在叶子中。与其他甘蓝相比，皱叶甘蓝颜色更绿，口感更佳。

◇

1　莎士比亚历史剧《亨利四世》中的著名喜剧人物。

# 炖紫甘蓝

## （Cavolo "testa di negro" stufato · stewed red cabbage）

| | |
|---|---|
| 1 个紧实的波特酒色的紫甘蓝 | 1 个优质切菜器 |
| 2 个西班牙大洋葱 | 3 个烹饪苹果 |
| 1 汤匙纯猪油 | 盐和胡椒粉 |
| 满满 1 大汤匙红糖 | 1 小撮肉豆蔻皮粉或肉豆蔻籽粉 |
| 4 个磨碎的甜胡椒 | 1 条橙子皮 |
| 1 甜点匙鹅油 | 1 玻璃杯红葡萄酒 |
| 1 甜点匙红酒醋 | |

把甘蓝的粗茎切下来扔掉，然后将甘蓝切成四半，再切成细丝。把洋葱切成薄片，苹果削皮切碎。

在铸铁炖锅中慢慢融化猪油，加入一些洋葱、甘蓝和苹果。撒上盐、糖和所有其他调料。重复以上步骤。待锅满后，加入鹅油、葡萄酒和醋。盖上锅盖，小火慢炖，不时用木勺搅拌。慢慢炖，不用加水，不要让甘蓝变色。这是鹅和野鸡的最好配菜。

## 鲜嫩蔬菜：希腊式做法

### （Young vegetables: cooking à la grecque）

当 18 世纪的英国游客对希腊遗址和浪漫情怀充满热情时，法国人则在希腊旅行时通过直接观察来提升他们的烹饪技能。这就是为什么希腊式烹饪是经典法式烹饪的一部分。但我不得不说，正如你所料，这种精致的希腊式做法只适用于一些鲜嫩蔬菜，例如，花椰菜的小花球、芹菜芯、西兰花、小洋蓟、球状茴香、蘑菇和真菌、腌洋葱、黄瓜和嫩韭葱。

制作调味汁需要以下食材：

3 份水兑 1 份橄榄油和柠檬汁 · 盐 · 12 粒香菜籽 · 几粒整胡椒
由欧芹、百里香、茴香叶、芹菜叶、香菜叶、月桂叶做成的香草束

　　将各种香料一起煮沸 5 分钟，充分释放其香味，然后放入选好的蔬菜，要提前把蔬菜修剪整齐，长短一致。不需要盖上锅盖，快煮至蔬菜变软，水会被吸收和蒸发，只留下香气腾腾的油脂和蔬菜"精华"，过滤掉蔬菜后便是酱汁（先把香草束挑出来）。加入一些欧芹碎或香菜叶就可以开饭了。

　　用希腊式方法烹饪韭葱和西兰花时，不要加入柠檬，因为柠檬会使蔬菜变色。所以上菜前要在盘子里先挤入半个柠檬。参见前文曾提到过的欧文·戴维斯烹饪的希腊风味韭葱，用酸果蔓豆配盐煮金枪鱼腹肉条作为第一道菜。

## 春季甜菜根 Bietola da orto · spring beetroot

### *Beta vulgaris* var *esculenta* · 甜菜属
### bleda d'hortalissa（加）kokinogoúli（希）

　　春天是购买一两捆小圆甜菜根的好时节。

　　在盐水中煮 20 分钟，去皮，搭配橄榄油、胡椒粉和红酒醋整个食用。口感像水果。颜色：洋红；产地：托斯卡纳。

　　在阿普利亚，人们种植了一种鲜为人知的甜菜品种，长得如"靴子"般高，颜色是艳丽的粉红色，口感十分细腻。用上述方法料理，但要用切碎的绿芹菜叶和山羊奶酪调味，用雕刻家先生的话来说，这是"天造地设的一对"。可以参考菠菜的做法来烹饪这种深绿色中带点红的甜菜叶。

## 球洋蓟 Carciofo · globe artichoke

### *Cynara cardunculus* var *scolymus* · 菊科
### carxofa（加）anginára（希）

　　巨大的洋蓟原产于欧洲南部。叶子呈银灰绿色，形似莨苕叶片。最适合在花穗快速成熟的地方生长，因此在帕埃斯图姆湾、那不勒斯湾、西西里岛和巴里平原广泛种植。洋蓟需要的肥量较多，会抑制其他植物的生长。洋蓟本来是长在石灰岩上的，不喜霜冻，通常在霜冻线（地表温度为 0 摄氏度）以上开花。

洋蓟主要有两个品种：一种是尖头带刺的撒丁岛刺洋蓟，一种是圆头无刺的罗马洋蓟。其他做法参见后文，但在这里，我只想说，在众多烹饪方法中，最简单的往往才是最好的。

## 维琴察洋蓟（Carciofi Vicentini · Vicenza artichokes）

选用春季小洋蓟，其生长初期的茎鲜美多汁。掰掉外层老叶，剪掉顶端大约三分之一的花萼，然后切掉茎——把嫩的部分切成小块。轻轻地把洋蓟稍微打开一点，用切开的柠檬擦拭——防止洋蓟变色。

将其放入搪瓷平底锅中，底部朝下立放，将切好的茎块插入空隙中。加水，但不要没过洋蓟，然后在微微张开的洋蓟里倒入一些橄榄油。加盐、胡椒粉、一些香菜籽和薄荷叶，盖上锅盖煮沸，大火煮 20 分钟，直到部分水分被吸收，部分蒸发掉。

这道菜既可以热食也可以冷食，用橄榄油、红酒醋和少许原汁调味。

之所以在每餐开始时食用洋蓟，是因为它们的花和同类的菜蓟一样，都含有一种乳白色的物质，在制作奶酪的时候，这种干燥后的物质可以让牛奶凝固，就像无花果会影响葡萄酒的味道一样。

## 帕尔马干酪碎炒洋蓟（Carciofi fritti con parmigiano grattugiato · fried artichokes with grated parmesan）

这是一种简单易学的烹制成熟洋蓟的方法。弗朗切斯科·拉迪诺（Francesco Radino）教给了我这个方法，他是一位卢卡美食家。

准备 8 个洋蓟，去掉外层叶子，砍掉顶端，把每个洋蓟平均分成四块（切半后二分），挖去中心有毛毛的部分。在厚平底锅中加入橄榄油，然后炒洋蓟块，火不要太旺，在上面撒一些盐和 100 克帕尔马干酪。炒至清脆，呈褐色。沥干，搭配柠檬片食用。

## 蚕豆洋蓟（Carciofi colle fave · artichokes with broad beans）

嫩洋蓟很适合搭配蚕豆。将洋蓟切成 8 块，然后在陶锅中加入橄榄油，放入洋蓟，小火慢炖。加入盐、带豆荚的蚕豆和几片薄荷叶。盖上盖子炖 10 分钟。不需要加水，因为蚕豆会出水。时不时地摇晃陶锅。

## 洋蓟米饭（Carciofi con riso · artichokes with rice）

准备 6 个洋蓟，去掉外层叶子，留下 2.5 厘米左右的茎，切成四半，挖去中心有毛毛的部分。在浅平底锅里倒入橄榄油，放入 2 瓣去皮大蒜。当煎至略微变色时，加入 1 茶杯大米（特级意大利米），煮 3 分钟，不停搅拌，然后加入 3 茶杯热的鸡高汤，一次加一点。洗净 12 个刺山柑，放入锅中；有带豆荚的新鲜绿鹰嘴豆的话也可以加入。不盖锅盖，煮至汤汁被吸收，然后加入切碎的香菜叶或欧芹。盛入陶盘中，盖上几层布。10 分钟后便可食用。可根据喜好放入煮熟的鸡蛋，这是一道春季午餐。

洋蓟炖鸡：准备四五个洋蓟，修剪后把每个都切成八块，如果中心有毛毛的话要挖去，留下几厘米的茎。将其浸泡在酸化水中。冲洗，擦干，然后（不裹面粉）放在橄榄油中煎至变色，出锅前几分钟加入柠檬汁。在出锅前 10 分钟，将过滤过的煎洋蓟加到炖鸡中；它们会吸收鸡汤。

最后需要提到的是，在萨兰托有一种特色蜗牛美食，这

种蜗牛叫 *municedda*，也叫作"小修士"（在西西里语中叫作 *attuppatedda*）。它们在钻到地下"夏眠"之前要饱餐一顿洋蓟的鲜嫩叶。

### 阔叶菊苣 Scarola · escarole     皱叶苦苣 Endiva · curly endive

*Cichorium endivia* var *latifolium*     *Cendivia* var *crispum*

皱叶苦苣与阔叶菊苣沙拉（insalata di endivia e scarola）：春季沙拉。阔叶菊苣口感清脆，有一种清爽的苦味，菜芯需要焯水。还有一种苦苣叶子纤细，顶端较为蓬乱，也需要焯水，这种苦苣是"皱叶苦苣"——常见的冬季沙拉原材料。二者都属菊科。

把掰下做沙拉的叶子洗净，甩掉水分，放入 1 个大木碗中。加入 2 条切成小块的脱盐鳀鱼；12 个冲洗过的刺山柑；1 个小白洋葱，把球茎和茎部都切碎；一些"芦笋"菊苣的小嫩芽；一个刚拔出来的结球茴香鳞茎，切成细丝。倒入油醋汁，拌匀，然后加入几片刚发芽的薄荷叶。

## 啤酒花 Luppolo · hop

### *Humulus lupulus* · 大麻科
### llúpol（加）lykískos（希）

啤酒花嫩芽沙拉（salad of hop shoots）。采摘大约 7.5 厘米长的嫩芽，在沸水中焯几分钟，然后用油和醋拌食，非常美味；穷人的芦笋。在 4 月采摘。也可以用来制作意式煎蛋饼。

## 蚕豆 Fava · broad bean

### *Vicia faba* · 豆科
### fava（加）koukí（希）

蚕豆原产于阿普利亚（后传到加泰罗尼亚、西西里岛和希腊），下面列出的是个简单的阿普利亚烹饪方法。

关于食用生蚕豆的情况，请参见"纳克索斯岛上的禁食"一章；在托斯卡纳也有生吃蚕豆的情况。最适合搭配生蚕豆的奶酪是希腊的咸味菲达奶酪和撒丁岛的马佐迪卡奶酪（marzotica）。后者是一种用母羊奶制作的意大利乳清干酪，脱水，干燥后用盐渍保存（正如其名字中的 marzo 暗示的那样，这种奶酪制作于 3 月）。

新鲜蚕豆。4 月的时候，蚕豆已经长大，不再适合生吃，但是比较柔软，外皮呈绿色，将它们扔进陶罐的热油中，洋葱苗已经提前在陶罐中煨制，再加入少许盐和一两枝薄荷稍微烹制一下。无上的美味。

## 炖蚕豆（Fave fresche in stufa · broad beans stewed）

当蚕豆长得再大些（比较成熟）时，剥掉外皮后，内里不再呈绿色，而是乳白色。将 1 个甜白洋葱切丝，把洋葱丝放入陶罐（或是上釉平底锅）中，加入少许橄榄油，在洋葱变色之前，放入一些意大利生火腿片（不要切成像纸一样薄），或者，如果没有生火腿的话，放入肥瘦相间的意式培根（咸五花肉），然后煎至变色。加入洗净的蚕豆、盐和胡椒粉、一些切碎的薄荷、香菜叶或莳萝叶。如果豆子在变软前就开始变干了，可以加入一点点鸡高汤（有时候还会把切成丝的去籽绿辣椒和切成丝的洋葱放入油中慢煨）。

## 加泰罗尼亚式炖蚕豆
## （Faves guisades · Catalan broad beans stewed）

加泰罗尼亚式炖蚕豆很独特。将蚕豆放到陶锅里（不放油，也不放水），用很小的火"汗蒸"，放入少许盐。用另一个平底锅准备香料：1 个洋葱切丝，1 瓣蒜切片，1 把香草束（新鲜欧芹、百里香、迷迭香和牛至）——放入纯猪油中慢煨几分钟，然后倒到陶锅里，不时地摇晃陶锅，防止蚕豆粘在一起，让蚕豆充分吸收香料的味道。然后取出香草束，搭配各种香肠食用，例如加泰罗尼亚黑血肠和白猪肉肠，分开烹制。

## 豌豆 Piselli · peas

*Pisum sativum* · 豆科
pèsols（加）bizélli（希）

在阿普利亚，虽然蚕豆和豌豆都是在 10 月下旬到 12 月种植，但蚕豆比豌豆成熟得晚些。当地的豌豆又小又多，种植在开阔地带，不需要搭豌豆架。豌豆的成熟期很短，只有5月一个月的时间，因为5月的阳光很快就会将其晒干。人们在5月天天吃豌豆，自己种植的豌豆和蚕豆百吃不厌。通常午餐吃蚕豆，晚餐吃一大盘豌豆。但晚餐前吃的豌豆要搭配面包和盐生吃，然后再喝一杯葡萄酒。

做法：在陶锅底部倒入一些橄榄油，如果你有豆罐的话，也可以用豆罐。放入洗过的"湿"豌豆（即迅速沥过水的豌豆），加盐，放入1个切片的新鲜洋葱和一些薄荷叶。盖上锅盖，用小火慢慢炖。它们会自己流出汁液。时不时地摇晃或搅拌。10分钟后就可以上桌了。可以单独食用，也可以当作面食（如意大利面、小耳朵面、意大利宽面等）的调料。加入洋葱片时也常常放入一两根辣椒。

## 绿皮西葫芦 Zucchini · baby marrows, courgettes

*Cucurbita pepo* varieties · 葫芦科
carbassons（加）kolokithákia（希）

将小西葫芦放在盐水中，加入少许橄榄油，煮几分钟；然后将翠绿色的西葫芦沥干，趁热切片，与橄榄油和醋拌食。这道菜有一种奇妙的海鲜味。

如果你自己种西葫芦，清晨，摘下带有橙色花朵的嫩西葫芦，斜切成片，和甜白洋葱片、盐、薄荷或罗勒一起用橄榄油烹制，盖上锅盖。10分钟后出锅。

油炸西葫芦：将西葫芦纵向切成0.5厘米厚的圆片，撒上盐，放置1小时，腌出水分。冲洗，擦干，然后放到一块装有面粉的干净布上摇晃。将其放入滚油中，只需要几分钟就可以炸熟。用纸把油吸干。

萨兰托做法：在萨兰托，每个农民都种植这种叫作 *cucuzze* 的西葫芦，用其做成的小面包被称为 *cuccuzzare*，这种面包是将西葫芦和绿辣椒稍微油炸，然后与橄榄油一起和在面团里（*puccia* 的一种，里面通常含有黑橄榄）。

炸西葫芦花：备好透明的糊（见第 224 页），把西葫芦花在糊里浸泡 1 小时。在深煎锅里加热一些橄榄油（或葵花子油），当油开始冒烟时，一次放入几朵西葫芦花。蘸过糊的西葫芦花很快就会变色——捞出，沥干，趁热食用。

## 烤西葫芦（Zucchini al forno · courgettes in the oven）

| | |
|---|---|
| 3~4 个小西葫芦 | 盐 |
| 1 千克西梅小番茄 | 2 个新鲜鸡蛋 |
| 牛至 | 橄榄油 |
| 少许面粉 | 2 个煮熟的鸡蛋 |
| 1 块马苏里拉奶酪 | 帕尔马干酪碎 |
| 面包糠（烤箱烘烤的面包糠） | |

将西葫芦纵向切成 0.5 厘米厚的片，撒上盐，放在盘中，腌出水分，上面再压 1 个盘子；1 小时后冲洗，擦干。

番茄酱的制作方法是将番茄用小火慢炖半小时，用盐和牛至调味，加入少量水，过筛；番茄酱不要太浓稠。

将新鲜鸡蛋打散，用西葫芦片蘸一下蛋液，然后再裹上面粉，放在热油中煎至稍微变色。

在陶砂锅里抹上油，在底部放上一层西葫芦，调味，放上一些马苏里拉奶酪薄片和少许番茄酱，然后在上面盖上更多的西葫芦片，调味，放上切成片的煮鸡蛋，一些马苏里拉奶酪和酱料，然后重复这个过程直到用完所有食材。

在最上面盖上一层烤面包糠和帕尔马干酪碎，淋上橄榄油。放入烤箱中用中档温度烘烤半小时。

可以用同样的方法烤茄子。

| 甜椒 Peperone dolce | 辣椒 Peperone amaro |
|---|---|
| sweet pepper | chilli pepper |
| *Capsicum annuum*·茄科 | *C frutescens*·茄科 |
| pebrot（加） | pebre coent, bitxo（加） |
| piperiá（希） | kokkinopípero（希） |

八九月的红甜椒、黄甜椒和绿甜椒最佳，个头大且肉质紧实。红辣椒则在七八月成熟，但通常情况下，这些辣椒在 9 月之前都是绿色的，9 月以后才变成火红色。在炎热的天气里食用会增加食欲。

卡拉拉的一位朋友认为，意大利人总是担心自己的消化问题，所以他们已经不吃炖椒了。但这就像希腊人认为西洋菜是春药一样不可信。

在意大利、希腊、西班牙、土耳其、匈牙利、罗马尼亚、摩洛哥和以色列等种植甜椒和辣椒的国家都有炖椒这道菜。冷食。

## 炖椒（La peperonata）

| | |
|---|---|
| 3 个大红甜椒 | 3 个黄甜椒 |
| 1 个大甜白洋葱 | 1 个绿辣椒 |

| | |
|---|---|
| 0.5 千克西梅小番茄 | 2 瓣蒜 |
| 橄榄油 | 欧芹 |
| 百里香和牛至 | 罗勒叶 |
| 1 玻璃杯红葡萄酒 | 盐 |

把红甜椒和黄甜椒切半，去掉甜椒芯和籽。洋葱切丝。将开水浇在番茄上，去皮去籽，切碎。锅底倒入橄榄油，小火，放入洋葱、辣椒和番茄。撒上香草和少许盐，盖上锅盖。小火慢煨几分钟，让蔬菜出汁，然后倒入葡萄酒。小火炖 20 分钟，确保甜椒最后不会粘锅。

把辣椒放在烤架上或者火上烤制，去皮去籽，然后和大蒜、欧芹碎和罗勒叶一起放在研钵里捣碎。用少许油稀释一下，放入锅中。再煨几分钟，然后盛入白瓷盘中。一定要去皮——这些皮不易消化。

## 绿辣椒 Peperoncini amari · hot green chilli peppers

绿辣椒在充足的光照下长得又脆又绿。在清晨采摘，清洗，然后整个扔到热油里，油温需要达到几乎冒烟的程度，这样就会发出嘶嘶的声音，辣椒会立刻裂开。调小火，加入盐、两三个压碎的番茄和一两片薄荷叶，晃动平底锅，以防粘锅。

放凉食用，可以搭配厚面包片和浓烈的阿普利亚红葡萄酒。萨兰托人开玩笑地说要用这道菜招待陌生人。对于那些拂晓时分就在田间干活的人来说，这是一道在上午九点半用来恢复体力的菜。

托斯卡纳人如何看待这道菜？他们把我们"移民"到阿普利亚说成是"挺进非洲"。根据传说，土耳其人曾侵袭此沿海地带长达几个世纪之久，他们引入了辣椒，希望用辣椒摧毁这里的居民。结果适得其反，辣椒竟成了阿普利亚料理的基本食材。可以把变红的辣椒油浸保存（第370页），有时也用醋泡储存；还可以用来做番茄浓缩辣酱（第376页）；亦可穿在绳上晒干，放在火上烤，然后制成家常卡宴辣椒[1]。

## 茄子 Melanzana · aubergine, eggplant

### *Solanum melongena* · 茄科
### albergínia（加）melintzána（希）

我们也用茄子的法语名字 aubergines，这个词来源于加泰罗尼亚语里的 *albergínies*。格雷韦博士说，这些果实是由阿拉伯人引入欧洲的，但几个世纪以来，仅伊比利亚半岛、西西里岛、意大利南部和希腊的居民食用茄子。在 14 世纪的 *Sent Soví* 手稿中有 4 个茄子食谱，罗伯特·德·诺拉的 *Libre del Coch* 中有 3 个，其中一个叫

---

1　卡宴辣椒（Cayenne pepper）是将红辣椒干燥并研磨成粉制成的。

作 *Marignani*（很有趣的是，在萨兰托方言中茄子是 *marangiana*）。

建议那些对美食学历史和这种外来植物——我们有时也会种植——感兴趣的人参阅伊丽莎白·戴维 [1]（Elizabeth David）在《闲话烹饪》第 9 期上发表的文章《疯狂、糟糕、鄙视和危险》（Mad, Bad, Despised and Dangerous）。如果想要了解伊斯兰烹饪中有关茄子的离奇演变史，请参阅查尔斯·佩里 [2]（Charles Perry）在《美食学杂志》（*Tournal of Gastronomy*）上发表的《布兰：一道菜的 1100 年历史》（Buran: 1100 Years in the Life of a Dish）（关于这些文章的详细出处，请参阅文末的参考文献）。

满腹牢骚的旅行家托比亚斯·斯摩莱特想当然地认为这种果实味同嚼蜡——但里窝那城的犹太人却对其情有独钟。他在 1764 年写道，"在西班牙和黎凡特，以及巴巴里的摩尔人都吃茄子"（《游历法国和意大利》）（*Travels through France and Italy*）。

## 雅典风味茄子
### （Melintzánes · aubergines cooked in an Athenian way）

希腊烹饪省时省力，值得学习。我在一家雅典酒馆中看到：主厨在一个大浅平底锅里倒了一层橄榄油。将一些茄子纵向切成两半，放于锅底，不去皮，撒上盐，淋上少许橄榄油。然后铺上一层白色甜洋葱丝，再在洋葱丝上放上一层简略切碎的去皮番茄，还有少许盐。

然后他在上面浇上一些水，1 玻璃杯葡萄酒和 1 汤匙红酒醋。盖上锅盖，调大火。当锅冒汽时，调小火，直至茄子炖烂，洋葱炖软，番茄炖烂，汤汁已经几乎全部蒸发或被吸收。

我注意到，他没有像常见做法那样，先把茄子切开，撒上盐，

---

1　英国著名美食作家。
2　阿拉伯著名美食作家。

用重盘子压 1 小时，挤出水分，然后再冲洗，擦干，但是我建议大家在炸茄子片之前要照此操作。

## 茄子沙拉（Melintzanosaláta · aubergine salad）

这是道美味的希腊消夏凉菜；在凉爽的清晨烹制。

在室外把葡萄枝点着，当火烧起来的时候，把几个闪闪发亮的茄子直接用火焰烧烤。一直大火烧烤，当茄子下面变黑时，翻过来烤。10~15 分钟后，茄子就会烤烂（塌下来），完全变黑。

把茄子切成两半，取出里面的果肉，如果籽太多，就去掉一些。然后，在 1 个盆或大研钵里，捣碎两三瓣去皮大蒜，放入茄子捣碎，加入两三个柠檬的汁，以防食材变黑，加盐。

打入 2 个生蛋黄，淋上橄榄油，使其变黏稠。加入一些刺山柑，事先冲洗掉刺山柑汁液中的苦味，再加入一些新鲜欧芹碎或罗勒叶。在室外吃晚餐时，还可以搭配煮鸡蛋、黑橄榄和上等面包一起食用。

## 茄盒（Melanzane riempite · stuffed aubergines）

取 4 个发亮的茄子，用大量的水煮 20 分钟左右。沥干，在冷水中过凉，然后纵向切半，小心地去掉茎部。挖出软软的果肉，但不要破坏茄子皮。把果肉切碎，和入 2 汤匙的面包糠（先浸泡在牛奶中，然后挤干）、一些蒜末、1 汤匙帕尔马干酪、几个刺山柑、盐、胡椒、1 个切碎的煮蛋和几片薄荷叶。打散 2 个鸡蛋，拌入果肉中，然后一起填入茄子皮中。

这是阿普利亚的一道夏日美食，一般把这些填馅的茄子放在涂了油的烤盘中，置入烤箱内烘烤，可以加上一些番茄酱和一些佩科里诺干酪碎——这样易于消化，但通常会油炸。

就像卖菜的克罗琳达女士所说，茄子难以消化，尤其是在醋里保存之后。但经验表明，如果把茄子整个或切片放在火上烧烤，就会去除其毒素；上文中提到的提前水煮和腌制茄子片也可以去除毒素。

| 黄瓜 Cetriolo | 甜瓜 Melone |
|---|---|
| cucumber | sweet melon |
| *Cucumis sativus* · 葫芦科 | *Cucumis melo* · 葫芦科 |
| cogombre（加） | meló（加）pepóni（希） |

说到毒素，黄瓜也含有难消化的物质，也可以提前腌制以将其去除。在阿普利亚，人们经常种植一种表面有疣状突起的黄瓜，这是黄瓜的栽培品种，不是那种光滑的长黄瓜：疣状黄瓜可做沙拉，瓜身短小的疣状黄瓜则用醋储存。

但是，黄瓜的分类比较复杂，因为还有另外一种"黄瓜"——短小、椭圆形、颜色较深、多毛，这种黄瓜扮演着双重角色。在 7 月还没有成熟时，它可以被当作普通黄瓜食用，无须腌制，吃起来清脆爽口。但是留在植株上的那一两个就会膨胀成可爱的圆形绿瓜，在 9 月下旬摘下来，放在室内，可以一直保存到圣诞节。这种黄瓜在方言中叫 *cucummarazzu* 或者 *milune*，但通常称其为"修女的乳房"。我们现在种植的就是这种黄瓜。

它们会在"普通黄瓜"阶段出现在餐桌上，整根洗净，可以去皮吃，也可以连皮一起食用；或者部分去皮，切成块，撒上一点盐，淋上少许油、醋拌食。成熟的果实味道鲜美，配上意大利生火腿，可以作为秋冬时节节日大餐的开胃菜。

还有一些其他品种的黄瓜——甜瓜，它们也会"乔装"成形状奇特的黄瓜，有着和黄瓜一样的口感，后期却长成了绿色或金黄色的椭圆形甜瓜。也可以一直保存到圣诞节，但味道不及"修女的乳房"；食用时需要加入一点姜或柠檬调味。

## 秋葵 ókra, bámmia（希）· okra

### *Hibiscus esculentus* · 锦葵科

在纳克索斯，秋葵 9 月成熟。令我们欣喜的是，我们总能发现我们的沙漠卡车把手上挂着一个"礼物"——一袋秋葵。下面介绍秋葵的阿波罗那做法。

### 秋葵土豆（ókra ke patátes · okra and potatoes）

1 千克秋葵 · 2~3 个番茄，去皮切碎 · 3~4 个土豆
1 杯纳克索斯琥珀色葡萄酒 · 1 个洋葱 · 一些碾碎的茴香籽
2 汤匙橄榄油 · 盐和胡椒粉

去掉秋葵上的小帽子，剪掉尖部。土豆去皮，切大块，洋葱切丝。平底锅中放油，把所有食材放入锅中，大火煮。

几分钟后，把火调最小。一直煮到大部分汤汁蒸发掉。然后加入少许橄榄油和一些欧芹碎或香菜叶。热食冷食均可。

还可以按照上文备好食材，用橄榄油单独煮秋葵，加入薄荷叶和少许盐一起小火慢炖。

秋葵老熟后就不再是艳绿色，长度会超过 5 厘米，这时最好掐头去尾，用盐调味，淋上少许油，腌制一天；这样可以去除老果中的黏性物质。冲洗干净，按照上文介绍的方法烹调。

## 番茄 Pomodoro · tomato

### *Lycopersicon esculentum* · 茄科
### tomàquet（加）domáta（希）

皮尔·安德烈亚·马蒂奥利[1]（Pierandrea Mattioli）于 1554

---

1 皮尔·安德烈亚·马蒂奥利（1501—1577），意大利人，曾出版了意大利语的《论迪奥斯科里季斯的学说》。

年出版的一本植物志中第一次提到旧大陆的 *mala aurea* 或 *poma amoris*（拉丁语，意思是"金苹果""爱情果"）；他说意大利人吃这种水果时会用油、盐和胡椒调味，现在意大利人仍然这样吃。

## 加泰罗尼亚番茄沙拉（Amanida · Catalan tomato salad）

希腊和加泰罗尼亚的番茄沙拉中的番茄似乎是另一个品种：个头大，肉质紧实，吃起来像水果。制作这款沙拉时用稍微带点粉色的绿番茄。口感清脆，香甜。

在本德雷尔，每顿午餐都以番茄开场。下面是加泰罗尼亚人在夏季的常见做法，将番茄切成两半，用刀尖把外露的表面划开，插入几片去皮切片的大蒜，然后撒上盐、牛至和野生墨角兰。每半番茄上都铺上一些白色的甜洋葱丝，有时还会放上一两片脱盐的鳀鱼片。为了新鲜起见，一定要在上桌前做这道沙拉。每个人都可以根据喜好从那种带细嘴的玻璃瓶中淋上橄榄油。

## 烤蔬菜（Escalivada · a vegetable braise）

在加泰罗尼亚，在户外吃饭的传统由来已久，户外活动会让人心情舒畅。就像他们会在手推车上铺上精编的草垫和华丽的东方地毯一样，每个农民都会带着一个盖有毯子的野餐篮到田里，这样可以防尘、隔热。

乡间视野开阔，到处是荒地，人们出门在外根本找不到住宿旅馆，只能随身携带烤架、一些小鱼、蔬菜、油、盐、一波隆酒壶葡萄酒和一块面包。

这是一种惬意的消暑方式。即使是在最荒凉的地方，人们也能发现位置理想的橡树或软木树，树旁是一条狭窄的小溪，溪边是一些大鹅卵石。这样的好位置都已经被他人先占据了，我们在厄盖尔大草原山区偶遇一位身着教士服的牧师，他坐在一块石头上，身旁是一堆刚刚烧完的灰烬。看到我们走过去，他站了起来，彬彬有礼地用手势示意我们：这个阴凉之处现在归我们了。在点缀着岩蔷薇和鼠尾草的石漠中，这位牧师的好意让我记忆犹新，身边飞过的金莺雀、戴胜、燕子和蜻蜓打破了这份宁静。

| | |
|---|---|
| 3 根茄子 | 橄榄油 |
| 2 根长绿辣椒（不要太辣） | 蒜 |
| 2 根长红椒（辣度适中） | 百里香 |
| 4 个大番茄 | 迷迭香 |
| 4 个西班牙大洋葱 | 冬香薄荷 |

用干燥的灌木生火，火快要熄灭时撒上上文列出的香草，把蔬菜直接放在灼热的小火上。不时翻动，直到所有蔬菜的外皮都变黑。番茄熟得最快，辣椒和茄子需要 20 分钟，洋葱需要 1 小时。

离火，去掉烧焦的外皮，用溪水洗净双手。把各种食材切成条，直接放在面包片上。淋上橄榄油，撒上蒜末和盐。

*Escalivada* 这个词的原意是"先煎后炖"，也就是在炙热的小火上烹饪。这是在陶器发明之前的史前烹饪方法。这个词指的是方法，而不是蔬菜，这种方法至少可以追溯到 8000 年前（欧洲出现了第一个陶锅），也可能追溯到火的起源；而这里所用的蔬菜都传过来得稍晚（据说，洋葱是公元前 330 年由亚历山大大帝从埃及引进的；茄子是中世纪早期阿拉伯人赠送的礼物；番茄是在 16 世纪征服墨西哥之后传入的，辣椒也是如此，原产于美国和印度）。

在这些蔬菜出现之前，人们可能就已经食用鳞茎和根茎了。根据老普林尼所述，人们在罗马时代就用这种方法烹饪海葱鳞茎和水仙块茎状根簇了。我尝过那种外形看起来像一个大洋葱的海葱鳞茎了，其味道特别苦，所以在普林尼时代，人们把烤过的海葱鳞茎和无花果一起捣烂食用。

# 卡斯特波尔焦村

## Castelpoggio

当我们来到卡拉拉的高地村庄时，4月的天气就像冬天一样寒冷，这里光秃秃的，有时像威尔士一样潮湿、阴冷。雕刻家先生得到了公社从法西斯分子手中没收的一栋废弃别墅的使用权，他在这座露天别墅的半遮阳台下创作了第一批大理石雕塑。由于村子里大多数人都是采石工或大理石工人，所以这里来了一位雕刻家似乎并不奇怪。

我们借宿在寡妇拉·迪尔斯家的顶楼。厨房里的大理石桌子和大理石地板都冰冰凉，晚上我们不得不生火取暖。我们不知道如何使用当地的木材。这里到处都是木头。在我们窗外光秃秃的梧桐树下有一个巴掌大小的广场，人们在那里劈木材。他们把山坡上的栗树砍倒，捆起来，然后放在骡背上运回家。妇女们一天到晚地运木材，她们把木材捆成捆，顶在头上，昂首阔步地在村子里来回穿行。在迪尔斯的后院里，木材堆得和屋顶一样高。

周围的山坡树木繁茂，这里的每一寸土地都属于某个村民个人。有几个晚上，我们外出砍了一捆西班牙栗树做柴火，回来的路上驴包里又装满了冷杉果。黄昏时分，当我们经过村子时，村民向我们投来怀疑的目光。这是因为我们砍木头了，是吗？他们的目光中还有一点蔑视……有点可笑的是，某先生也像我一样砍了别人家的树做柴火扛回家。大理石工人艾尔玛诺的母亲常常拦住我们问："你为什么不把木材捆好，然后像其他人一样顶在头上？"可以说，我们当时真是左右两难。

迪尔斯看到我们满载而归，就知道我们掌握了觅食的本领，这让她很欣慰。迪尔斯是个觅食行家。如果她听说哪棵被砍倒的树仍然挂在远处的山涧，她就会去把它捡回来。她在路上用小镰刀割些路边草，塞进袋子里，回家喂兔子。如果路边的黄药子嫩芽闪着紫铜色的光，她就赶紧把它们剪下来，放在汤中会和酸模一样美味。

和迪尔斯一起去觅食，要眼观六路，并记着小牛、母鸡和兔子都吃什么，厨房里那口大锅能做点什么和她晚上从卡拉拉回来的儿子阿尔弗雷多要吃点什么。春天不期而至，外面暖洋洋的，山坡上微风轻拂，我们在村外自由徜徉，像孩童般欢呼雀跃。

袋子装满了，柴火砍完了，再把这些都带回家，活儿就都干完了。我们把这些东西和镰刀放到路边，走进了松柏丛生的密林。迪尔斯畅快地呼吸着大自然的气息，她说每棵树都有自己的气味。熟透的石松松果从树上掉落，我们坐在矮草丛中，用岩石敲开松子。她回到路边，把头巾编成一顶小王冠，戴在头上，接着蹲下来，把那个巨大的袋子举到头上，然后不知用了怎样巧妙的气力站了起来。

她的生活轨迹就是离开村子后朝四个方向走：去远处山上的葡萄园；经过一个废弃的红色大理石采石场，来到栗树林，这个大理石厂坐落在一座秃山上，山上乱石嶙峋，岩石间长着野生百里香和兔草，人们曾以为这里可能会盛产大理石；经过供奉着圣母神像的蓝色神殿，走到一小片土质坚硬的田地，在那里，要用锄耕地、施肥才能种出扁豆；沿着村子上方陡峭的羊肠小道去干草地。她的生活轨迹遍布卡斯特波尔焦村周围的山坡。

这里的毒蛇和其他蛇都是邪恶的 *le biscic*，这个词的发音带有嘶嘶声。迪尔斯会让你相信栗树林里有不计其数的蛇在嘶嘶作响，就像暴风雨来袭时魔鬼在晃动天空一样。她一见到蛇就两眼发光。我们每次去树林里都要穿及踝的靴子。有一次，我们看到一条黑金色的长蛇盘绕在树桩上。有时，干栗树叶里会沙沙响，声音很慢，让人误以为是蜥蜴，或者可能是一只虫子在蠕动。但如果你在铺着厚厚落叶的树丛里踩到什么东西，那可能是去年的栗子刺。村子下面的栗树林一直延伸到六百多米深的峡谷里。一条蜿蜒的骡道从林中穿过，沿着树荫遮蔽的溪流延伸，经过飞流而下的瀑布，两边是成片的岩蔷薇和欧石楠，一直通到偏僻的卡萨诺村。另一条路沿着树木繁茂的山脊通向奥尔托诺瓦圆顶教堂，这个教堂坐落在小山之上，俯瞰着下面的平原、马格拉教堂和马格拉河。陡坡看似不长，但是，当你踏上密林中迷宫般的小径时就会知道实际距离有多么遥远。

卡斯特波尔焦村民会按照传统，在墓地的大理石"抽屉"上摆放玫瑰、康乃馨、天竺葵，也许还有雏菊；当然，还会摆放百合花和菊花。这片墓地坐落在村子上方的山上。抽屉式的坟墓在墓地的墙壁上一个接一个地安放着。已故者的陶瓷遗像——嘴唇紧闭的农妇，戴着高帽子的采石场工人的祖先们——被固定在抽屉上的钥匙孔位置。迪尔斯说这些坟墓建得很好，可以让逝者免遭雨淋。圣徒和天使的大理石雕像洁白无瑕，周围放满了塑料花；在圣徒节会放上前面提及的那些鲜花。这个墓地有一扇高高的大门，在 5 月末的夜晚，墓地里的萤火虫荧光闪闪；这些黑夜精灵标志着该种植扁豆了。

这里的野花无人问津。它们既没有名字，也不值一文，除非是淡紫色的紫罗兰或者星星状的火绒草。只有那些牛不吃的野花才有名字——水仙、大戟和马兜铃（猪笼草）。因为从本质上讲，对于山民来说，野花就是干草，所以它们没有名字。人们只有到山上的牧场割草时才会注意到这些野花。

工作之余，我们经常漫步到这片高山草甸，现在正是石灰岩上百花盛开之际。

水仙花从林间空地、山谷、栗树林的边缘开始生长，后来又从山坡上蔓延而下。那片深绿色的叶子像蛇一样蜿蜒铺开，叶间绽放的花朵宛如点点繁星。白绿色条纹的葱属植物在树林里和蒙特法伊托山上的岩石间开出花来。

欧石楠细嫩的粉羽状白花瓣渐渐凋零，而海边的金雀花却在 5 月挤满枝头。小小的田野上百花争妍：紫色红门兰、舌兰，还有一种奇特的黄色"鹦鹉"花，那也许是一种荨麻；一丛丛的朱红色三叶草、野豌豆花、风铃草、含苞待放的雏菊、勿忘我、洋红色的老鹤草、景天、岩石间的虎耳草，还有各种各样的大戟，巨大的粉芭蕉的花好像盛开的水仙。蓬子菜、沼泽地里的马鞭草、亮蓝色的牛舌草、粉色和黄色的楼斗菜，还有圣星百合；白色的囊状剪秋萝和锯齿状的粉红色剪秋萝，深蓝色的飞燕草和琉璃苣属的石蕊花。

拉比萨后面的陡坡几乎与远处金光闪闪的坎波切奇纳采石场一样高，山坡上长着五叶银莲花、仙客来、报春花（包括耳状报春花）、黄花九轮草和许多紫罗兰。早春的花朵还挂在枝头，还有带臭味的绿色嚏根草、报春花和长在阴面山坡上的黄花九轮草等喜阴植物。

在山坡上可以看到远处的加尔法尼亚山的美景，山顶白雪皑皑，山下可见矮小的金雀花、帚石楠、数不胜数的红门花，像芍药一样大的嚏根草叶，长着珊瑚色花蕊的绿色大戟，带甜味的大戟，优美的六角星花，野生茴香和生长在溪流裂缝中的臭名昭著的龙海芋[1]。后来，在夏天，我不仅在这个山坡上发现了野生风铃草，还发现了深橙色的风叶莲和高山龙胆草，还有另一种淡蓝色的、灌木状龙胆草。

从山上下来就到了卡斯特波尔焦村，这个秀丽的小山村坐落在一个陡峭的小山顶上，俯瞰着远处波光粼粼的大海。我们穿过一片

--------◇--------

1　其花朵散发腐烂臭味，喜阴植物，全球 16 种臭名昭著的美丽植物之一。

长满了白色三叶草和白色洋甘菊的草地，再往下走，来到了另一个草甸，草及膝高，开满了鲜花。人们把这些干草割下来晒干，然后像蜂窝似地堆放在一个固定的中央杆上，用来喂关在村子里黑乎乎的牛棚里的奶牛和刚出生的小牛。

# 可食用野菜
## Edible Weeds

爱德华七世时期的英国人嘲笑法国女家庭教师在春天采山萝卜、蒲公英和酸模做沙拉，割荨麻尖的嫩叶做汤；女家庭教师则嘲笑英国人爱吃炖大黄。出于本能、习惯或偏见，每个人都喜欢追求自己的健康之路。

我对纳克索斯岛上的野草如痴如醉。在春天来临之前的二三月份，阿波罗那人——尤其是妇女和儿童——都在花苞绽放之前采摘各种野草，这些野草统称为 *radikia*，意思是"根和叶子可以食用的植物"，但也特指蒲公英。

这些野草中有许多属于雏菊和蒲公英科。这类植物中最有益的是蒲公英和野生菊苣，但还有黄色和紫色野生山羊须，后者是野生婆罗门参；还有比普通雏菊大的 *bellis silvestris*；牛眼雏菊或延命菊；各种各样的苦菜和一种很像苦菜的名为 *Urospermum picroides* 的植物（*picroides* 的意思是"苦"，希腊语中是 *picrá*）。对纳克索斯人来说，野草越苦越好。他们也采集奶蓟草和赐福蓟草，整株采摘刚萌芽的野生金盏花、珍珠菊和小甘菊。

采摘这些植物时要把一部分根部割下来，这样采摘的植物其他部分是完整的。用泉水清洗后煮熟，然后用橄榄油和柠檬汁拌食，柠檬是从附近的小树林里采摘的。在四旬斋禁食期间，人们会用其做意大利蔬菜面，但不放橄榄油。

我每天到井泉边提水时都有机会观察这些野草，请教村民，然后自己采集，但一开始总是要请别人帮我鉴别一番。那时，我就像读一本引人入胜的书一样全情投入地研究周边的地貌和植物群。

地中海人像欧洲人一样喜欢苦味野草。在纳克索斯岛上，冬季食物短缺，每个人的肝脏都会不适，这不仅是因为单调的饮食，还因为不洁净的水和凛冽的北风。雕刻家先生和我很快就发现了野草的益处。

如果您想吃一顿丰盛的晚餐

就应该吃各种各样的野草

卡拉拉人的这句古老谚语概括性地说明了野草的多样性和人的多样性同等重要。

在卡斯特波尔焦村，我跟迪尔斯上了第一堂野草知识课。她常常采集山上的各种植物，用小刀把这些植物连叶带根一起拔出来，包在一块布里，然后塞进袋子里。她叫这些植物为 *radici* 或 *radicchi*，意思是"根"。

　　这些植物与阿波罗那人采集的胡萝卜和雏菊非常相似。其中包括各种掌叶大黄、酢浆草、报春花、毛地黄、山驴蹄草、山滨藜、车前草和酸模，迪尔斯还采摘野铁线莲、野啤酒花藤、野葡萄藤和野芦笋的嫩芽。

　　就像在村里的泉水旁那样，她在自家厨房的水龙头下反复清洗这些野菜——村里最近才安装了自来水管。她用西班牙板栗枝烧开一大锅水，把这些野菜煮熟，沥干，倒入橄榄油，再滴少许红酒醋，最后和煮鸡蛋一同食用。她常常边喊着菜来了，边端着一盘野菜上楼，我们来者不拒，那些野菜苦中带香。

　　迪尔斯说，卡斯特波尔焦村的村民在战争期间还吃过野生水仙的根和海葱的茎，海葱和风信子同属天门冬科。说到鳞茎，我在这里要谈谈麝香兰的近缘植物丛毛麝香兰。3 月，从阿普利亚坚硬的红土中挖出它的小鳞茎做美味的沙拉。这种鳞茎方言叫 *pampasciune*，意大利语叫 *cipollotto col fiocco*。纳克索斯人也用番红花的鳞茎做沙拉，番红花在秋季开粉紫色花朵。注意，不要与有毒的秋水仙混淆。

　　我在拉巴罗扎认识了一个 7 岁的小女孩欧金尼娅，并从她那里学到了大量的野菜知识。她的父亲在葡萄园工作。她拿着植物告诉我"这个煮熟吃"或"这个拌沙拉"（她的植物分类）。

　　托斯卡纳葡萄园的野菜分为两种。一类是根茎类的，要煮熟吃，其中包括上文提到的大部分野菜；还有野生韭葱和野生大蒜、虞美人、野生鼠尾草、紫草、琉璃苣嫩芽、匍匐风铃草（一种有肉质白根的小风铃草）、香堇菜、开白色球状花的剪秋萝，还有一种类似芹菜的伞形科植物。

　　这些植物的大部分药用价值在于根部，这就是为什么拔出时要带一段根；但只能带一小段，这样植物的根就不会被完全破坏，能重新生长。

另一类是做沙拉的香草。包括黄瓜味的琉璃苣花；芝麻菜（也在花园里种植），白色拟南芥和另一种小芝麻菜，这三种芥末味道的菜都叫 *rucola*。刚长出来的白玉草的叶子也可以做沙拉。野生萝卜的叶子和白色的根也可以做沙拉。地榆是另一种沙拉植物，矢车菊、狮齿菊和山柳菊的鲜嫩小叶子也可以做沙拉，都带点浅蓝色。野生茴香的叶子和鲜嫩的车前草也可用来做沙拉，还有野莴苣、缬草和野苣——意大利语叫 *valerianell*。这些长在葡萄园里的植物都要先仔细洗干净，摘掉黄叶子，然后再做成爽口的美味沙拉，用橄榄油和红酒醋调味。

稍稍霜冻后的叶子很脆，这时候最适合采摘。一旦这些野菜长出了头状花序，就会变得寡淡无味，但在 5 月雨季又会长出其他作物。这种葡萄园沙拉的叶子普遍很小，品种繁多，香味浓郁，口感清脆。所有这些植物都生长在将葡萄梯田分开的笔直斜坡上，在 5 月下旬把它们的花朵和草一起割下来，晒成带香味的干草喂奶牛，奶牛再给葡萄藤提供粪肥。

在意大利，有一个指代各种各样事物的合成词。像希腊语 *radiki* 一样，*radicchio* 和 *radice* 也是指代所有苦味植物混合词，这种苦味植物根部多汁，叶子可食用，从这些植物中能够提取出一种缓解肝脏不适的香油。*erbe* 和 *erbucce* 指所有可以做成美味沙拉的野生植物。

几个世纪以来，这些植物和其他植物知识是我们欧洲人共同的遗产。英国人曾经很了解这些野草和其在早期植物志中所描述的特性，现在又重新对这一遗产产生了兴趣。

希腊医生克拉特瓦斯（Cratevas）在公元前 1 世纪撰写了第一篇关于药用植物的论文，此论文堪称所有后期相关论文的典范，具有很大的启迪性，其古抄本在 17 世纪之前一直保存在拜占庭（今伊斯坦布尔），但后来遗失了。因此，我们把迪奥斯科里季斯（Dioscorides）于公元 1 世纪撰写的《药物论》（*De Materia Medica*）看作药用植物研究的先例。包括希腊东正教徒和罗马天主教徒在内的基督教修道士都从事这方面的研究，他们在其带围墙的花园中种植这些野生植物，晒干其根和叶，将其捣成粉末，制成治疗各种疾病的药膏和特效药。

这些修道士的花园里建有各种花坛，分别种植着迷迭香、薄荷、鼠尾草、百合花、鸢尾、芸香、剑兰、玫瑰、葫芦巴、茴香、莳萝等植物。关于这些花园的描述，请参阅参考书目中的阿巴坦吉洛（Abatangelo）的作品。

关键是，那些目不识丁的希腊人、意大利人和加泰罗尼亚人把这些应用在季节性烹饪中的"知识"传承了下来。这些"知识"由母亲在俯身采集这些植物时传给孩子，从而代代相传。母扁角鹿也采用同样的方式教小鹿辨别可以吃的植物。

现在的问题是，如果没有像伊特鲁里亚人迪尔斯这样的希腊乡村妇女，没有欧金尼娅这样的小女孩，人们如何认识和鉴别这些植物？我认为，可以查阅一些有关植物的优秀书籍，尽管这种方法比上述方法效率更低、不确定性更强。罗格·菲利普斯（Roger Phillips）的《野生食物》（*Wild Food*）也可供参考，里面有安全警示。当人们热衷于可食用野菜，并对此孜孜以求时，还要考虑杀虫剂和除草剂的危害。现在，人们对当地化学品的使用都很敏感。在萨兰托，使用这些化学品的人会在大门口的树上挂一个瓶子或罐头作为警示标志。

但还有另一个问题：例如，某些野生植物在英国是受保护的，人们必须知道哪些野生植物是禁止采摘的。无视这些规则会受到重罚。

因此，除了能够识别可食用植物，熟悉其季节性特征外，还需

确切掌握两方面的知识——法律和杀虫剂的使用。

　　不幸的是，许多现代植物书籍里只有一些植物的彩色照片，并没有描述这些植物的根部特点，而对于非专业人士来说，鉴别可食用杂草是生命攸关的大事。应该观察整株植物，而不仅仅是露出地表的部分。

　　杰弗里·格里格森（Geoffrey Grigson）的《英国人的植物志》（*The Englishman's Flora*）是个真实的特例，除了杰弗里，如今的植物学家并不关注植物的可食用性。但杰弗里对英国某些可食用野菜经过深思熟虑后提出的建议可信度不高，即使顶级厨师也烹饪这些野菜。

　　参阅劳登的《园艺百科全书》中的一篇开创性文章《可食用野生植物》（Wild edible plants）可得到些启发。虽然他没有具体说明这些野生植物，但给出了一些补充资料，列出了古代药草志中的所有植物：参考文献中有植物学家理查德·G.哈顿（Richard G. Hatton）的书目。

# 野菜的烹制与食用
## Cooking and Eating Weeds

无论是煮熟食用还是做沙拉生吃，"一盘野菜"的精华在于使用了多种植物。当然也有例外，有些植物有时要单独煮，天门冬、丛毛麝香兰和番红花球茎不能和其他植物一起烹制；希腊人在春天食用锦葵的叶子与嫩芽来养胃，在冬天则用其祛病。

但是，迪尔斯在卡斯特波尔焦村的采摘方法是最常见的，也是最好的。她像树篱里的山羊，这里啃一棵，那里啃一棵。山羊知道什么有益，但我们不能把人和羊相提并论。所以，我们还是回到植物学研究上吧。保罗·沙恩伯格（Paul Schauenberg）的《药用植物指南》（*Guide des Plantes Médicinales*）分析了各种植物的有效成分，并配有插图。该书的价值不可估量，书中列出了干燥植物和做浸剂的方法，以及如何用这些植物缓解常见病症。但是野菜的真正重要性在于它们可以强身健体。

## 野生菊苣 Cicoria selvatica or radicchio（意）
### wild chicory or succory
### *Cichorium intybus* · 菊科
### xicoira（加）radíkia（希）cicora，cicuredda（萨）

烹饪野菜容易，但清洗难。春秋时节采摘带根的菊苣，用小刀把根刮净，摘掉老叶或黄叶，然后一棵一棵地扔进一罐雨水里浸泡。至少换两次水。放在水里静置一晚。

**简单的制作方法。**把备好的菊苣先沥干，再冲洗，然后扔进一锅沸盐水中。煮 20 分钟，滤出。搭配橄榄油和柠檬汁，趁热食用，这是最正宗的做法。或者淋上橄榄油后，撒上佩科里诺奶酪碎调味。

**另一种做法。**洗净，先如上所述烹调，把沥水后的菊苣扔入平底锅里，锅中放入少许热橄榄油（或纯猪油）、两瓣去皮大蒜和1根红辣椒。翻炒后装盘，加入几滴红酒醋即可食用。

**节日做法。**在萨兰托，秋天人们用菊苣搭配猪颈肉。先把肥猪肉和月桂叶一起煮，然后切成大块，放进锅里熥出猪油。当猪肉略变色时，盛入热盘中，然后把煮好的菊苣扔进猪油中翻炒，另装盘，搭配柠檬片食用。

**其他做法。**还有另外一种比较精致的做法。把1片意式培根（肥瘦相间的五花肉）切成整齐的小条，在平底锅里煎至变色，加入煮好的菊苣，和肥肉一起翻炒几分钟，然后加入几滴红酒醋。

除了做沙拉外，很多野菜都可以按照以上方法简单烹制。

有关这种珍贵野生植物的培植蔬菜，可参阅前文"宝贵的蔬菜"一章。

## 蒲公英 Radicchielle · dandelions

*Taraxacum officinale* · 菊科
queixals de vella，xicoies（加）radíkia（希）

虽然人们从未栽培过蒲公英，但就像当今在地中海地区人们也会出售野菜一样，英国在19世纪就开始出售蒲公英了。"当莴苣和菊苣稀少的时候，人们可能会在冬天把路边和牧场里的蒲公英挖出来，像菊苣一样储存在罐子里。"（劳登，《园艺百科全书》）*succory* 是一个指代 *cichorium intybus*（菊苣）和其他苦味植物（苦参属）的混合词；人们以前种植这些植物，将其"催生"成做沙拉的蔬菜（"催生"的意思是给植物培土避光，使其根部变白）。还有很多长着类似蒲公英叶子的植物，都可以归入菊苣属，皆可食用。

## 蒲公英沙拉（Insalata di radicchiella · dandelion salad）

将嫩蒲公英乳白色的根割断，和根上的叶一起采摘，或者采摘整株刚发芽的蒲公英。在水龙头下清洗，根部削皮，在水中浸泡1小时，然后沥干，甩掉多余水分，用油醋汁拌食，或者放到拌好的甜菜根沙拉里一起食用。

在秋季去加泰罗尼亚赫罗纳的游客应该打听一下哪里能品尝到野鸡或鸭子配蒲公英。在海拔比较高的比利牛斯山长有一种可以食用的高山蓼。

## 基里亚·阿加皮秘制的蒲公英菊苣（Radíkia me rízi tis Kyrías Agápis · dandelion and chicory cooked in Kyría Agápi's way）

目前，很多传统烹饪方法在马其顿大区的特大都市卡瓦拉都传承下来了：祖母与姑妈们依旧采用古老的烹饪方式。在这里我要强调一下，野菜采集者从来都不注重野菜的大小和重量。

基里亚·阿加皮将采来的蒲公英和菊苣反复换水，彻底洗净，放在砧板上切碎，在平底锅中倒入橄榄油，放入切碎的野菜，加入少量水和盐。煮几分钟后加入 1 把长粒大米和一些松仁，煮至米饭软糯，汤汁被完全吸收。

如果没有松仁，也可以搭配辛辣的奶酪碎。在春天，雕刻家先生午餐时经常吃这道菜。野菜能够增强体力。

### 紫草 Consolida · comfrey
*Symphytum officinale* · 紫草科
**consolda（加）**

我从附近的山谷里移植到花园里一种野生紫草，这是从俄罗斯引种的紫草。我有时把这种紫草放到用野菜制作的菜肴中。

**菜谱。**采摘 1 把春天新长出来的紫草、1 把野生甜菜、一些野生琉璃苣嫩叶和一些茴香嫩芽。洗净，撕碎，带水扔进盛有热橄榄油的平底锅中。翻炒，直到水分溢出并完全蒸发。几分钟后这道菜就可以上桌了，和佩科里诺干酪碎一起食用。神奇的是，这道菜搭配上好的面包一起食用的话，可以提供辛苦劳动一天所需的能量。

### 木酸模 [1] wood sorrel　　小酸模 field sorrel
*Oxalis acetosella* · 酢浆草科　　*Rumex acetosella, R scutatus* · 蓼科
**agrella（加）xiníthra（希）**　　**agrella（加）xinolápathon（希）**

这两种植物的意大利语名字（Acetosella）是一样的。

木酸模是一种小三叶草，"最适合制作酸模酱"，杰拉德写道。根据凯特内尔（Kettner）所说，法国人最初用这些清脆的叶子和茎制作菜丝汤。木酸模没有小酸模那么酸。在汤里出现的细"丝"是茎，三叶草的叶子已经溶解在汤里了。因为汤里有一些小细菜，所以这道菜叫作菜丝汤（*Julienne*），这也是 *en Julienne* 这个短语的由来。

---

1　也叫白花酢浆草。

杰拉德的烤肉酱料是在捣碎的生酸模中加入糖和醋制成。在他那个年代，人们有时用磨光的铜炮弹壳作杵。

当距离树林和田野都很远的时候，可以把小酸模种植在花园里。萨兰托的三种小酸模都属于 *R scutatus*，都生长在田边的石堆里；有一种在 11 月与田间伞菌同时采摘，也可以在秋天采摘，在春天再次采摘。

除了制作酸模汤之外，酸模还有以下食用方法：

1. 作为鱼的酱料，切碎后放入黄油中，用微火融化，不停搅拌。

2. 作为鱼的填料，切碎后与面包糠、蛋黄和黄油混合。

3. 用茂利手动研磨器磨碎后，在野菠菜汤离火前放入。

4. 在黄油中文火慢煨，用作蒸土豆的调料。

## 野生茴香 Finocchio selvatico · wild fennel

*Foeniculum vulgare* · 伞形科

**fonoll（加）finucchiara（萨）márathon（希）**

在 3 月或者更早的时候，人们在石灰岩地区找到美味多汁的茴香芽，然后剪掉叶鞘上的羽毛状小叶子。

煮软后与橄榄油和柠檬汁拌食。或者煮几分钟，去除水分，裹上细面粉，再用热油油炸。常用作鱼汤的配料。

## 野生甜菜 Bietole selvatiche · wild beets

### *Beta* spp · 藜科
### bledes（加）seviche（萨）vlíta（希）

海甜菜、野生甜菜和叶用甜菜都是藜属植物，就像下面提到的菜藜和滨藜属植物一样。

我来到斯佩格利兹的废墟，站在一座能够俯瞰爱奥尼亚海的低矮山丘上，周围生长的野生甜菜一下子就进入了我的视野，我赶紧采摘烹制。

由于这些甜菜的形态相似，颜色都是深绿色，叶子质地相同，与栽培品种很像，因此不需要对它们的名称进行分类，毋庸置疑，它们的用途与菠菜和叶用甜菜一样。菜藜是和野生甜菜有着相似烹饪用途的近缘植物，可能英国和美国的厨师对其比较熟悉。至于其他美洲藜科植物，请参阅文末参考文献中的 Fernald 和 Kinsey 的书目。滨藜属植物也是其近缘植物。

**用途。**可以作为一种蔬菜放在汤里，或者做成用肉豆蔻调味的菜泥，或者做意式饺子馅（可以根据喜好放入意大利乳清干酪）。用极少的沸水煮过之后，小心翼翼地沥干，然后用两个盘子挤出菜中多余的水分。把大叶子中间的叶脉取出，立刻在热油中烹制，搭配烤肉一起食用。还可以像烹饪加泰罗尼亚葡萄干松仁菠菜一样烹制。

## 灰菜 Chenopodio，farinello bianco · fat hen

### *Chenopodium album* · 藜科
### quenòpode（加）vromóchorto（希）

众所周知，灰菜是一年生植物，其叶子呈蓝绿色，带有银色光泽。与野生甜菜不一样，灰菜的叶子较小，可以用来做沙拉，也可以只用黄油烹调；尝起来有点花椰菜的味道。

我惊讶地发现，萨兰托人把这种植物叫作 *la saponara*，在田间劳动后用它来洗手，而非食用。在田地里就有灰菜，和致命的龙葵长在一起。它们的叶子形状相似，但龙葵的叶子是深绿色；所以在采摘灰菜之前必须仔细辨别。

| 沼泽海蓬子 | 岩石海蓬子 | 猪毛菜 |
|---|---|---|
| Salicornia | Salicornia | Salsola |
| marsh samphire, glasswort | rock samphire | saltwort |
| *Salicornia europea* | *Crithmum maritimum* | *Salsola kali* |
| 黎科 | 伞形科 | 黎科 |
| salicorn（加） | fonoll marí（加） | salicorn（加） |
| almyrídes（希） | krítamo（希） | |

因为这三种植物用途相似，所以我把它们放在一起介绍。它们在法语中统称为 *les salicornes*，这些植物在比较遥远的北方也相当物尽其用，在此我就不展开介绍了。

沼泽海蓬子是一种奇特的肉质植物，和猪毛菜一样都长在海边的盐沼泽里，都可以用来制作开胃沙拉，可以根据个人喜好淋上几滴红酒醋；6月，当海滩后面的沼泽地里长出嫩芽时就可以采摘了。在沼泽中还生长着柔韧的芦苇，可以采集之后编成小篮子（在萨兰托方言中叫作 *fiscelle*），人们用这种篮子沥干新鲜的羊奶酪。

将海蓬子嫩芽放入水中浸泡一会儿，甩干，与1杯葡萄酒一起食用。口感清爽微咸。可以把它们放在白葡萄酒醋中储存，与开胃酒一起食用，但是，我发现这样储存的海蓬子色泽暗淡，味道不够鲜美。

岩石海蓬子属伞形科，在萨兰托方言中叫 *fenucchiu* 或 *critimu*；它们大量生长在岩石上，是一种美丽的多汁植物，其肉质叶子在初夏时鲜嫩适口——后期会长出尖刺，开出美丽的伞形花。我在海边沙拉中放了几枝岩石海蓬子和它们的花苞，我只是用它们点缀一下菜品，而不是当作备用食材。

岩石海蓬子在加泰罗尼亚非常受欢迎。可以在白葡萄酒醋中储存，在冬天用其制作沙拉；与百里香、山地香薄荷和牛至一起用于保存橄榄；用油烹制盐渍鳀鱼时，可用它做香料。

| **接骨木 Elderberry · sambuco** | **刺槐 Acacia · false acacia** |
|---|---|
| *Sambucus nigra* · 忍冬科 | *Robinia pseudacacia* · 豆科 |
| saüc（加） | acàcia（加） |
| sammucu, zammucu（萨） | akakía（希） |

**接骨木花煎饼**。给接骨木或刺槐的娇嫩花朵挂上透明的糊：将100克面粉与1汤匙油、1个蛋黄、1汤匙格拉巴酒、1撮盐和足量的水和在一起，一次和入一点，面糊不要太稀，搅拌后静置几个小时；使用前加入蛋清；将花在沸水中蘸一下，甩干水分，浸入面糊中，然后用热油油炸。

西葫芦花也可以用同样的方法油炸，但不需要先在沸水中蘸一下。

## 野芦笋 Asparago selvatico · wild asparagus

*Asparagus acutifolius* · 百合科
espàrreces del bosc（加）ágrio sparángi（希）
sparaina（萨）

在意大利南部，3月底是采集这种多刺攀缘植物嫩枝的时候，这种植物生长在荒芜地带的干墙上，遍布石灰岩玛基群落。

因为"我喜欢在荒郊旷野徜徉"，所以我在本该耕种的时节去广袤无垠的野外四处采摘野芦笋。风中飘着洁白的"雪花"，野生梨树上的梨花一簇簇绽满枝头，水仙花像枝状烛台上点亮的繁星，蜜蜂兰在脚下盛开，蓝色的迷迭香再次灿烂开放。我这个食物采集者看到远处田野上的男男女女正辛苦地种植早番茄，种植番茄的"比赛"已经拉开了序幕。

在罗马荒地、石灰岩玛基群落和比利牛斯山麓都布满了野生芦笋，人们把采摘的野生芦笋带到希罗纳和菲格雷斯售卖。长长的嫩枝尖最嫩，掰下大约 8 厘米长的嫩尖，这样可以让芦笋长出侧枝。

**食谱**。把芦笋用树皮捆好，放在沸盐水中煮 5 分钟。颜色会从青铜色变为亮绿色。沥干，淋上橄榄油。如果加入柠檬汁则会改变颜色，是一道美味佳肴。

**另一种烹饪方法**。切成等份，在油（或黄油）中煎几分钟，然后加入 3 个打散的鸡蛋，调味，搅拌锅里的食材，将蛋饼对折，加泰罗尼亚煎蛋卷就做好了，这种蛋卷通常被叫作 *truita*，或者用作煎蛋饼的主料。

新发出的啤酒花嫩芽也可以用上述两种方法料理。刚长出的芦笋、菝葜和野生铁线莲的紫色嫩芽亦可用这种方法处理，但它们的味道无法与野生芦笋相比，因为它们有股"胡椒味"。

## 列当 Orobanche · broom rape

*Orobanche crenata* · 列当科
orobanque（加）orobáxi（希）
spurchia（萨）

这种寄生在豆子和豌豆根上的奇特植物可以用来制作爽口沙拉。因为这些寄生植物的侵害，在 3 月观察蚕豆时就会发现有些蚕豆已经下垂。这时就要挖出这些列当，但尽量不要破坏豆秧。

挑选像法国芦笋一样苍白的嫩列当，彻底清洗，浸泡在水中，小心地修掉略膨胀的基部。然后煮沸，在开水里静置一段时间，沥干，装盘。倒上白葡萄酒醋、橄榄油、切碎的刺山柑和薄荷。加入 2 汤匙新鲜面包糠来吸收调味汁。虽然味道不错，但最好还是放入一些菜豆或豌豆。

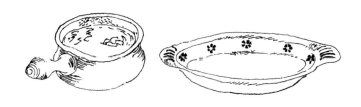

## 丛毛麝香兰 Cipollotto col fiocco · tassel hyacinth

### *Muscari comosum* · 百合科
kremmydoúla（希）pampasciune, lampascione, vampagiolo（萨）

这种讨喜的植物是麝香兰的近缘植物，"怒放"的花朵上带着紫色的"流苏"，丛毛麝香兰的鳞茎可以食用，味道鲜美；它们生长在野外的石灰岩上，早春的丛毛麝香兰都是人工培植的。其野生鳞茎体积较小，味道更好。当有两三片零散的叶子发芽时就把它们从土中挖出来。

**食谱。**把鳞茎洗净，煮沸。大约 20 分钟就能煮软，沥干，趁温热瓣掉粗糙的外皮。剥皮后有点像去皮的小洋葱，只是带有一点点淡绿紫色。切半（不切亦可），撒上盐，淋上少许橄榄油和红酒醋。当作开胃菜凉食；味道绝佳。

秋天挖出来的纳克索斯番红花球茎也可以用同样的方法烹制。

## 水田芥 Crescione d'acqua · watercress

*Nasturtium officinale* · 十字花科
**créixens（加）kárdamon（希）**

冬天，当我们在阿波罗那野外沿着悬崖散步回来时，手里拿着一大束水田芥，这些水田芥茂盛地生长在淡水溪流中。村里的希腊人嘲笑我们，因为他们认为水田芥能催情；我们高兴地把它们当作沙拉食用。

## 马齿苋 La porcellina · purslane

*Portulaca oleracea* · 马齿苋科
**verdolaga（加）mbrucacchia（萨）andrákli, glistrítha（希）**

马齿苋原产于墨西哥，可能是偶然与仙人掌果一起进口的，夏末在希腊、意大利南部和西班牙农田里会自然长出这种肉质小植物。其叶片为肉质，呈翠绿色，如果在开小黄花之前采摘则是番茄沙拉的绝佳配料。在维多利亚时代，英国人把它当作盆栽草本植物，长在果蔬园里的马齿苋是一年生植物。杰拉德早在 1597 年就提及过这种植物，当时他把它当作了"神奇的"仙人掌果，并根据传闻将其画得像树栖大教堂！

## 当归 Angelica · angelica

*Angelica archangelica & A sylvestris* · 伞形科
*angèlica（加）zavirna（萨）*

这些当归生长在野外的废墟和潮湿的地方。在 2 月，萨兰托人疯狂地寻找这种植物。这时，当归刚冒出的花苞还包裹在叶鞘里，紧靠在绿紫色的茎上。人们会用刀割下这些叶鞘。

**油炸当归**。把叶鞘煮几分钟，留在水中静置 1 小时，沥干。蘸上打散的蛋液，然后裹上面粉。用热油油煎。香气四溢，略带甜味。

**烤当归**。把叶鞘放在烧烤网上烤制，几分钟后翻面。在上面剖两三刀，淋上橄榄油和几滴红酒醋，撒上少许盐调味。饭前再喝一杯葡萄酒，一定会满足味蕾的需求。

**做沙拉**。把盐水煮沸，将等量的当归叶鞘、菜园里种植的花椰菜小花头和芦笋菊苣的嫩尖扔进平底锅里。快煮四五分钟，沥干，用橄榄油和少许红酒醋调味。冷热食用均可，这道菜呈鲜绿色，色香味俱佳。

## 虞美人 La paparina（萨）· field poppy

***Papaver rhoeas*** · 罂粟科
**rosella, quiquiriquic（加）paparoúna（希）**
**paparinu, paparinula（萨）**

在萨兰托，这种植物虽然花朵艳丽，但却是侵入农田的害群之马，尤其会侵害蚕豆、豌豆和鹰嘴豆。在花苞长出来之前，在锄地的时候很容易采集到虞美人。手腕拧一下就可以将其连根拔出，然后掐掉大部分根，扔进盛有雨水的水罐中。沥干，换水，浸泡几个小时。

**食谱。**再次将虞美人沥干，然后扔入盛有沸盐水的大锅中。煮至变软（10分钟）后沥干水分，放入滤锅里，用木杵按压。然后放入热油中与大蒜和辣椒（油浸保存的）一起小火慢煨。在平底锅中稍稍敲打，最后放入洗净的黑橄榄。虞美人像所有野菜一样，在烹饪时会缩水。食用时搭配辛辣的奶酪碎。

在加里波利半岛，人们有时把虞美人与油菜、卷心菜和酸模一起烹制，随后还要加入黑橄榄。

这些虞美人还有其他用途。早春时节可以用这种植物喂猪。在雨水充沛的雨季，甘美的虞美人会让猪昏昏欲睡。希腊人则把"无催眠效果的"虞美人籽放到烤面包中，这些籽和催眠的虞美人籽都不含鸦片成分。

# 真菌与米开朗琪罗
## —— Fungi and Michelangelo ——

　　每一位大理石雕塑家都去过米开朗琪罗的家乡卡普莱斯——米开朗琪罗出生于圣塞波尔克罗镇后山上的城堡里，此地是与马尔凯大区相邻的一个托斯卡纳的边远村落。米开朗琪罗朝圣之旅难免会令人失望，来到此地的雕塑家只能看到城堡博物馆里的石膏雕像和位于高山之巅的唯一一个旅馆，在这里意想不到的收获就是可以从旅馆俯瞰群山间弥漫的蓝雾。

　　我们在秋天的某日到达此地，因为当地人热情好客，所以我们决定留下来。我在阳台上安装了一台打字机打雕刻家先生创作的诗歌草稿，这样我就既能欣赏美景，又能从一个小窗口看到隔壁厨房里的情况，厨房里总会飘出香草和真菌的香味。一切恍如重返天堂：一位女士问我们介不介意晚餐吃三种不同的真菌菜肴，她和蔼可亲、彬彬有礼，这是托斯卡纳人一贯的美德。

　　她做的第一道菜是玉米糊配真菌酱。这种玉米糊是用细腻的白色玉米粉制作的，没有威尼斯玉米糊黏稠，但是烹饪方法相同。将其倒入深汤盘中，上面浇上一层用牛肝菌菌柄制作的酱汁。制作这种真菌酱时，要先把牛肝菌切碎，在橄榄油中与洋葱碎、大蒜、欧芹和迷迭香粉一起慢煨。然后加入少许番茄泥和清透的小牛肉高汤，这样做出的酱汁更顺滑。最后大火收汁。

　　接下来把牛肝菌菌盖切片，撒上少许面粉，油炸。搭配用野鼠尾草调味的烤猪排，趁热食用。最后把大的橙色美味松乳菇调味，涂油，放到烤盘上，置于烤箱中烤制。

　　这位可爱的厨师带我踏上了一次采真菌之旅。当我们恋恋不舍地离开这家旅店时，我们不仅完成了诗稿，还收到了她赠送的一大罐自制油浸牛肝菌。

## 油炸牛肝菌、小牛脑、小西葫芦和洋蓟（Fritto misto di funghi, cervella, zucchini e carciofi · fungi, brains, little marrows, artichokes, deep-fried）

佛罗伦萨的萨巴蒂尼和达卡米洛这样的老式餐馆的油炸菜品是举世无双的。但是如果你碰巧提前到达，你将不得不等等这里的老主顾——厨师和服务生们在厨房里吃着美食，大油锅正在加热。

把嫩牛肝菌菌盖切片后，迅速用冷水冲洗，然后在布上用细面粉摇匀，去除水分。小西葫芦切条，洋蓟芯切成4份，按照上面的方法处理好。小牛脑要用酸性的水焯一下，过凉水。去掉外膜，切片，擦干，裹上面粉。

油冒烟时将食材全部下锅，炸至金黄后用长柄漏勺捞出。用吸油纸吸干多余油脂，然后配上柠檬片一起上桌。佳肴美馔。

但是，只有在地势陡峭的高山栗树林里才能找到清香可口的牛肝菌。

我们曾经前往鲁尼加纳山区里一个看似空寂无人的小村庄。这个山区位于庞特维奇奥和菲维扎诺后面，那里曾出土了一件青铜时代的勇士雕像，详见参考文献

中引用的阿纳蒂（Anati）的作品。

　　来到这里就像到了幽灵出没的教堂墓地。每一个摇摇欲坠的房屋都房门紧闭，鹅卵石小路上长满了青草，教堂已变成坍圮颓院。这里群山环抱，万籁俱寂。转过街角，一扇门开着，我走过去，一个老农妇弯腰端着一口弯曲的大黑煎锅，里面有一堆真菌。

　　我跟她打招呼，问她打算怎么做。她不耐烦地说："和平常一样呗。"她请我走进空荡荡的厨房，这让我不由得想起在纳克索斯岛住过的那个空荡荡的房屋。厨房里只有一张小桌子，两把破椅子，一个黑色铸铁炉子，房间中央有一个排烟管子，旁边有一堆锯开的栗木。她开始切牛肝菌菌盖。

## 炖牛肝菌片
### （Funghi trippati · boleti cooked like tripe）

　　她把牛肝菌片切成牛肚般薄厚，加入油、大蒜、香薄荷、百里香、欧芹文火慢炖，用盐和黑胡椒调味，再加一两勺自制的番茄酱，然后放入用一只瘦得皮包骨的母鸡骨架熬制的高汤。用文火慢慢收汤，炖至浓稠时，加入一些佩科里诺干酪碎，配上几片粗面包一起食用。这就是她的午餐。

## 一些其他牛肝菌品种
### Some Other Boletus Species

　　研究真菌的最佳地点就是你的居住地。我们在萨兰托玛基群落发现了美味牛肝菌[1]等多种牛肝菌：其中一些牛肝菌外表"可怖"，用

---
1　白牛肝菌的学名。

手触摸过黄牛肝菌、红牛肝菌和蓝牛肝菌的菌皱后，它们会变成蓝色。这种让人胆战心惊的颜色在烹调过程中会逐渐褪色，慢慢变成可以放心食用的黄色。有些人认为这种颜色的变化是不祥的，但事实并非如此。他们还认为被小动物啃食的牛肝菌才是无毒的。我最近看到了一种被啃过的白盖牛肝菌，但很可能有毒。必须知道如何鉴别牛肝菌。

另外两种引人注目的可食用牛肝菌是缘盖牛肝菌和桃红牛肝菌，都是在松树林和长在石灰质土壤上的橡树林里发现的。

最好的牛肝菌菌盖厚实，菌柄粗壮，没有被虫子咬过。

**烹制牛肝菌。**洗净，擦干，切片。在陶锅或搪瓷平底锅中加热一些橄榄油。油炸真菌，加入盐和胡椒粉，中火，用木勺翻动，炸至金黄酥脆，在厨房用纸上沥干。倒掉锅中的油（可重复使用），将真菌放回锅中，加入 1 块上好黄油、欧芹碎和大蒜，再次加热。出锅即食。

如果说我在这片荒原地带因为"认识真菌"而略有声誉的话，那不仅要归功于我的研究成果，更应该归于一本非常宝贵的参考书：A. 莫布朗（A. Maublanc）的《可食用菌类与毒蘑茹》（*Les Champignons comestibles et Venneux*）（见参考书目）。该书具有严谨性和科学性，穆勒·J. 布利（Mlle J. Boully）和 M. 波谢（M Porchet）两位画家为此书绘制了水彩插图。这两位画家的水彩画比彩色照片更逼真，更有助于识别真菌。每一种真菌都有完整的彩图，并配有（极其重要）横切面和放大孢子图像。

下面的法式和意式菜谱是烹饪真菌的基本方法。下一章则将从加泰罗尼亚人的视角来审视这个引人入胜的话题。

# 橙盖鹅膏菌

## Oronge, cocon, jaune d'oeuf, amanite des cesars（法）

### *Amanita caesarea*
### reig, ou de reig（加）
### ovolo buono, fongo ovo, bolé（意）

法国著名真菌学家 L. 奎雷（L. Quélet）和 F. 巴泰叶（F. Bataille）在《鹅膏菌与小型菌簇》（*Flora monographique des amanites et des lépiotes*）中给出了这种特等真菌的料理方法：

清理鹅膏菌，不需要焯水。也许在 1902 年该书问世时，人们仍在尝试通过把这些神奇的东西扔入沸水中来"确保其可以安全食用"。在本书中，"清理"是指"小心地刮掉真菌上的所有杂物，用不锈钢刀将菌柄从菌盖上削掉，再将菌柄和菌盖都切成大小均匀的薄片"。

在平底锅中融化一块新鲜的黄油。把香草、欧芹碎、细香葱（切碎）和 1 小碗奶油都放入平底锅里，撒上盐和胡椒粉。煮 5 分钟，然后装盘上菜。

这是最简单的烹饪方法：可以用于烹制香杏丽蘑和野生蘑菇。还有一种外表和大小与橙盖鹅膏菌很像的卵形鹅膏菌也可以用这种方法烹制，但后者呈白色，摸上去像面粉。

具有讽刺意味的是，毒性最大的蘑菇（致命的毒鹅膏和白毒鹅膏菌）都在同一个属，这个属中还包括前文提到的最美味且无毒的真菌里的四种以及赭盖捕蝇蕈和块鳞灰毒鹅膏菌。教育博物馆馆长哈斯勒梅尔强调，在开始任何与真菌有关的烹饪冒险之前，绝对有必要对其进行正确的植物学辨别。针对此项研究，他推荐了罗格·菲利普斯在 1981 年出版的《大不列颠与欧洲的蘑菇及其他真菌》(*Mushrooms and Other Fungi of Great Britain and Europe*)。

如果您想知道为何与萨里相去甚远的哈斯勒梅尔博物馆突然出现在这本书中，那我或许应该解释一下，我很久以前就开始在苏塞克斯罗戈特附近的松林中研究真菌了，此处离此博物馆不远，这个博物馆会在秋天面向大众举办可食用真菌展览。

我和农业部的一位生物学家利用周末时间一起进行真菌研究，我们在附近的松林中以及山顶的西班牙栗树林和银桦树林中采集各种可食用真菌和毒真菌标本，共收集了 200 余种。我们参照约翰·拉姆斯博顿（John Ramsbottom）的书（见参考书目），挑选出可食用品种，并分别烹制，以确定哪些具有食用价值；我们最终列出了大约 30 种不仅可食用，而且味道鲜美的真菌清单。

由于拉姆斯博顿的书是在 1953 年出版的，我还询问了哈斯勒梅尔博物馆馆长哪本书堪称当今的真菌圣经。

## 鸡油菌 Chanterelle, girole, girandole, jaunotte, crête de coq（法）
### *Cantharellus cibarius*
**rossinyol, agerola（加）galetto, gallinaccio, capo gallo（意）**

鸡油菌和有毒真菌很容易区分。鸡油菌无毒，且有独特的林地清香，多见于初秋的白桦林和西班牙栗树林中。

这个食谱选自皮埃尔·杜宾（Pierre Dupin）于 1927 年撰写的《厨房里的秘密》(*Les Secrets de la Cuisine Comtoise*)，此书是欧文·戴维斯赠送给我的。当初有一位来自弗朗什-孔泰的朋友把这本书作为"诚挚的敬意"献给了欧文。

## 弗朗什-孔泰风味鸡油菌
### （Chanterelles à la franc-comtoise）

把新采摘的鸡油菌尽可能地清理干净，不要水洗，去蒂即可。放入陶锅或搪瓷平底锅中，盖上盖子，小火加热。鸡油菌会立刻释出水分，继续加热至所有水分蒸发。注意不要粘锅。此时，加入 1 块上好的新鲜黄油、盐和胡椒粉。煮几分钟，直至鸡油菌变软。吃的时候，将一些鲜奶油倒入平底锅中，用力搅拌，然后装盘即可。

最重要的是起初要用鸡油菌自己的汁液烹调，这样做出来的蘑菇才会柔软顺滑。

### Mucchiareddi（萨）

| 乳牛肝菌 *Lactarius torminosus* | 奶浆菌 *L volemus* |
|---|---|
| lactaire toisonné（法） | lactaire orangé（法） |
| agarico torminoso（意） | peveraccio giallo（意） |
| cabra（加） | lleterola（加） |

在萨兰托玛基群落生长的各种乳菇备受当地人青睐，但意大利真菌杂志却认为这些真菌是"有毒的"或能"引起呕吐的"。因为我们在秋天每晚都食用这种真菌，所以，我只能说：专家们的观点有时也不正确。不过，必须用木火烤熟或在陶罐中煮熟方可食用，千万不要用金属锅烹制。也不能放在金属烤架上烧烤。我使用一款多功能托斯卡纳罐子烹饪这类真菌和其他的晚秋小真菌——口蘑、丛枝菌和丝膜菌。

最大的乳菇要在炙热的灰烬上先烤几分钟，然后翻面烤制，随后离火；在烤制过程中，其大小会缩小一点。去掉上面的灰烬，裹上已经在研钵中捣好的辣酱即可。这种酱料里有 2 根捣碎的辣椒（冬天油浸储存）、2 个蒜瓣、切后捣碎的新鲜迷迭香叶、盐和橄榄油（也可以用这种古老的健康烹饪方法制作环柄菇——在大火上烤制时，这种大蘑菇会很快缩水，其他的伞菌也可以用同样的方法烹制）。

用陶器烹制出的小真菌可以做非常美味的意面酱料。但下文提到的这个做法最简单。在小陶罐中倒入橄榄油，加入真菌片、少许盐和一些切末的新鲜迷迭香、2 瓣去皮大蒜和 1 根辣椒。小火慢煨。当真菌释出水分时，加入 1 汤匙乡村番茄浓缩酱或番茄浓缩酱汁。再加入一点点鸡高汤稀释番茄酱，也可根据个人喜好加入少许红葡萄酒。当酱汁变稠后，浇在盘中煮好的意面上。

# 突破语言障碍
—— Assaulting the Language Barrier ——

法国人、加泰罗尼亚人、意大利人、盎格鲁-撒克逊人、俄罗斯人和斯堪的纳维亚人一直致力于真菌的研究。20世纪30年代初，当时的加泰罗尼亚研究所所长、著名博物学家冯特·伊·凯尔（Font i Quer）博士对出现在加泰罗尼亚山区和平原上数不清的真菌种类及其变种进行了编目分类，鉴定和描述了627个物种。随后，激情四溢的真菌学专家——英国人、法国人和美国人——也加入了他的研究，他们推出了一项"五年真菌学计划"，在几个季度里，名单上的物种达到了1458种（见参考书目中Font i Quer）。其中至少有200种是已知的、命名的，并被村民使用的。

为了缩小这一庞大的研究范围：梅尔塞·萨拉（Mercè Sala）和拉蒙·帕斯卡（Ramon Pascual）为1981—1982年加泰罗尼亚烹饪大会撰写了一篇众人瞩目的文章《加泰罗尼亚的真菌学》（La Micologia a Catalunya）。这次大会的目的是组织一系列当地烹饪庆典，旨在研究、展示和恢复加泰罗尼亚的伟大烹饪传统。多年以来，加泰罗尼亚烹饪受到了通货膨胀、政治动荡、大众旅游业的影响。工业化改变了人们的生活节奏。大部分人对什么是真正的食物有了全新的认识，并倡议在食物方面进行启蒙运动。

在随后的报告中，与会者对加泰罗尼亚烹饪进行了全面研究，并从农妇、渔民、山民和餐馆老板那里收集了很多烹饪食谱。正如加泰罗尼亚谚语所言："良好的烹饪传统是文化的基石。"启蒙与庆典合二为一，这是启发真正民主的典范。奥克塔维奥·帕斯说："人人都有怀旧之情，人人追寻心与心的交流。"

让我们再回到真菌这个话题：每年 10 月的第三个星期天，巴塞罗那维拉纳宫都会举办一场展览，以便人们更好地了解这些神秘的幽灵，这些参展的真菌来自加泰罗尼亚的各个地区。

在种类繁多的真菌中，梅尔塞·萨拉和拉蒙·帕斯卡列出了 45 种最为著名的真菌，其中有 9 种极品（在下文中用 *** 来标出）。不出所料，前一章中提到的几种真菌也在其列。

我列出了这些真菌的加泰罗尼亚名称、英语名称（如果有的话）、拉丁学名，还有法语和意大利语名称（可能的话）。这些都是常见名称，但一定还有许多我没有提到的方言名称。

这些"极品"包括：

## *** 橙盖鹅膏菌 Ou de reig

### *Amanita caesarea*

在夏末的软木林、西班牙栗树林和橡树林中会长出橙盖鹅膏菌。这种真菌早在古希腊和罗马时期就是极其重要的食用真菌。可以把初期的"卵圆形"橙盖鹅膏菌切片，用橄榄油、柠檬汁、盐和胡椒粉调味后生食（意大利的阿尔巴是白松露产地，如上文所述，薄薄的白松露片搭配橙盖鹅膏菌一起食用——完美的建议）。其菌盖和菌柄长大后，可以烤制、油炸，或与其他同类的优质品种一起烹饪。

请参阅第 234 页了解橙盖鹅膏菌在其他语言中的名称及其法式做法。

## *** 美味牛肝菌 Siureny or sureny · cep

### *Boletus edulis*
### cèpe de Bordeaux（法）porcino, brisa（意）

毫无疑问，这种牛肝菌是与之同属的所有真菌中的最佳品种（黄牛肝菌屈居第二），这些真菌都很容易识别，菌盖下面有许多海绵状小孔。新鲜的美味牛肝菌烹制后味道极佳，也可以储存：切片后晒成菌干；干燥后磨成粉；油浸储存或醋泡储存。烹饪方法可参阅 "真菌与米开朗琪罗" 一章，也可参考本人和 P. 博伊德（P. Boyd）合著的《今日主菜》（Plats du jour）中有关真菌的章节，里面介绍了许多法国特色菜。

### *** 海绵状羊肚菌 Rabassola or murgola · morel

*Morchella vulgaris*
morille（法）spugnola（意）

在五六月，在葡萄园和树林的腐殖土中会长出海绵状羊肚菌和圆形羊肚菌。羊肚菌特别适合做填料，也适合放在陶器中，然后置于烤箱里慢慢烘烤。还可以晒成菌干，或者晒干后制成粉末，用来给野味调味。

### *** 香杏丽蘑 Moixernó, bolet de sant jordi

St George's mushroom
*Calocybe gambosa*（*Tricholoma georgii*）
mousseron vrai, mousseron de la St-Georges（法）
prugnolo, spinarolo（意）

这种真菌在 4 月时在山区的草地中会形成蘑菇圈，像上文提到的伞菌一样，有多种烹饪方法，味道更加鲜美，也可晒干储存。

### *** 黑松露 Tòfona negra · black truffle

*Tuber melanosporum*
truffle de Périgord（法）
tartufo nero, tartufo di Norcia（意）

这是 12 月和 1 月的顶级美食，可以将其保存在一款加泰罗尼亚陈酿（或白兰地）中锁住其特殊的香味；但是大多数人抵不过这种香味的诱惑，即使只是以最简单的方法烹饪黑松露，其味道也会令人食指大动：

1. 切成薄薄的片，用橄榄油、柠檬汁、盐和胡椒调味后直接食用。

2. 将切片在煎蛋卷凝固前几分钟加到蛋卷中——黑松露遇热便会散发香味，所以必须立即对折蛋卷来"裹住"香味。

3. 给意大利烩饭增味，切成薄片，在上菜前一瞬间点缀在菜肴上。

### \*\*\* 变绿红菇 Puagra verda · green russula

**Russula virescens**

**russule verdoyante, palombette, blavet, verdet, cul vert（法）**

**colombina verde（意）**

在夏秋冬三季，在山毛榉树林、西班牙栗树林和榛子种植园中会长出最好的红菇。加泰罗尼亚厨师将其菌帽同橙盖鹅膏菌和美味蜡伞一起烹制，这三种美味的香气会充分融合在一起，再用橄榄油、欧芹碎、大蒜调味，上面撒上奶酪碎，放到烤箱里焗烤。

### \*\*\* 仙环小皮伞 Cama-sec · fairy ring mushroom

**Marasmius oreades**

**faux mousseron（法）gambasecco（意）**

*Oreades* 这个种名的意思是山林中的仙女。这种小而丰富的真菌生长在夏秋两季，可形成蘑菇圈，晒干后会散发出香味。因此，人们在冬季用它炖汤，例如，加泰罗尼亚胡萝卜炖猪蹄中就加入了仙环小皮伞，做法是将其放在陶器中，然后置于烤箱中慢慢烘烤。

### *** 血红乳菇 Rovelló

**Lactarius sanguifluus**
**lactaire sanguin（法）lattario sanguigno（意）**

这个品种和松乳菇很类似，但"乳汁"是血红色的，而不是橙色的，菌盖上的环带不明显。可以在八九月的松树林中采集。*Rovelló* 的意思是"锈色"，但也有"蛋黄"的意思，指这种真菌的亮橙色。加泰罗尼亚人和萨兰托人都对生长在岩蔷薇丛里的各种橙色乳菇着迷。这些真菌和岩蔷薇根有共生关系。萨兰托人把它们叫作 *mucchiareddi*。这些岩蔷薇菇（也称为 *L torminosus*，有很多近缘植物，有些比较光滑，颜色较浅）有点辛辣，因此，很多真菌书籍都对其是否可食用持怀疑态度，即使是意大利北部的人也对它们持怀疑态度。

无数人对这种秋日瑰宝趋之若鹜。血红乳菇在冷风带来第一场秋雨之后开始发芽。用炽热的灰烬烤制，搭配辣酱食用别有一番风味。还可以油浸储存其最嫩的部分。

### *** 美味蜡伞 Llenega

**Hygrophorus agathosmus**

"上品"一词是对这种秋季真菌的最准确评价，另一种比较粗壮的灰色蜡伞次之，法国人和瑞士人视其为美味，春季在市场出售。所有的蜡伞表面都黏，但口感很好。其全部品种都无毒，可以放心食用，这令人甚感欣慰。此处提到的这两种真菌都可以用油、醋和卤汁来储存。还可以与橙盖鹅膏菌和变绿红菇一起烹制。

至此为止，所有"上品"真菌都已经介绍完，作者选择这些真菌不仅是因为其味道鲜美，还考虑到了食用的安全性，这 9 种真菌很容易鉴别，不易与有毒真菌混淆。

萨拉和帕斯卡将真菌进一步次分为"较好"(＊＊)、"好"(＊)、"一般"和"勉强能吃"几个级别。下面介绍其中的几种。

## ＊＊ 松乳菇 Pinetell or rovelló · orange or saffron milk-cap

### *Lactarius deliciosus*
**lactaire délicieux, barigoule, briqueté, polonais（法）**
**lepacendro buono, fungo dal pin（意）**

即使这个种类的名字中有 *deliciosus*（好吃的）这个词，但是，他们将其归为"较好"这一类。人们认为这是由于林内乌斯命名错误，他把它和另一种真正称得上"上品"的血红乳菇混淆了。将这种乳菇涂上油，用大蒜、盐和欧芹调味，放到刷上油的烤盘中，置于烤箱中烤制。这道菜味道很好。可以用油浸或醋泡储存，也可以把它们放入陶罐中，每层之间铺上海盐，以 15% 的比例储存，即 15 克海盐与 100 克真菌的比例。

## ＊＊ 鸡油菌 Rossinyol or agerola

### *Cantharellus cibarius*

众所周知，这种真菌长在西班牙栗树林和桦树林中。其他语言中的名称和烹饪方法见第 235 页。可以用油浸、醋泡和盐渍的方法保存。

## ＊ 夏季松露 Tòfona blanca · summer truffle

### *Tuber aestivum*
**truffe d'été, truffe de la St Jean（法）tartufo d'estate（意）**

夏季松露属于中等级别，无法与芳香四溢的阿尔巴白松露相提并论。擦净后放入加泰罗尼亚老酒或白兰地中，用一个小玻璃瓶密封存储，这样可以锁住松露的特有香味。用与黑松露相同的方法处理，或者切成薄片炒鸡蛋。

## * 鸡腿菇 Bolet de tinta · shaggy ink-cap

### *Coprinus comatus*
### coprin chevelu, goutte d'encre, escumelle（法）
### agarico chiomato（意）

很多人都知道，用黄油烹制刚长出的鸡腿菇味道不错；这种蘑菇要现采现吃，不能保存。灰鹅膏菌也不能保存，这种真菌在加泰罗尼亚语中叫作 *pentinella* 和 *candela*。

在这些伞菌中，有两种被评为"好"。一种是白林地菇（雪球状，茴香酒味），其拉丁学名是 *Agaricus silvicola*；另一种是四孢蘑菇，其拉丁学名是 *A campestris*，这是一种尽人皆知的野生蘑菇。后者可以用醋泡和盐渍的方式保存。还有野蘑菇（雪球状），其拉丁学名是 *Agaricus arvensis*，俗称马蘑菇，只能达到"一般"级别，法国人称其为：*boule de neige*，*champignon des bruyères*，*rosé*，*pâturon blanc* 等。

斜盖菇也被列为"好"的级别，但莫布朗对其赞赏有加，称其极其美味。这种菇在法语中叫作 *langue de carpe*，*meunier* 或 *mousseron*；在意大利语中是 *prugnolo*，*grumato grigio* 或 *lievitato*。

在列出的 45 个种类中（我省略了一些人们不熟悉的物种），只有一种被列为"勉强能吃"。这是一种培育品种，味道怡人，但口感差。这种蘑菇叫平菇，现在广泛用于商业种植，在意大利语中称为 *gelone*。

萨拉和帕斯卡没有提到大白蜡伞，这种"诗人的真菌"生长在山林中，有时此菌会与山毛榉树形成外生菌根，偶尔可在古老的无花果树下的钙质土壤中发现这种美味的蘑菇，其菌帽直径可达 20 厘米；菌盖呈白色，触碰后变玫瑰色，有时可能粘在驶过的汽车上。如果你能找到这种真菌，当把它归入"上品"，可以切片烤制，然后用橄榄油和蒜泥调味。

# 加泰罗尼亚真菌菜肴
## Catalan Fungi Dishes

鉴于何瑟普·普拉（*El-que-hem-menjat*，见参考书目）和我一样酷爱把真菌烧烤后蘸辣汁食用，所以梅尔塞·萨拉给我们提供了一份诱人的真菌菜肴清单，这些菜谱一定会激发许多非"新石器时代"厨师的兴趣和食欲。

她通过以下渠道收集了这些菜肴：从一些古老的加泰罗尼亚家庭菜谱中；从近期的加泰罗尼亚烹饪书籍和一些 19 世纪再版著作中（见参考书目，第二部分）；一些挚友的亲自传授；还有一些是她自己创造的。为了便于读者阅读，我对这些菜肴做了精简。

事实上，她和帕斯卡一起撰写的那篇有趣的论文（参见本章前半部分）就包含了一些菜谱。当我问她，这些食谱是否也适用于我这样的外国人时，她贴心地赠送我了一本帕斯卡的新作《蘑菇之书》（*El Libro de las Setas*）。这本书里记录了一些她用西班牙语写的菜谱。具有讽刺意味的是，我一直在学习加泰罗尼亚语，我之所以喜欢这门语言可能是因为它具有一种潜在的无政府主义精神。

由于语言障碍，许多人无法对加泰罗尼亚真菌爱好者的经历感同身受，也品尝不到那些美味佳肴。我们正延颈鹤望拉蒙·帕斯卡和梅尔塞·萨拉合著的英译本问世。

## 以真菌来开始一顿大餐
### Fungi to Start a Meal

棕灰口蘑汤（*Sopa de fredolics*）：这是一款用棕灰口蘑制作的汤，这种蘑菇口感细腻，味道较好，丛生在玛基群落的岩蔷薇中。

焗烤蘑菇（*Gratinat de macedonia de bolets*）：把不同种类的真

菌切片，用橄榄油和山香草调味，裹上面包糠烤制。

填馅羊肚菌（ *Rabassoles farcides* ）：在羊肚菌中放入欧芹、青葱和黄油做的填料，放入烤箱慢慢烘烤。

虾仁小鱿鱼馅伞菌（ *Xampignons farcits de gambes i calamars* ）：在伞菌中放入虾仁和小鱿鱼做填料。

羊肚菌干炖土豆（ *Guisats de patates i murgoles seques* ）：用土豆和羊肚菌干做的炖菜。把这些真菌放在温水中泡发；再将这些香味四溢的水倒入陶器中，与少量橄榄油、大蒜和欧芹一起慢慢炖。

血红乳菇或美味蜡伞馅苹果（ *Pomes farcides de rovellons o llenegues* ）：苹果去核，填入血红乳菇片或美味蜡伞，置于烤箱中，用黄油烤制。

烘烤橙盖鹅膏菌、变绿红菇和美味蜡伞（ *Reig, puagres i llenegues a la llauna* ）：把橙色鹅膏菌、变绿红菇和美味蜡伞放在涂上油的陶盘中，加入香草和大蒜，撒上面包糠，淋上油，然后放入烤箱烘烤。

## 真菌配菜
### Fungi as Accompaniment

鸡油菇煎蛋饼（ *Truites de rossinyols frescos* ）：用鸡油菇制作的加泰罗尼亚煎蛋饼。先用植物油或黄油在煎蛋卷的平底锅中烹制鸡油菇，然后倒入蛋液（已经用盐和欧芹调味），搅拌一会儿，对折。

兔肉块烤松乳菇（ *Conill i rovellons en "papillote"* ）：用盐和红甜椒粉给带骨的小块兔肉调味，淋上油，然后用锡箔纸包好，每个小包中放入一个松乳菇（盐渍过的），放入陶盘中，在烤箱中烤半小时。

小牛里脊肉烤鸡油菇（ *Rostit de vedella amb rossinyols* ）：用小

牛里脊肉烤鸡油菇。

黑色血肠和扁豆烤松乳菇（*Botifarres amb mongetes i rovellons al forn*）：把黑色血肠、扁豆（提前煮熟）和松乳菇一起放在烤箱中烘烤。

伞菌烤肉卷和甜火腿（*Canelons de xampinyons i pernil dolç*）：备好碎肉卷，提前焯熟的方形意大利面（千层面），然后放上伞菌、切碎的火腿、香草和大蒜，卷成卷，上面浇上比较稀薄的番茄洋葱酱汁，放到烤箱中烘烤。

红菇蜡伞野猪肉（*Carlets amb porc senglar*）：用红菇蜡伞（一种在仲秋和仲冬时节长在白松林中的略带紫色的蘑菇）和野猪肉做成的菜肴。

牛肝菌炖小牛肉（*Estofat de siurenys i vedella*）：把牛肝菌和小牛肉一起炖煮。

也许这些菜肴足以让你浮想联翩，心中涌出秋日里到加泰罗尼亚一游的冲动。如果您想做真菌研究，那希罗纳省是最佳选择——一个真菌的天堂。

# 两种精神
## Two Kinds of Spirit

阅读一本关于食物的书可能会像坐着吃完一顿六道菜的晚餐一样让人疲惫不堪，所以我要插入一番题外话——给读者来杯白兰地振作一下。许多人认为无政府主义是社会崩溃的征兆，他们把它和无政府状态混淆了。在克鲁泡特金 [1]（Kropotkin）的回忆录中二者的区别显而易见。无政府主义——承认个人主义和人类兄弟情谊——是一种积极的力量。任何在卡拉拉居住的人都认同这种生活方式。

一个人无法搬运巨大的大理石块，需要在工头带领下由一群人合作方能完成。谁能在危险时刻意识到危险，谁就被授予了绝对的权力，这是一种安全机制。危险增强了个体的责任感和队员之间的平等团结，也提高了人们的应变能力。

集思广益之后，大家当场就敲定了搬运大理石的方法。在没有足够的工具——也许是几根铁棍——的情况下，大家突然深呼吸，大喊一声，憋足了劲，在同一时间朝着同一方向使劲。加泰罗尼亚渔民也用同样的方法把停泊在卡拉费尔平坦海滩上的那些沉重的渔船拖下水。

卡拉拉人强烈的无政府主义精神不仅与危险有关，还与他们的出身有关，他们坦然承认自己的祖先是罗马时代采石场的劳工。周围的山村原本是奴隶的聚居地，因此如今他们强调个人自由。

大理石搬运工（*lizzatori*）是自愿去工作的，直到 20 世纪 60 年代中期，人们还谴责他们每天冒着九死一生、断胳膊断腿的危险，沿着陡峭的冰碛，用木制雪橇（*lizza* 的意思是"雪橇"）从山顶搬运

---

1　俄国地理学家、无政府主义者。

大理石。如果有一天他们中有人不想上山，那他一定是卧病在床了。凌晨 3 点就会有一些自由职业者站在布吉亚桥（"谎言之桥"）上，凑齐人数后——但要避开 13 这个数——两支 7 人的队伍就背着搬运工具向山顶进发了。几个世纪以来，采石场的产量取决于这些人的技能，如果他们罢工，整个生产就会陷入瘫痪。现在采石场主在"冰碛"上修建了蜿蜒的山路，用载重 30 吨的卡车运送大理石块，极大减少了伤亡事故。卡车取代了搬运工，但崇尚个人自由、英勇无畏的大理石搬运工发现他们已经习惯了在险境中生存。为了这份危险的工作，他们共度美好夜晚——我们和他们一起庆祝了在阿尔贝里卡广场举行的为期两天的罢工。

　　他们簇拥着他们的"偶像"涌进酒吧，那是一位有着男高音般磁性嗓音的英俊青年。他先唱了几首怀旧浪漫歌曲，其他人在副歌的部分同唱。当同伴们的喧哗声开始淹没吉他声时，他便转为意大利民歌那激昂的旋律。不断有人在降调中加入一系列即兴创作的个人风格和煽动性歌词，力图将雄壮的高潮与巧妙的讽刺性结尾结合起来。

参与者们选择了勤与懒、爱与死这两个比较抽象的对立主题，力图在歌唱工作美德与懒惰、爱情慰藉与死亡方面超越对方。意大利民歌是中世纪大歌剧的起源，大歌剧是带有夸张手势的声乐剧，其实质是在已定的音乐框架内进行口头即兴创作。但是它的历史更悠久，可以追溯到维吉尔的《牧歌集》（*Eclogues*）——科里登与蒂尔西斯的歌唱比赛："这对选手开始了，他们互相对唱。"

几个小时的激烈角逐之后，唱歌比赛告一段落，"铁臂"比赛开始：把赛手的胳膊肘放在碟子里，然后用点燃的蜡烛烤赛手的胳膊，看谁的胳膊结实得像钢铁，能耐得高温的灼烫。大理石工头、一个虎背熊腰的以色列雕刻家和一个年轻力壮的黑人势均力敌。这次偶然的聚会对阿尔贝里卡广场周边文人雅士居住的地区造成了持久的冲击，从此以后，那里的百叶窗在晚上九点半就早早关闭了。

*☙❦❧*

卡拉拉有一个鞋匠，他一边在破旧的小车间里修着成堆的鞋子，一边为那些想要在他的"无政府主义书库"——从卡菲埃罗（Cafiero）到马拉斯塔（Malatesta）——里查阅资料的人大开方便之门。这个人把他人的理念付诸实践。他年轻时在马格拉城堡继承了一处地产，他把这块地赠给了在此工作的人们，为了不使这些接受馈赠的人感到尴尬，他去德国工作了。几年后，这块地成了韦西里亚平原最肥沃的田地。

❦❦❦❦❦❦

一个无政府主义者经常沿着骡道来到拉巴罗扎，他总是在打招呼之前把随身带的一本《人性》放在厨房桌子上。战争期间，法西斯分子黑衫军（"死亡之手"）嘲笑他和他饥饿的同伴们在歌剧院入口处排队听歌剧，他反击说："你觉得我们只是想吃面包和喝汤吗？我们也渴望艺术！"

正是他坚持认为歌剧是民主的完美典范——全民团结，同心协力。卡拉拉一直是帕尔马歌剧的"试演地"。在我们那个时代，无政府主义者酒吧碰巧和歌剧院在同一幢大楼里，乐队一开始演奏，客人们就从酒吧直接走进包厢！

独奏者和管弦乐队从帕尔马翻山越岭而来，几十年来，合唱团一直是由大理石采石场的工人组成的，他们能够准确地演唱《诺尔玛》和《纳布科》。

1864年，当狄更斯造访这个小镇时（《意大利风光》），他在刚刚落成的美丽小剧场里发现"大理石采石场工人组成的合唱团都是自学成才，即席演唱"。显然这种习俗在上一次战争中消失了，但在短暂的歌剧演出期间，每个卡拉男人都参与其中，一些年迈的观众也跃跃欲试。

❦❦❦❦❦❦

在战争中，一位临危不惧的游击队员把德国占领者绑在椅子上，一边用机关枪对准他们，一边唱着他自己创作的悠扬歌曲："我已经看到了那片土地……"那个游击队员简直就是个传奇，那些记得他的人仍在探讨如何演唱这首歌，并竞相传唱。

卡拉拉人反对教会——他们抬着一位同伴的棺木步行到大教堂门口，但没有进去。但无论这首歌在哪里演唱，它听起来都像是在表达一种信仰。

感谢上帝！这与食物无关，和以下事件也无关。

在拉巴罗扎时，我们的邻居内洛大叔从采石场退休后就专心照料葡萄园。秋日里的一天，他说要酿制格拉巴酒。酿格拉巴酒是我们梦寐以求的——就像在 3 月烤全羊。在葡萄丰收之际，并不用蒸馏法酿葡萄酒，而是要把葡萄碾压后，榨出汁，然后用扔掉的皮渣来酿制格拉巴酒，我们并没有看到任何像蒸馏器之类的东西。

尽管葡萄歉收，但是内洛大叔依然摩拳擦掌，跃跃欲试。我们

用了一个小时固定壁炉架。一个小时后，依旧没有固定好。在牛棚里发现的那个锈迹斑斑的容器也很难安置。我们的厨房里没有自来水，很难想象如果没有冷水来冷凝酒精，格拉巴酒是怎么制成的。

11 月一个雨雪纷飞的夜晚，内洛大叔踉踉跄跄地提着一个大铸铁圆筒走进屋，他已经把圆筒上的铁锈擦掉了。我们把它安在烟囱

挂钩上，在下面留出生火的空间。挂好圆筒后，他取来一个 1 米高的木桶——用来装压碎的葡萄，然后将其发酵。我们把它放在壁炉旁，然后开始安装酿制格拉巴酒的"装置"。

内洛大叔家心灵手巧的女婿改装了一个气瓶，他把瓶颈锯掉，用一只大手工扳手将其拧成坚固的螺旋形。把一个小口径的空心铜管插入气瓶里，做成蛇形排气管，然后把它安装在酒桶里，再在酒桶上打一个大小适中的孔，将其从桶孔处伸出。务必找好铜管的安装角度，可以用几块砖把桶垫高。我们要用一撮一撮的亚麻把桶孔四周的缝隙塞住，这样水就不会漏得满地都是。我们还得把蓄水池里的冰水装进酒桶里，尽量避免渗漏。

把装满酒糟的圆筒用大扳手使劲拧紧后挂在烟囱钩子上。我们在下面生了一堆火，就在这时，内洛大叔说他要去吃晚饭了，让我留下来清扫地面。"酒流出来时叫我，"他说，"不要加太多柴火，做格拉巴酒不能操之过急，发生爆炸的可能性不大……"

只剩下我一个人。看到那个怪物悬在烟囱里，火在它周围舔食，我吓得心惊胆战。加热后的酒糟会产生大量的蒸汽，蒸汽从针眼大小的小口进入蛇形铜管，然后木桶里的水会将铜管冷却，最后流出液体酒，好像用这种方法蒸馏出格拉巴酒的可能性微乎其微。与这一科学程序相反的是，蓄水池里的水越来越热。我赶忙用一些湿抹布把热铜管包起来降温，又在出水口下面的地板上放了一个罐子。突然，有嘶嘶声传来，几滴灰白色的酒溅落在罐子里。我冲出屋子去喊内洛大叔。

接下来的几个小时过得很愉快——雕刻家先生特地在关键时刻错开了山上的工作时间，我们看着格拉巴酒缓缓流出，现在酒的颜色已经清透了，每隔一刻钟就能喝到一小杯葡萄酒。我们尽情畅饮。内洛大叔也沉醉其中。我们就这样度过了两个夜晚，酿出两升格拉巴酒，我们在每个瓶子里放了一根芸香，酒的颜色是浅浅的稻草色。一瓶酒很浓烈，而另一瓶则淡些——这是无政府主义来之不易的成果。

# 玉米糊

## La Polenta

让我们做玉米糊吧！事实上，最好是在大铜锅里煮一大锅玉米糊，用橄榄木烧火，就像当下威尼托农村那样制作。其实，玉米糊就是粥，它的味道取决于与其搭配的美味：烤鹌鹑、炖野兔、烤野鸡和蜗牛。可以将其放在玉米糊专用木板上或大瓷碗里，作为第二道菜上桌，搭配精选的软奶酪、戈尔根朱勒干酪、意大利乳清干酪、佩科里诺干酪一起食用。

有些别有新意的搭配——例如，将玉米糊切片烤制后，配上白鱼、烤沙丁鱼和腌鳕鱼（挂糊油炸）食用——很适合在冬天食用，这是一种极好吃的玉米糕。而且，威尼托的硬质石灰岩水里的某些成分也让烹饪变成一种乐趣。

最好现做现吃，剩下的第二天食用时，可以切片炸至金黄，或者在上面刷上油烤着吃。玉米糊凝固后可以加入萨拉米香肠片、帕尔马干酪、黄油和蛋黄，也可以凉透后，放入打散的蛋清，然后放在刷好油的盘子上，在烤箱里烘烤45分钟，这样便成了玉米饼。

可以搭配脱盐鳀鱼片，再用切碎的新鲜迷迭香提味：把4条鳀鱼片和500克玉米面粉放入牛奶或高汤中炖煮。毫无疑问，关火后加入帕尔马干酪碎味道会更鲜美，再加入一些黄油提亮。

玉米糊是意大利北方的常见食物，而现代人对此不屑一顾。因此，如今它带着一丝惋惜再度侵入了现代生活。

卡拉拉人本就是工业主义者，他们曾打算放弃旧的生活方式，追求奢华，比如用塑料取代大理石餐桌，用不锈钢取代大理石水槽。但他们仍然对那些看似要抛弃的东西恋恋不舍。玉米糊是贫穷的代名词，是他们共同的过往，人们不想再次陷入贫困中。

如果你在一家小餐馆和一位男士初次相识，并且菜单上正好有玉米糊，那么他会迫不及待地比比划划，以图告诉你如何做玉米糊。但是，正如他的祖母、他的母亲和他的妻子一辈子都不用他洗碗一样，这些女士也不会让他做玉米糊。他只是强调说，外国人没做过玉米糊，也不会做玉米糊。

҂҂҂҂

做玉米糊关键是要有一款大厚平底锅，最好是镀锡铜的。在锅中加入 3/4 的水（3 升），放入 0.5 千克玉米粉。大火煮沸。深黄色的玉米粉从你右手指缝间如细雨般洒落水中，同时用左手用木勺搅拌（除非你是左撇子）。当面糊越来越黏稠的时候就不要再加玉米粉了。加入盐和 1 甜点匙橄榄油。用力搅拌，再咕嘟咕嘟地煮沸 10 分钟，然后小火慢煮，不停搅拌半小时，让其逐渐凝固（举起木勺时，会粘在木勺上）。倒在木板上，厚度大约 5 厘米，或者再厚点，搭配上面提到的任何一种食物，或者搭配切片烤制的烟熏香肠，也可以搭配切片的烤猪蹄皮灌肠或熏猪肉香肠。

萨维纳·罗基洛（Savina Roggero）在《修道士厨师的秘密》（*I Segreti dei Frati Cucinieri*）中描述了几个修道院制作玉米糊的方法。游客（许多修道院为其提供住宿）和素食主义者（书中有斋戒日菜肴的描述）以及那些虽然过度节俭，但注重营养的人会对此书感兴趣。

再谈谈卡拉拉，我得说大理石工人最喜欢的菜肴是"把珀利翁山叠加到奥萨山上"，这道菜在他们的方言中被称为 polenton（玉米糊）。

## 扁豆汤玉米面糊
### （Polenta incatenata · polenta in chains）

准备一碗比较浓稠的扁豆汤，大火煮沸，不断搅拌，倒进一两杯玉米粉。当面糊凝固的时候不再加玉米粉。盛入汤盘中，淋上初榨橄榄油即可食用。

# 冬景沉思

## —— Reflections in a Winter Landscape ——

意大利的冬天。浓雾弥漫在一望无际的平原上，波河及其众多支流在平原蜿蜒流过。堤坝和运河两岸是一行行稀疏的白杨树，几个大农场在阴霾中若隐若现；放眼望去，盘虬卧龙的藤蔓上的叶子都已掉落，只能看见光秃秃的葡萄架，看不见一点阳光和煦、蓝天绿地的佛兰德风景。

远处间隔排列的村庄呈现在眼前，村庄里有很多砖砌的高大城堡，城墙上建有齿状的防御矮墙。城堡四周是一些拱形谷仓，当你看到路标上写着"贡萨加"或"博尔戈弗特"时，连这些城堡都看不见了。我们朝着东北方向，穿过这些开垦过的荒地，雾越来越浓了。每棵树都银装素裹，路边的每棵羽毛状的草都变成了晶莹剔透的水晶棒。所有的葡萄藤都身披白装，阴森可怖。

如果有人在僻静的路上独行，那这个人就像裹在了一个中世纪的黑毛毡斗篷里。在这个寒冷空旷之地，人们意识到马的重要性——曼特尼亚[1]（*Mantegna*）画的马非常传神，就像他的导师在曼图亚贡萨加宫殿订婚礼堂所绘的壁画一样——画中的马那样栩栩如生。在15世纪90年代，如果一个人没有马匹他就什么都不是；在今天，他就是一个没有菲亚特汽车的幽灵。

曼图亚城四周环水，阴森的水面升起幽灵般的水汽。这座城市是为抵御严寒和酷暑而建——外墙上粉刷的赭石色、肉桂棕色、焦橙色和牛血在四季交替中已经褪色。它傲然而立，城里的财富是从

---

1　安德烈亚·曼特尼亚（1431—1506），意大利佛罗伦萨画派画家，北意大利第一位文艺复兴画家。

农村掠夺而来，农村地区虽然气候恶劣，但土壤肥沃。

这座城市虽然远离了任何历史上的"主流事件"，但我们仍然能够想象到另一个时代的辉煌。在这里，天才有特权在玫瑰红砖建筑上留下自己的印记。阿尔贝蒂（Alberti）在数学方面天赋异禀，他热衷于罗马的空间设计，他的设计令整个罗马城壮丽辉煌。在阿尔贝蒂的启发下，曼特尼亚自己建了一座房子，他把一个完美的圆镶嵌在一个完美的正方形里，圆代表庭院——一个"概念性"的房子，房子里没有房间。

时间、疟疾和奥地利人的入侵让曼图亚市民的奢靡生活一去不复返，他们犹如行尸走肉般活着；农民们上午 10 点从乡下进城，到市场高处的法理宫拱廊下的小吃店里喝碗浓稠的豆汤。

商店里摆满了巨大的火腿；各种熏制的新鲜香肠；用细绳紧紧捆扎成香肠状的熏猪里脊肉；圆形的熏煮香肠；猪嘴和猪口条；猪后丘肉腌制的咸肥肉；烟熏后煮熟食用的填馅猪皮，又叫牧师的帽子——把肉馅放到用猪皮缝合成的三角形里；用来做汤的成串的烟熏猪肉块。

在交通不便的农村，村民冬季只能吃储存的猪肉。猪肉便于存放，不易变质，如果买不到本地猪肉的话，可以每周进城购买。

因为猪肉不易消化，人们在秋季捕猎各种野味，并大量食用各种蔬菜：绿叶菜、菠菜、叶用甜菜和"加泰罗尼亚"菊苣；有止血功能的洋蓟和刺菜蓟；特别是那些苦味的根茎菜——菊苣根、婆罗门参、鸦葱和黑萝卜。这些蔬菜可以消除美味的猪肉产品对健康的影响：人们可以种植此类蔬菜，以便更好地了解这些根茎的食用价值。

在猪肉制品这个话题中最值得一提的人物是普拉蒂娜，他是第一个出版了健康饮食作品的欧洲人，曾在曼图亚求学，并效力于主教弗朗切斯科·冈萨加（Francesco Gonzaga）——曼特尼亚曾在他的一幅壁画中描绘了这位主教。普拉蒂娜撰写的《花天酒地促进身体健康》（*Opusculum de obsoniis ac honesta voluptate*）于 1475 年在威尼斯出版。后于佛罗伦萨和威尼斯再版，并于 16 世纪在法国翻译出版。不要把普拉蒂娜和巴托洛梅奥·萨基相混淆。后者于 1570 年出版了第一本意大利插画烹饪书《教宗庇护五世的神秘厨师》。我曾经研究过这本书，一位朋友在大英博物馆图书馆的一堆未列入目录的手稿中发现了这本书的拉丁语版本。

猪肉成为禁食期间的焦点。人们的生活方式几千年来一直受到季节和饮食习惯的影响，而饮食习惯又取决于食物的供应。冬季人们食用大量的猪肉食品，自然会出现消化问题。宗教当局规定禁食（星期三和星期五）的初衷是为了人们的身体健康。教会一定是继承了良久以来的健康生活方式，所以规定了每周的禁食。但天主教徒却忽略了这点。

纳克索斯岛上的希腊人要过基督降临节和为期六个星期的四旬斋戒。部分原因是，如我们亲身经历的那样，在此期间食物极其匮乏。希腊人会食用熏鳕鱼子和酥糖来补充节食期间身体所需的营养。以前，意大利人、加泰罗尼亚人以及普罗旺斯的法国人会从挪威、冰岛和加拿大的拉布拉多半岛进口腌鳕鱼。这充分体现出腌鳕鱼（鳕鱼干和盐渍鳕鱼）的价值：浓缩营养品。

如果我们庆幸自己摆脱了教会法令的制约，庆幸于不用再禁食，那我们的饮食菜单就缺少了诗意。最后再谈谈猪。猪一直是预言性的动物，它能"看到风"。当奥德修斯回到伊萨卡岛时，第一个知道他真实身份的人是一个猪倌。在爱尔兰，诗人会给国王饲养猪。正如我所指出的那样，一条熏火腿就能给厨师带来真正的灵感。

# 猪肉产品

## Some Products of the Pig

### 熏猪肉香肠、猪蹄皮灌肠、水煮烟熏肠和填馅猪皮
### （Cotechini, zamponi, bondiole, capelli dei preti）

烹制这些香肠不难，但烹制时间比我们预想的要长。

熏猪肉香肠尺寸比较大，按重量计价。为了防止烹饪过程中香肠在锅中爆炸，需要用叉尖刺破肠衣。用干净的亚麻布包好，两端系牢，放入搪瓷铁砂锅中，倒入凉水没过香肠，煮沸，盖上锅盖再煨至少 1.5 小时。煮出的汤汁都会留在布上，把香肠倒进盘子里备用（冷却后将汤汁中的脂肪撇出，肉汁用来煮扁豆）。熏猪肉香肠可搭配蒜香土豆热食，或搭配玉米糊，或搭配土豆泥，还可以搭配菠菜或根茎类蔬菜一起食用。

而烹制猪蹄皮灌肠的时间更长。猪蹄皮灌肠是将猪肉末塞进猪蹄皮，用开心果和整粒胡椒调味。在猪蹄瓣间刺两下，浸泡一夜，然后用布包起来，用微火炖煮至少 3 小时。第二天可以用芳香类蔬菜和香草与煮肠汤一起制成高汤，用香肠中渗出的非常纯净的白色猪肉脂肪做调味菜，这种高汤冷却后会呈果冻状，非常适合制作小扁豆汤、干豌豆汤或鹰嘴豆汤。

填馅猪皮又叫"牧师的帽子"，虽然很小，但烹制的时间很长，大约 1 小时 15 分钟，圆形的帽子变大变长。关火后，把这些香肠放置 15 分钟，然后再剥掉肠衣。剩下的可以第二天切片烤制。

如果想简要了解一下有关意大利新鲜香肠以及意大利风干肠的信息，请参阅汤姆·斯托巴特（Tom Stobart）的《厨师百科全书》

（*The Cook's Encyclopaedia*）中的"香肠"一章。

## 托斯卡纳猪里脊肉
### （Lombata di maiale alla Toscana · Tuscan loin of pork）

请屠夫剔一块猪里脊肉，去掉肋骨和脊骨，留下最多 0.5 厘米厚的肥肉，卷成圆形，用绳子系好。

将 2 瓣大蒜、少许海盐、一些百里香和 6 颗杜松子一起在研钵中捣碎。加入少许橄榄油，挤入一些柠檬汁，给里脊肉涂上油，然后卷起系牢。

在肥肉表层抹上盐，倒上一层橄榄油，然后将其放在陶盘上的烧烤网上，置于热烤箱中先烤 20 分钟，然后调低温度再烤 1 小时，里脊肉重约 1.5 千克。上菜之前先解开绳子。这道菜很适合搭配紫甘蓝食用。

## 腌猪五花肉香肠
### （Pancetta, presalata · salted rolled belly of pork in sausage form）

将肥瘦相间的五花肉用盐略微腌制一下，用黑胡椒粉调味，然后卷起来，有时也可以稍微烟熏一下，加入用切碎的香料和香草做的调味菜，一起给扁豆、干豆、意大利烩饭或者意大利干面的酱汁调味；也可以用来炖小牛肉、成年牛肉和野味。这种香肠也可以切片，然后与野菊苣一起煎炸。

### 腌猪臀肥肉（Lardo · the fat from the pig's rump preserved）

将猪臀部肥肉切块，不去皮，用干海盐腌制，这是意大利北部冬季的备用食材。有一种最美味的做法是"贝吉奥拉猪油"，这种做法源自卡拉拉北部的一个村庄，村民把大块猪肥肉保存在大理石盆中，里面放入干盐和干燥的山香草。

没有大理石盆也无妨，只要有猪肉就行，猪臀部肥肉很容易保存。将其切成 5 厘米长、4 厘米宽的方块，用粗海盐揉搓，撒上一些干百里香和香薄荷，加入几片月桂叶，放入釉面陶罐中，每层之间用盐隔开，摆满罐子。在顶层盖上厚厚的盐，盖上盖子。食用前先刷掉盐，可以切片放在面包上食用。

这样腌制的猪肥肉如同刚放入罐中那天那么新鲜。切丁后放入煎锅里融化，用来爆香芳香类调味蔬菜，然后用其烹饪豆汤，炖肉和野味，或者切小丁，单独煎至变色，然后放到煎蛋饼里。也可以用同样的方法来储存猪皮，用来做炖菜的辅料。在意大利北部的任何一家猪肉店都可以买到这种猪油。在南部，则要在宰猪后的次日早上自己制作。

猪内脏里的猪油不多，但这种猪油口感比较细腻，加热至其慢慢融化后，搅打起泡，加入欧芹碎调味。这种猪油不但有上述用途，还可以用来制作蛋糕和点心。

## 烤猪肉（Maiale sulla brace · grilled pork）

在制作烤猪肉的时候不要忘记使用杜松子、香菜籽或是茴香籽。将以上选好的食材放入研钵中捣碎，可以根据个人喜好加入去籽的烤辣椒。加入盐和 1 瓣蒜，捣成糊状物。用橄榄油润滑，然后在烤猪肉前几个小时涂在肉上。用小火慢慢烤，不用旺火。

## 加泰罗尼亚香肠（La botifarra · the Catalan sausage）

加泰罗尼亚香肠有很多种。在乃斯托尔·卢汗（Nèstor Luján）（他于 1981 年在索尔索纳做了有关"猪肉烹饪"讲座）的帮助下，我列出了以下加泰罗尼亚香肠的基本信息，供游客研究。

加泰罗尼亚生白香肠（*la botifarra blanca crua*）以生瘦肉为主要原料。可以生食或者熟食：是加泰罗尼亚炖肉的食材之一；可以和扁豆一起放到陶器中，置于烤箱中烤制；也可以油炸后做蚕豆的配菜。

加泰罗尼亚血肠（*la botifarra negra*）像法国血肠一样也是用猪血做成的，里面不仅加入了猪油块，还加入了瘦肉。可以搭配扁豆和蚕豆一起食用；也可以放到炖肉里。

黑胡椒猪血肠（*els bulls de bisbe* 或 *de bisbot*）是用瘦肉、猪血和黑胡椒做的。

黑胡椒白肠（*el bull blanc*）是上述香肠的另一个版本。在春天搭配蚕豆食用。

加泰罗尼亚蛋肠（*la botifarra d'ou*）是用鸡蛋制作的，产自安姆珀尔达，为狂欢节的特色菜。

另一种加泰罗尼亚香肠是用猪血和鸡蛋做成的，产自皮内达等沿海地区。在普拉德乌尔盖尔，香肠是用捣碎的猪颈肥肉、盐、胡椒粉、鸡蛋和磨碎的面包糠制成的。

加泰罗尼亚甜肠（*la botifarra dolça*）是用香肠肉、一点点盐、大量糖和柠檬皮一起做成的，非常可口。

# 石榴汁酱猪舌（Llengues de porc amb salsa de magrana · pigs' tongues with pomegranate sauce）

2 根猪舌·500 克土豆·1 个大石榴
200 克纯猪油·1 头洋葱·1 长柄勺小牛肉汤
1 玻璃杯加泰罗尼亚陈酿（或用干型雪莉酒）·橄榄油

将猪舌放在沸水中煮几分钟，然后用小刀趁热刮掉外皮。涂上海盐，静置几个小时。然后用水冲洗。

在砂锅（或者 greixonera，一种用来煎炸的陶器）中用猪肥肉煎猪舌，煎至变色。加入洋葱碎，当洋葱变色时，加入石榴籽。不停地搅拌 1 分钟，然后倒入陈酿和小牛肉汤。盖上锅盖慢慢煮，直到猪舌变软（需要 1 小时）。

将土豆切成薄片，在西班牙大锅（或煎锅）中倒入少量橄榄油，加入土豆片煎制；撒上盐，盖上锅盖。

食用方法：将猪舌切成均匀的薄片，摆放在椭圆形盘子中央。浇上石榴酱汁，把土豆摆在盘子两端。

## 面包糠炸猪里脊
## （Llomillo arrebossat · fillet of pork fried in breadcrumbs）

猪里脊·1 个鸡蛋·干面包糠·盐·胡椒·橄榄油

将里脊肉切成 1.5 厘米厚的片，在盘中将鸡蛋打散，在蛋液中撒上盐与胡椒；用木槌把肉片敲打平整，先蘸上蛋液，再裹上面包糠。用热油煎，然后放在牛皮纸上沥干。

这道加泰罗尼亚菜肴可搭配扁豆一起食用。扁豆按常见方法煮熟，沥干，扔入热油中，油炸大约 5 分钟，稍微变色即可。在秋天，还可以和橙盖鹅膏菌一起烤制。

## 纳克索斯岛猪
## The Naxian Pig

这种独特的家畜通常吃泔水、厨房废弃物、番茄、熟透的无花果和苹果，养在住所旁边石砌的猪圈里，在秋末，主人会隆重地宰杀养了一年的猪，他小心地用一根光滑的棍子穿过几码长的猪肠，在海边清洗猪内脏。

凡是没有立即烧烤的（主要是猪内脏和肋排），或者没有做成香肠的，或者没有煮熟的（猪头肉），或者不打算用来交换其他东西的部分（肩胛肉或者猪腿）都可以马上切成小块，擦上从岩石上采集的海盐。然后将其摆放在陶罐中，每层都铺上干海盐，撒上山百里香、冬香薄荷和月桂叶（顺便说一句，这些猪格外"迷你"）。

这样就储存了两种不同的冬季食品：一种是口味浓郁的猪油块，有时还带有一条瘦猪臀肉；另一种是从猪腹部和肋骨上切下来的猪肥肉。这两种猪油要分开保存，但保存方法相同。

每次取用一块猪油，刮掉盐，切成薄片，抹在自家烘烤的黑麦面包上，可以当作冬天的早餐或晚餐。刮掉"猪油块"上的盐，在干燥且凝固状态下扔进煎锅里，煎好后很快就会变色，适合与节日菜肴一起食用。将其放在公用盘中，然后用叉子食用。吃的时候配上大块面包，再喝一口直接从大桶里舀到瓜形大玻璃醒酒器里的葡萄美酒。

猪油香味四溢，令人垂涎，是冬季食物匮乏时期的佳肴；既可以抵御风寒，也是厄利尼老太太进行物物交换的主要商品（参见"纳克索斯岛上的禁食"一章）。

## 如何处理猪头
## What to do With a Pig's Head

有一天在阿波罗那，人们把整个猪头摆在我们面前，以此庆祝禁食的结束。这个猪头与柠檬片、胡椒粒和月桂叶一起煮了很长时间，先喝寡淡无味的猪头汤。

处理猪头不费吹灰之力。主人用刀随意划了几下，先挖出了猪眼睛。这样描述可能显得阿波罗那人有点不热情好客，我得赶紧澄清一下，宴会开始时有一盘美味的野菜炖小羊排，然后是让人回味无穷的新鲜山羊奶酪，这是春天的第一块奶酪，是一位牧羊人馈赠的，以弥补他的山羊给我们的朋友造成的损失。

让屠夫把猪头剁成两半，然后再一分为二，接着割下猪耳朵。清洗掉骨渣和杂毛，如有必要，可以放在火上微烧一下。之后在冷水中浸泡几个小时。

将猪头块放入大砂锅中，倒入苹果汁或冷水没过食材，加入 2 片月桂叶、一两片柠檬、少许红酒醋和一些压碎的甜胡椒或杜松子。煮沸，撇去浮沫，用文火炖 1.5 小时到 2 小时。但要在煮了 20 分钟后用勺子把很容易辨识出的白色猪脑取出，剥去表层薄膜。放凉。这是制作酱料的基本原料。

炖软烂后静置冷却，然后用一把利刀剔下所有猪头肉，主要是猪脸上的肉（肥肉可以单独剔下，放在烤箱底层的盘中备用）。

接下来做酱料：将 2 瓣大蒜和一些海盐放入研钵中捣碎，然后加入一些刺山柑，再次捣碎，放入猪脑，捣至顺滑，然后一滴一滴地加入橄榄油。这样做出的酱料会口感细腻顺滑。加入一些新鲜欧芹碎或香菜叶，挤入半个柠檬的汁。在肉旁放上切半的煮蛋和少许小黄瓜点缀即可。

## 猪倌的好客之道
## A Swineherd's Hospitality

猪倌欧迈俄斯领着奥德修斯——被雅典娜的金杖点成了面目全非的乞丐——来到他的小屋，堆起一些小树枝，上面盖上野山羊的粗毛皮，以此来欢迎奥德修斯："因为陌生人和乞丐都是奉宙斯的旨意来到这里。"不一会儿，"猪倌就拿着上衣和腰带出去了，他来到关着一群小猪的猪圈，挑了两只带回来，然后都宰杀了。接着，他把它们微烧了一下，剁成块，用烤肉叉子穿起来。烤熟后，他立刻把滚烫的肉串拿到奥德修斯面前，撒上白大麦粉。然后他又呈上了满满一橄榄木碗陈酿，在客人对面坐下，邀请奥德修斯共享美酒佳肴"。同一天晚上，当另一个牧羊人回来时，人们为了欢迎他，宰杀了一头养了 5 年的肥猪。欧迈俄斯送给了奥德修斯一个像"野猪长牙"的讨饭棍。

# 屠宰禽类

## Furred and Feathered Holocausts

> 奔腾的河流，如画般的古桥，宏伟的城堡，迎风摇曳的柏树，令人心旷神怡！维罗纳的乡村美景！
> ——查尔斯·狄更斯（Charles Dickens），《意大利风光》（*Pictures from Italy*）

冬天，维罗纳的那条湍急的河流结冰了；冬天的景致更加迷人。维罗纳位于阿尔卑斯山麓和波河大平原之间，物产丰富——铁明矾、各种奶酪、加尔达海鳟鱼和白鱼、威尼斯鱿鱼、鳗鱼和鲻鱼；诺西恰黑松露、阿尔巴白松露、肥禽、野味、猪肉制品；包括瓦尔波利塞拉葡萄酒以及附近的卢加纳和拉齐兹葡萄酒在内的意大利最好的葡萄酒，以及巴多利诺酒和摩德纳附近带气泡的深色蓝布鲁斯科红葡萄酒。

2月中旬，新鲜豌豆和小西葫芦上市了。食品店的布置别具一格，店员对顾客以礼相待。在夏季，人们不会注意到这个美食中心，当季的其他奇观应有尽有：人们对博洛尼亚这个美食天堂赞不绝口，博洛尼亚在与维罗纳、曼图亚、帕尔马等美食城的角逐中稳操胜券。

位于维亚马志尼街的一家商店与布拉广场仅几步之遥，这里在狩猎季节结束之后也陈列着各种野味，这些猎物或许会给维多利亚时代的石版画创作带来灵感。维多利亚时代人们热衷于动物和鸟类的形态研究——请参阅19世纪奥利弗·哥德史密斯[1]（Oliver Goldsmith）的博物学经典《哥德史密斯自然史》（*Animated Nature*）。在商店入口的右边挂着一只金色雄鹿，里面的墙上挂着一

---

1　奥利弗·哥德史密斯（1728—1774）是18世纪著名的英国剧作家。

排灰色羚羊皮。进去后首先映入眼帘的是六只黄褐色的野兔和家兔，按照曼特尼亚画作中的水果构图摆放，在两边倒挂着母雉鸡、林鸽、山鹬和鹌鹑等飞禽。野鸭和雄雉鸡垂挂在商店的梁柱上。野鸭的翅膀闪着蓝光，呈扇形张开；雄雉鸡的尾羽色彩华丽。商店里摆满了身上装饰着迷迭香和鼠尾草的鹌鹑，刚做的火鸡香肠和仅带着尾羽、身上羽毛被拔光的珍珠鸡。在这里，似乎可以为了美味佳肴而搁置律法。当时的意大利法律规定只能在8月21日至1月1日的狩猎季节才可以出售野味；但事实并非如此。所有的野味都是进口的。鹿是瑞士的，羚羊是肯尼亚的，野鸡是波兰或英国的。在店主看来，这些进口野鸡质量上乘。鹧鸪是从西班牙的圣文森特·迪·阿尔坎塔拉进口的，红鹧鸪长着珊瑚色的喙和腿。野兔是捷克斯洛伐克进口的。唯一在威尼斯本地猎捕的是野鸭，它被视为舶来动物，而非土生土长的，所以不在禁猎范围之内。

同样令人费解的是面包也受到进口限制，这显然与葡萄酒生产有关：因为瓦尔波利塞拉葡萄酒和巴多利诺酒酒精含量低，所以需要进口阿普利亚葡萄酒，大量几千克重的阿普利亚面包也顺路通过火车运到塞莱恩杂货店和出售可食用种子的种子店。

有一年冬天，我们在加尔达工作，为了购买阿普利亚面包，我们来到了一个小时车程以外的维罗纳。我们每周都以此为借口来观赏皮萨内洛[1]（Pisanello）的壁画《圣乔治与公主》（*St George and the Princess*），然后暂住在圣安娜斯塔西亚教堂附近的一栋大楼里，在维琪奥城堡欣赏威尼斯油画。皮萨内洛热衷于刻画各种动物，他在马志尼街找到了共鸣。他刻画的类似于人类骨骼的动物骨骼位于龙尾下面，壁画严重损坏的部分像一块幽灵般的马赛克。

---

1　皮萨内洛（1395—1455），意大利画家、纪念章雕刻家，"国际哥特"风格的杰出代表人物，是金属人像纪念章这一重要艺术形式的创始人。

威尼斯人特别喜爱骑士圣乔治[1]，且视马如命。过去，他们迅速把这种喜爱化为实际行动。尽管有梵蒂冈，但圣乔治仍然是英国人、加泰罗尼亚人和希腊人心目中道义的化身，达尔马提亚人早已把他当作守护神了。威尼托也以他为重：在威尼斯的圣乔治·德格利·斯齐亚沃尼教堂，卡巴乔[2]（Carpaccio）在达尔马提亚区绘制了他的功绩。在维罗纳的圣芝诺，一位不知名的画家在一幅美丽的13世纪壁画中描绘了他。威尼斯人统治达尔马提亚、科夫岛、伯罗奔尼撒和基克拉泽斯群岛长达四个世纪，直到拜伦的时代其统治被土耳其人终结。在此期间，这位圣人的传奇故事在这些地区广为流传。

维罗纳老城堡博物馆里收藏了很多"果园"画家的作品；在这些作品里，圣婴手里抓着一串葡萄和一个闪闪发光的梨子、一只红腹灰雀——一种以李子树的嫩芽为食的鸟。圣母玛利亚靠在一堆水果旁边——葡萄、梨、油桃、毛桃、樱桃，水果上面栖息着两只雀鸟（克里韦利[3]），或者有几只肥硕的鹌鹑依偎在圣母的裙边（皮萨内洛早期作品）。

威尼斯水果蜜饯就是在水果之乡威尼托发明的。那里不仅盛产葡萄，还盛产榅桲、无花果、杏、梨、樱桃和葡萄。在深冬时节，成熟的果实五彩斑斓。克里韦利、布翁西尼奥里、图拉和卡巴乔等画家用画笔再现了这些绚丽的色彩：维罗纳杂货店柜台上的糖浆桶里的糖浆让人眼前一亮。

这些香甜爽口的果酱由发酵的葡萄汁制成，用芥末油调味，品种多样。克雷莫纳果酱里含有整个无花果、李子、樱桃和梨；维琴

---

1　基督教的著名烈士、圣人。经常以屠龙英雄的形象出现在西方文学、雕塑、绘画等领域。
2　维托雷·卡巴乔（1465—1526），意大利画家，文艺复兴时期威尼斯画派，作品中有对威尼斯人生活状况的详尽描述。
3　卡洛·克里韦利（1435—1495），意大利文艺复兴时期画家。

察芥末汁果酱是用苹果和榅桲制成的金黄色果泥，里面点缀着红樱桃；曼托瓦芥末汁果酱是用各种水果块做成的。威尼斯果园画家们不会无缘无故地描画这些芥末味水果酱。它们可以与野味、腌口条、鸡肉、鹅肉、火鸡肉、炖肉搭配食用。炖肉是中世纪的菜肴，也是意大利北部，尤其是米兰的名菜之一，是冬天的美食。

# 野猪、狐狸、野兔、
# 野鸡、山鹑、鸽子

## ——Wild Boar, Fox, Hare, Pheasant, —— Partridge, Pigeon

11 月下旬，我们驾车穿过普罗旺斯时看到维多邦一家肉店外挂着三头野猪，它们的后腿倒挂着，巨大的鼻子和新月形的獠牙向前伸出。这些毛茸茸的野兽像地狱犬[1]一样黑，除了这几头野猪，街道上空荡荡的。

野猪是头上长角的月亮女神[2]的圣物，她是诗人和金属工的保护神。一想到野猪这个庞然大物，一想到它们从荒山旷野而来就让我们焦虑不安。

然而，我们遇到的最好的野猪是在沃尔泰拉后街的酒馆里，在参观了伊特鲁里亚博物馆后，一位和蔼的胖绅士带我们去了那里。在这个博物馆里，画在骨灰盒上的狩猎野猪象征着死亡和其他主题：命运之轮、死亡之前的战斗、不朽之花、战车与冥船。

### 炖野猪（Cinghiale arrosto · braised wild boar）

返回酒馆：*arrosto* 的意思是"烤"，但通常用来表示炖。如果你有胆量的话，就先把野猪吃了，再赶紧去厨房问问是怎么做这道菜的。这是我从大厨乔瓦纳·贝内德塔那里收集到的菜谱：

将野猪悬挂七八天。取猪臀肉和带 1 厘米厚肥肉的猪里脊肉，

---

1　原文为 Cerberus，刻耳柏洛斯（Cerberus）是古希腊神话中的地狱看门犬。
2　此处指阿尔忒弥斯，宙斯和勒托的女儿，阿波罗的孪生姐姐，是希腊神话中狩猎与贞洁的象征。

按照每人差不多 0.5 千克的量；猪肉在烹饪时会减少。一大早就先用
冷水把肉洗干净，然后洒上优质红酒醋。

饭前两小时，将其切成大块，至少 7.5 厘米的方块，然后用布
擦干净。铁锅中倒入橄榄油，然后把所有的香料都剁成碎末——用
你能找到的所有香草和芳香蔬菜（洋葱、大蒜、绿色芹菜、胡萝卜、
欧芹、鼠尾草、百里香、香薄荷、迷迭香、月桂叶和压碎的杜松子）。

将这些芳香类调味菜倒入油中，文火慢煨，在变色之前，调高
温，放入猪肉块，将肉块四面煎至变色。然后加入 1 杯基安蒂红酒，
收汁后放入几个去皮压碎的番茄；用来烹饪野猪的汤汁不要太多。
盖严盖子后立即用面粉和水勾兑的糊密封盖子，在烤箱中像炖肉
一样烤至少 2 小时。

将野猪肉从锅中移到热白瓷盘中，用一个细筛子过滤汤汁和香
料，不用挤压，把过滤出的少量香汤浇在猪肉上。无须其他调料，
这款深色野猪肉肉香四溢，味道独特，吃完后再来一盘蔬菜沙拉。

## 炖狐狸（La volpe·fox）

以下是一位卡拉拉老无政府主义者给我的炖狐狸的建议：

"一二月时猎杀一只雄性狐狸。剥皮后放在活水中浸泡 3 天，不
然就挂在外面冷冻。

"清洗干净，像切兔子一样切成带骨肉块，然后放入带盖的锅里，
加入橄榄油，文火慢炖。这样就会熻出一些汁液。继续煨，直至释
放出的汁液被重新吸收；该过程去除了狐狸的腥味。

"现在开始按照猎人的菜谱烹制，也就是说，在锅中多倒点油，
加入 3 瓣未去皮的大蒜，稍微压碎，调高温，炒至变色，撒上山香
草（百里香、香薄荷、茴香叶）。加少许盐。

"当肉块完全变色时，比如说在 10 分钟内，倒入 1 杯红酒、几

个去皮的番茄碎和 1 杯纯高汤。盖上盖子，煮至汤汁几乎全部蒸发。"

可以用同样的方法烹制獾，但煮獾的时间更长。我在卡拉拉附近遇到了很多吃狐狸的人。"前几道工序"至关重要，因为这样能够除去比较浓烈的"狐狸味儿"，烹制山羊时也要注意去除膻味。

## 麝猫香味野兔（Lepre con amore · civet de lièvre）

这里给出的料理方法是烹制这种高贵动物唯一的、最佳的方法，因此，再列出其他烹饪方法就多此一举，例如，甜酸酱烹野兔。

在 1 月的一个下午，天寒地冻，我从一个曼图亚家禽贩子那买了一只重 3.5 千克的公野兔。那是五天前猎杀的。给野兔剥皮不费吹灰之力——只需在后腿上开几刀，然后把皮剥掉（像脱衣服一样）即可，但要先解冻。在非捕猎季节捕猎会被处以罚款，所以这只野兔被藏在了冰箱里。

这只野兔很漂亮。我们把它挂在一个相当暖和的房间里解冻了一夜，在下面放了一个盘子来接解冻后流出的血。因为没有烤箱，所以就谈不上烤兔肉了。如果别无选择的话，烹饪就简单多了。可以物尽其用，量力而为。

麝猫香味野兔并不是用麝猫香，而是用红酒炖的野兔，并且烹饪时需放入野兔血。这次是这么做的。

手边要备好一个新的光滑大陶豆罐；巴多利诺葡萄酒，产酒的那个村子距离湖边只有几千米远；香草（月桂叶、百里香、香薄荷、迷迭香）；杜松子；海盐和胡椒粒；1 块糖；把维罗纳熏猪肉肠煮沸后熬出的猪油；洋葱、胡萝卜、欧芹和大蒜；一些红酒醋；橄榄油；加到兔血里的白兰地；面粉和黄油。

这只兔子的皮很难剥。在室外的雪地上有一个铁架子，我们把兔子的两条后腿倒挂在架子上，费了九牛二虎之力才剥完皮。然后把兔子剁开，将兔头、兔胸和兔心放入一盆冷水中，然后放入砂锅中做汤。

将背部分成三份，可能需要提前将前腿和巨人的后腿浸泡在橄榄油、香草和红酒醋中，但是只有在分解和烹制兔子之间的时间间隔过长或兔子太老时才需要这样做。这样处理后，做出的野兔肉才会鲜美，我们必须快马加鞭。从下午 3 点开始剥皮，预计晚上 8 点能吃上兔肉。用一把非常锋利的尖刀剥下兔子四肢和背部的薄膜，这是一个费时费事的精细活儿。将百里香、香薄荷、迷迭香、杜松子和黑胡椒粒放入研钵中捣成粉末。然后将其涂抹在肉块上；这样兔肉会更鲜嫩。在一个大煎锅中将纯净的猪肉加热，用四五瓣未去皮的大蒜将大肉块炒至变色，然后撒上面粉，再次迅速炒至变色。

与此同时，在豆罐中放入橄榄油，将 2 个洋葱和一些胡萝卜片用文火煨出水分，大约 20 分钟后，把炒好的兔肉移入罐中。将 1 升的巴多利诺红酒在敞口平底锅中加热，然后迅速倒入豆罐中。淋上红酒醋后，加入 2 片月桂叶、盐和 1 块糖——中和葡萄酒的酸度。将豆罐置于微火上慢炖。

怎么处理兔肝呢？勒步耳说，切碎的兔肝与汤汁中的兔血融合后会影响口感。因此，我们采纳了他的建议，将其单独用猪油慢炖了几分钟，再将其切成 4 叶，在最后一刻放入锅中。

两个小时后，我尝了尝炖着的汤汁；味道还不够，而且似乎再过一个小时，也达不到我想要的汤汁的浓度。我又把 3 瓣大蒜和一些欧芹碎捣成糊备用。要想达到汤汁的浓度，就必须在最后一分钟加入黄油面团（将一块黄油和少量面粉在手中揉成团，用于增稠）。这时，豆罐里的兔肉已经让人咂嘴弄舌了。

把少许野兔汤放入研钵中，然后将研钵里备用的大蒜和欧芹加入豆罐中。将上乘的绿橄榄油倒入煎锅，加热；将前一天做好的玉米糊片在锅中炸至酥脆金黄。将软嫩兔肉块取出，放入带盖的平底锅中保温；将肉汤用过滤器滤入另一个锅中，除去香料，然后放在火上加热。当肉汤开始冒泡时，倒入兔血（已加入白兰地），不停搅拌，然后扔入几块黄油面团，再不停搅拌。加入 4 叶兔肝，再把肉放回锅中炖几分钟，然后盛入白色盐釉深盘中，这样可以衬托出鲜香的深色肉汤，另配一盘金灿灿的玉米糊。

这道宫廷菜使用了大量的巴多利诺红酒。随后吃的黑萝卜沙拉是将生的黑萝卜切得细如发丝，然后用橄榄油和欧芹调味。

有人可能会对添加黄油面团提出质疑。如果野兔比较大，则需要 1 升葡萄酒浸泡，在第一次煎炒变色时需要撒上更多的面粉，这样肉块就会变厚，不过这样更容易烧煳。炖野兔肉的汤汁一定要足够醇厚——就像用博若莱葡萄酒炖鸡一样，而且稠度要与之相似，不稀也不稠；要做到心中有数。

次日可以用吃剩下的野兔及肉汤做野兔酱意大利面，一定会醇香爽滑，回味无穷。

# 如何不用烤箱烹制禽类
## How to Cook Birds Without an Oven

可以用文火炖（braise）它们。这个词（braise）的原意是指在炽热的灰烬中烧烤；这种新石器时代和吉卜赛人的烹饪方法是将小鸟、刺猬、兔子、松鼠包在黏湿泥中烧烤，这些动物的羽毛、皮刺、皮毛就会黏在泥中，被火烤硬，用手一拍就会和泥土一起"掉落"。

在佛罗伦萨附近的乡村餐馆里还有一种改良版：将鸡拔毛后用香草和油纸包好，然后裹上黏土，再用炭火烧烤，等到黏土神奇破裂后就可以大快朵颐了。

后来，人们将半圆形的陶罐放在炽热灰烬中，取代了这种原始的烹饪方法。欧洲第一个烹饪陶罐出现在 8000 年前的塞萨利。在罗马时代，人们用青铜罐、银罐和陶罐来烹饪：在《罗马烹饪书》里记载着英国的庞贝古城和古罗马遗址里的一些罐子的照片。

镀锡铜容器出现得很晚，在 14 世纪的食谱 *Sent Sovi* 中曾有所提及。19 世纪早期的椭圆形铸铁锅带有凹形盖子，上面可以放火炭，就像以前的铜罐一样，可以全方位烧烤，也就是说，上下同时加热进行烹饪。但在意大利的富裕家庭中普遍使用铜器皿，直到上次战争中墨索里尼下令熔化所有铜器。采用这种上下同时烹饪的方法时，可以在禽类的胸脯（或鹿肉、野兔的后背肉、羊腿）上面盖上熏肉片或者涂上油，以防止上面的肉烤干。

将涂上油或盖上熏肉片的禽类与芳香类植物一起放入少许橄榄油中煎至变色，或者使用黄油或纯猪油：切成丁的猪油或意大利熏火腿，1 片咸猪皮或咸猪肉，煎至变色后立即加入洋葱、胡萝卜（切片）和未去皮的大蒜煨出汁。猪肉是必不可少的，可以让汤汁更浓。将这个禽类的各面煎至变色后，加入少量干邑白兰地酒、阿马尼亚克酒、萨维尼亚克酒、葡萄渣酒、白兰地酒或格拉巴酒增味，将这些酒点燃后浇在禽类的身上，迅速收汁，然后加入 1 杯上好的葡萄酒加热，放入一些高汤，随着水汽冒出，汤汁蒸发，这道菜就做好了。用面粉和水勾芡的糊密封盖子，上面再放几块火炭，将罐子置于壁炉中炽热的火焰旁。

除了在农村，使用木材、木炭和在壁炉里烹饪的做饭方式几乎消失了，上下同时烹饪的方法更是罕见。因此，炖烤的方式也在改变。可以选用合适的铁锅或带盖的镀锡铜炖锅或平底锅，然后边旋转烘烤禽类，边在上面浇汁，但要遵循上述原则。至关重要的是该器皿能否容下这个禽类——否则汁液会蒸发过快；盖子不应密封，因为需要给禽类涂油，但要用一个合适的有一定分量的盖子盖上。事实是，烘烤改变了它的性质：烤箱烘烤模仿了传统意义上烘烤，传统的烘烤是指在炽热的火前面旋转烤肉扦子进行烧烤。

为了逃避卡拉拉的严寒，我在威尼托度过了一个冬天，那里的野味应有尽有，在一个没有烤箱的小屋里我在炽热的火焰上烧烤野味。烤出的味道不是完全取决于野味和家禽的质量——可能更多取决于兴趣。

## 炖野鸡（Fagiano arrosto · braised pheasant）

| | |
|---|---|
| 1 只肥鸡 | 5 瓣大蒜 |
| 1 把松仁 | 1 枝百里香 |
| 盐 | 1 薄片猪油 |
| 4~5 汤匙橄榄油 | 1 甜点匙格拉巴酒陈酿 |
| 红酒（0.25 升） | 黑胡椒粉 |

假设野鸡已经勒死并拔光了毛，洗净后捆好（许多意大利禽类贩子只会为你做完第一步），先在鸡胸内塞入 1 瓣去皮蒜瓣和松仁，

然后撒上百里香和盐，最后在上面盖上熏肉片。

将橄榄油倒入大小适中的锅里，用中火加热，放入剩下的 4 瓣蒜，不用去皮，稍微压碎，煎至变色时翻过来，并一直用勺子把热油淋在鸡身上。

用银匙加热格拉巴酒，燃烧后浇在鸡身上。然后倒入热过的红酒，加入一些黑胡椒，用中火，盖严盖子。7 分钟后调小火，以免汤汁蒸发过快。每隔 15 分钟翻动野鸡，用勺子把汤汁浇在鸡上，然后迅速盖上盖子，压实。

整个烹制过程大约需要 1 小时 15 分钟。在最后的 15 分钟里要特别注意，因为在某一时刻，鸡油、酒和汁液会融合成光滑的表层，如果汤汁收得太干，表层就会烧焦。这时，用勺子把汤汁舀在野鸡身上，这些汤汁会沾在鸡身上，放入热盘中即可。

在炖鸡的时候可以做一盘玉米糊，或者扁豆泥和一份皱叶莴苣和红菊苣沙拉。

## 维琴察风味山鹑

### （Pernice alla Vicentina · partridge in the manner of Vicenza）

做这道菜需要先烤制山鹑，然后再炖一会儿，加入一些用苹果、榅桲和樱桃做成的维琴察风味芥末水果蜜饯。

*2 只山鹑·猪里脊上的肥肉片（或猪油片）*
*2 枝迷迭香·2 瓣大蒜·1 个大粗皮苹果·海盐*
*现磨的黑胡椒粉·如果需要的话，1 玻璃杯红酒（或一点黄油）*
*2 汤匙维琴察风味芥末水果蜜饯*

用猪里脊上的肥肉片或猪油片将山鹑包好，放在烤盘上的烧烤网上，置于烤箱中中温烤 75 分钟，每只山鹑里塞入 1 小枝迷迭香和 1 瓣去皮大蒜。在最后的 15 分钟里，拿掉盖在上面的熏肉片，烤至变色。

　　将其从烤盘中取出，把烤油和汁液移到带盖的厚平底锅里。放在炉子上加热，放入粗皮苹果，苹果去皮、去核、切片，用利刃沿着胸脯纵向切开，文火慢炖。

　　把苹果片放进平底锅里，盖上盖子慢慢煮至苹果片融化。在山鹑腹腔里加入盐、一些胡椒粉和压碎的蒜瓣。用勺子把果汁浇在山鹑块上，如果苹果粘在一起，可以加入 1 玻璃杯红酒润滑，或者加一点黄油。

　　15 分钟后加入水果蜜饯。再小火慢炖 10 分钟，直至山鹑块变软，汤汁稠度恰到好处。装入热盘中，浇上酱汁，不加作料即可食用。

### 山鹑甘蓝菜卷
#### （Perdiu amb col · partridge with cabbage rolls）

　　做这道加泰罗尼亚菜似乎花费的时间比较长，但别放弃。本德雷尔皮爱餐厅的索莱女士热衷于慢煮艺术，她把这个菜谱告诉了欧文·戴维斯。山鹑不能烤得太快，否则会变硬。单做加泰罗尼亚番茄酱就需要至少半小时；只有用肥肉和汁液制作的调味菜才够原汁原味。然后山鹑才能慢慢入味，直到最后 15 分钟再放入甘蓝菜卷。制作这道菜所需的食材有：

> 主要食材：2 只肥山鹑，盐，150 克（或略多的）猪肥肉
> 制作加泰罗尼亚番茄酱需要：3 瓣蒜，半个大洋葱，2 个大番茄
> 制作加泰罗尼亚碎酱需要：1 把松子，欧芹碎
> 制作甘蓝菜卷需要：1 棵绿色甘蓝，1 个鸡蛋，2 甜点匙面粉，
>        1 玻璃杯水，煎食材用的橄榄油

将山鹑抹上盐，涂上猪油。放到烤盘的烧烤网上，置于中温烤箱里烘烤 1.5 小时，时不时地涂上一层油。取出，沿着胸口切成两半。

准备加泰罗尼亚番茄酱：在陶盘的烤油和汁水中再加入一点猪油，将大蒜和洋葱切成末，然后将此陶盘置于炉子上，慢慢加热至变色。加入去皮番茄，压碎，小火慢煨半小时。

将松仁、欧芹和少许盐放入研钵中捣成糊状，然后放入酱汁中。当它们充分融合后，放入山鹑块，盖上盘子，放入烤箱中慢慢烘烤。

用锋利的刀小心地将甘蓝叶从茎上切下来，丢掉不完整的叶子，沸水焯 10 分钟。迅速沥干，在水龙头下用冷水冲洗，再次沥干。1 片叶子卷成 1 个小包，每人 2 个。把鸡蛋、面粉和水在碗里搅匀，做成稀薄的面糊。将甘蓝菜卷浸入面糊中蘸一下，然后用滚烫的油油炸。放在厨房用纸上沥干。

将做好的甘蓝菜卷和山鹑一起放入盘中，在酱汁中再小火慢炖 15 分钟。一道经典的加泰罗尼亚菜就做好了。

## 酱香山鹑（Pernici con passione）

有三只西班牙圣文森特德·阿尔坎塔拉的小山鹑，它们长着红色的喙和珊瑚色的爪子，在马志尼路的维罗纳人的鸡舍上挂了一周，

引得一位老友带着一瓶伟杰罗马黑牌白兰地陈酿踏雪而来。

| | |
|---|---|
| 3 只山鹑 | 3 枝百里香 |
| 4 瓣大蒜 | 盐 |
| 4 汤匙特级初榨橄榄油 | 1 小把牛肝菌干 |
| 100 克纯猪油 | 1 汤匙伟杰罗马黑牌白兰地 |
| 0.25 升瓦尔波利塞拉葡萄酒 | 2 枝柠檬味的百里香 |
| 300 克腌小洋葱 | 1 汤匙油（或黄油） |
| 盐 | 1 小撮糖 |
| 一甜点匙鹅油 | |

拔掉山鹑的毛，掏空嗉囊，取出内脏，割断脖子和珊瑚色的爪子；在山鹑腹中塞满百里香、大蒜和盐，再在外面撒一些盐；将其捆好，放在深盘里，抹上少许橄榄油。将真菌浸泡在温水中。

将这些山鹑放在铜煎锅里，在纯猪油里煎至变色，加入鹅油。加热的伟杰罗马黑牌白兰地会点燃山鹑。然后把油脂倒进炖锅中，将其移到炖锅中。放入 3 瓣带皮蒜瓣和 2 枝柠檬味百里香，加入已加热的瓦尔波利塞拉葡萄酒，盖上盖子并压实，然后将锅置于小火上，煮至咕嘟咕嘟冒泡，不时翻动食材。40 分钟后，将真菌过滤，连同少许腌泡汁一起放入锅中。

将小洋葱放入沸水中焯 10 分钟，去皮，放入小平底锅中，加入油、盐和 1 小撮糖。用小火，不时摇动锅身，20 分钟后小洋葱会变成金黄色。

当山鹑快炖好时，放入洋葱，但不放油，1 小时 15 分钟后，有人告诉我们山鹑已经装盘了，上面点缀着金灿灿的洋葱，又浇上了带着浓郁真菌香味的酱汁，然后就可以和土豆泥一起食用了。

三人分享三只山鹑——这是我们吃过的最香的人间美味。据维罗纳的猎人说，野兔、山鹑和斑鸠是唯一不能人工饲养的动物。这些野生食物理应受到敬畏；食用时不用刀叉，用手拿着吃。

# 煮林鸽（Piccione selvatico · wood pigeon）

每人 1 只鸽子                          制作酱料：
每只鸽子 1 片意式培根                    3~4 瓣大蒜
几枝迷迭香或杜松子                       50 克松仁
橄榄油                                1 小束欧芹
0.5 千克嫩胡萝卜                        橄榄油
2 葡萄酒杯红酒                          1 茶匙红酒醋

在意大利捕杀的林鸽比英国林鸽口感细嫩，所以烹饪时间比较短。给林鸽拔毛所需时间比较长。拔完毛后剁掉头和爪子，掏空内脏，捆好，然后在每只鸽子的胸脯上系 1 片意式培根。将一些迷迭香或一些碎杜松子放入其腹中。

在橄榄油中慢慢把鸽子煎至稍微变色，大约需要 10 分钟。要在铁锅中煎，加入刮皮后的整个胡萝卜，然后调小火，翻动胡萝卜来吸油。用红酒润滑，不要浇到鸽子上，把火调大点，盖上盖子，煮 30 分钟到 40 分钟，不时涂上一层油，转动一两次。

在烹制的同时准备辣酱：将蒜瓣、松仁和切碎的新鲜欧芹捣碎，用上乘橄榄油稀释，加几滴红酒醋。当鸽子煮熟时，胡萝卜也几乎吸收了所有的汁水。

可以用同样的方法烹饪斑鸠。如果您有烟囱钩、大铁锅和户外柴火的话，也可以按照上述方法烹饪斑鸠，但要在烧苹果树枝的旺火上烹制。在这种情况下，需要倒入大量的葡萄酒，完全没过食材，因为刚开始的火候会让水分蒸发得比较快。烹饪鸽子需要较长的时间。

# 盛　宴
## Feasting

### 冲出精致的樊笼　夜莺高飞远翔

"然后他们来到哈得勒克，坐下来大快朵颐；这时有三只鸟飞来，给他们唱了一支歌，这是他们听过的最扣人心弦的歌曲。他们眺望着远方，一切都是那么清晰，仿佛近在咫尺；那次盛宴持续了七年。"

这些鸟是瑞安农的不朽鸟。

这段选自威尔士民间故事集《马比诺吉昂》(*Mabinogion*)第四部分中的"莱儿之女布兰雯"。这是《神奇的领主》(*Wondrous Heud*)中的一段情节，在这里诗歌与盛宴完美融合。我们隐约神游到了古老的地中海地区。那是一场不同凡响的盛宴。在盛宴上，我们看不到美食，听不到鸟鸣。我们只听到了那支最扣人心弦的歌曲，这场宴会持续了七年，诗歌以盛宴作为媒介，把普通瞬间变成了永恒；盛宴中有很多事情不期而至。这就是为什么我不打算详细描述盛宴的原因；我只想列举一些盛宴。

拉巴罗扎的五朔节[1]豆宴是一位葡萄种植者的朋友和亲戚们的盛宴，每年的葡萄大丰收都会加深这段友情。盛宴持续了整整一周——因为那年五朔节过后就是耶稣升天节[2]。在悠扬的意大利民歌中，绚烂的5月如约而至。葡萄园里姹紫嫣红，百鸟齐鸣，还有带来好运的四叶草，附近树林中飘来了欢笑声和金合欢花的袅袅花香。

由于这些朋友们对庆祝活动十分熟悉，所以演唱效果无以比

---

1　五朔节是欧洲传统民间节日，用以祭祀树神、谷物神，庆祝农业收获及春天的来临，于每年5月1日举行。

2　耶稣升天节亦称"耶稣升天瞻礼""主开天节"。基督教纪念耶稣"升天"的节日。

拟，而 5 月的这一周正是庆祝活动的高潮；当葡萄藤发出嫩芽时，葡萄酒就酿好了。从萨尔萨纳市场买来的那袋重几千克的生蚕豆被吃得一颗不剩，在露台长桌上的那些意大利饺子和烤鸡也被一扫而光。

这场盛宴所带来的欢愉和连续几天的休息日延长了庆祝活动。一天晚上，内洛大叔坐在路边一个倒置的木桶上，这条路的两边是酒吧和陡峭的葡萄园，宴会剩下的几个人能从那里看到远处马格拉河口的日落，他触景生情，大声喊道："我想长命百岁！一旦我驾鹤西去，我希望在场的人跟我一起归天——我和这些老朋友难舍难分。"这是一位老采石工人用方言表达出的伊特鲁里亚人的真挚情感。

⊱⊱⊰⊰

我从未听说过如此持久的盛宴。这场盛宴是在山下一座未竣工的大楼里举行的，这栋大楼在当时已变成了一个葡萄酒酒吧，酒吧里挂着月桂树枝——相当于英国的冬青树。兔子一直是许多酒吧里讨论的话题，这个梦幻酒吧的老板娘精心烹制的兔子是这场宴会的明星菜。宴会的主角们是一群技艺超群的粗鲁人士，都是一些"恋酒贪杯之徒"。他们的领头人是位人高马大的大理石雕刻师，他不仅善于即兴创作诗词歌赋、即席高歌，还熟记贝里尼（Bellini）、多尼采蒂（Donizetti）、威尔第（Verdi）和普契尼（Puccini）的每一个音符。这次，志趣相投的朋友中又多了五位。

为了安慰焦虑的男性沙文主义者，我的意思是，无论在原则上还是实践上，卡拉拉人的庆祝活动都不允许女性参加。工人们的妻子都鄙视狂欢——对她们而言，这只是他们合起伙来不去赚钱养家的借口。

　　平日里被这群热情洋溢的男人所接纳是我的殊荣，但在这个场合我也被排除在外。雕刻家先生弹着吉他。作为"听众"，我只是一个"回声板"。下午晚些时候，也就是在下班时间，兔子大餐开始了。桌子上摆着一个超大的坛子。花样百出的主持人叫板说："坛子里的酒没有喝光之前，谁也别想离开！"午夜时分，《纳布科》（*Nabucco*）歌剧中的那段庄严大合唱《飞吧，让思想插上金色的翅膀》[1]（*Va pensiero*）把宴会带到了高潮，他们全情投入的演唱让人热泪盈眶，通常情况下只有在斯卡拉大剧院才能达到这样感人至深的演唱效果。

　　在卡拉拉上方那片西班牙栗树林里举行的夏日宴让我至今难忘。山上那些高入云天的栗树苍翠欲滴，每一片叶子都闪闪发光。从山上能俯瞰到福斯迪诺沃城和卢尼贾纳城。一位可爱的以色列歌手的歌声令村民如痴如醉；一群荷枪实弹的猎人也被这歌声吸引住了，他们蹑手蹑脚地从树林里出来，围在这位歌手身边。黄昏时分，这场盛宴以一场摔跤比赛结束，赛场就在卡车后面，参赛选手是一位具有米开朗琪罗雕塑风格的以色列雕塑家和一个身材矮小但十分勇猛的墨西哥人。我们在黄昏时分急匆匆下山赶回卡拉拉了。

---

1　这是意大利作曲家威尔第的成名歌剧《纳布科》里最著名的一段，也译作《希伯来奴隶之歌》，是被俘的犹太人思念家乡和祖国的群唱，被誉为意大利第二国歌。

安耶洛斯的儿子米索斯的婚宴在纳克索斯岛阿波罗那上方的卡米阿吉村举行。这场婚宴中最夺人眼球的就是室外那几大锅通心粉，这使人想起了古代的那些大锅。婚宴上宰杀了七只山羊做烤羊，喜酒是17度的色泽鲜艳的金绿色葡萄酒。族长安耶洛斯待我们如上宾，在这种喜庆的场合，外国人还是受人尊重的。在婚宴最后，一对新人翩翩起舞，这是纳克索斯人永不停歇的碾踩葡萄的舞蹈：幸福永远。

❧❧❧

我不会忘记，在一个夏日的正午时分，我徒步穿过威尼托，漫步到了一座废弃的城堡，这个城堡坐落在一片荒原之上。楼上的窗户里传来美妙的男中音，宛如一个行走在荒原上的行吟诗人般抒情。歌声停止后，我绕到了城堡的另一边，发现这个破落的院子里正在举行热闹的婚礼，长桌上美食荟萃。

在普里奥拉托的葡萄种植者家中也有一场盛宴，普里奥拉特是加泰罗尼亚罗伊斯后面的一座山城。宴会的最后一道菜是新石器时代的无花果干蛋糕，用八角和月桂叶调味，还有一瓶百年陈酿。费诺萨弹起了吉他。

❧❧❧

还有欧文·戴维斯记录的卡拉费尔三个渔夫的盛宴，如果曾经有过大蒜盛宴的话，那就是在本德雷尔的旧宫殿里举行的那场。我们提前庆祝了费诺萨的百岁寿诞；雕刻家先生不善言辞，所以他装扮成魔术师，用手语表演了个节目。

❦❦❦❦❦

即兴的就是真实的：这适用于托斯卡纳民歌的歌词（但不适用于节奏）、适用于豆宴上的戏谑和乔装打扮、头脑风暴、疯狂的胡闹与恶作剧；它还适用于唱歌中的准确音高，我指的是人们总在唱的那首歌。

无论盛宴持续七年还是持续一个星期或一个夜晚，无论我们是否忘记了那些八珍玉食和五光十色的葡萄美酒，无论那些朋友们的面孔是否历历在目，我们始终认为那些盛宴是独一无二的。事实上，每一场饕餮盛宴总要有一个未知的目标，一个由赴宴者的想象力设定和展示的目标。

如果一个人没有这么丰富的想象力呢？那总会有和你志趣相投的伙伴：喜欢热闹，喜欢美食，喜欢倾听，喜欢开怀大笑，这些都会为宴会增添色彩。

如果您认为我言过其实，那让我再想想其他盛宴（大概有七个；但绝不止这些）。埃涅阿斯[1]登陆斯特罗菲德群岛（图尔宁群岛）时那场盛宴就没有那么喜庆欢腾了。牛羊盛宴已备好，草皮做的座位已经摆在海边。但是，埃涅阿斯和他同伴的这些美味佳肴却被凶恶的鸟身人面的女妖们夺走。这场盛宴以与贪婪鸟妖的战斗而告终，其中一个鸟妖塞利诺预言说，除非埃涅阿斯饿死，否则他永远不会得到他苦苦寻找的那座城。

---◇---

1　埃涅阿斯是特洛伊英雄，安基塞斯王子与爱神阿佛洛狄忒的儿子。维吉尔的《埃涅阿斯纪》描述了埃涅阿斯从特洛伊逃出，然后建立罗马城的故事。

# 鹌鹑、兔子、珍珠鸡、鹅、火鸡、鸡

## Quail, Rabbit, Guinea Fowl, Goose, Turkey, Chicken

意大利人自称为猎人。在卡拉拉持有枪支许可证的人达 15 000 人，每人可以捕杀大约 6 只小鹌鹑。如果你在秋天穿过葡萄园，一定会有人用猎枪瞄准你，铅弹会啪啪地打在百叶窗上。那么，这些鹌鹑是从哪儿来的呢？它们从非洲飞来，一旦被网套住，人们便用玉米把它们养肥，然后带到市场售卖。现在鹌鹑都是人工养殖的。

### 烤鹌鹑（Quaglie · quails）

食谱的量为每人 2 只鹌鹑。最好在每只小鹌鹑身上都放上鼠尾草，涂油，然后把小鹌鹑裹在葡萄或无花果叶里；或者用薄的肥猪肉片裹起来，穿在烤肉扦子上，放在柴火或炭火上烤制。

也可以用锅烤鹌鹑。如此烤制时，不掏出心脏、肝和砂囊。将去皮的蒜瓣和一些香桃木果放入鹌鹑的腹腔中。在上面涂上黑胡椒粉和油。

加热一个厚铁锅，当锅很热时，把涂好油的鹌鹑放入锅中，让鹌鹑均匀受热；大概需要 20 分钟。要多加一点油，这样可以在不用烤架的情况下达到烧烤的效果。配上玉米糊或者干蚕豆泥一起食用。

## 葡萄干松仁鹌鹑（Guatlles amb panses i pinyons · quails with raisins and pine kernels）

2 只鹌鹑，供 2 人食用（加泰罗尼亚的鹌鹑较大）
1 甜点匙松仁和 1 甜点匙无核葡萄干（浸泡 2 小时）
黄油 ·1 汤匙干型雪莉酒·1 汤匙橄榄油 ·盐·胡椒粉

把海盐和胡椒粉擦在鹌鹑身上。放入烤盘中，淋上油。将烤盘置于预热好的烤箱最上层。10 分钟到 12 分钟后，鹌鹑会烤成金色。

沥干松仁和葡萄干，在盛有黄油的锅中煎至变色。将烤好的鹌鹑移到锅中，用银勺子将雪莉酒加热，燃烧后浇在鹌鹑上。

## 托斯卡纳油炸兔（Coniglio alla Toscana · Tuscan fried rabbit）

托斯卡纳的山坡上藤蔓缠绕，洋溢着浓郁的乡土气息，兔子在地面上支起来的木笼中繁殖，以多汁青草和长在陡坡藤蔓之间的苦味香草为食。春天的兔子肉质白嫩，味道鲜美。人们在节日前一夜把兔子宰杀、剥皮。周日的午餐以大盘的意大利拌面和兔肉开始。

把兔子切成带骨大块，撒上面粉，放在厚铝锅中油炸。然后放在牛皮纸上沥干。把外酥里嫩的兔肉佐以葡萄园的香草沙拉，再用橄榄油和本地自酿的红酒醋调味。动物与其所吃的食物之间的联系是品鉴专家的灵感源泉——事实上，也是大自然盟友们和那些天生就是美食家的葡萄种植者的本能直觉。

这顿农家午餐的最后一道美食是香草和茴香（茴香利口酒[1]）口味的蛋糕，这种蛋糕被称为天使面包。佐以当年的"上乘"葡萄酒。该葡萄酒是用精选的麝香葡萄与一些最好的红色葡萄混合酿成。这

---◇---

1 利口酒是餐后甜酒，是由法文 Liqueur 音译而来。

些红色葡萄是手工碾碎的，而不是机器压榨的，碾出的葡萄汁要放在玻璃坛中发酵。此酒被称为葡萄的"眼泪"，呈金色，甘甜可口，但酒力强劲。在托斯卡纳，人们误以为女人只爱喝"甜"葡萄酒！

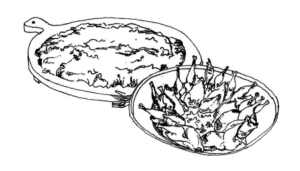

## 西梅松仁兔肉（Conill amb prunes i pinyons · rabbit with prunes and pine kernels）

1 只兔子，切成带骨的大块　　　　12 个上乘西梅
6 汤匙橄榄油　　　　　　　　　　1 把松仁
1 头大洋葱　　　　　　　　　　　2~3 片柠檬皮
盐和胡椒　　　　　　　　　　　　制作加泰罗尼亚碎酱需要：
2 个成熟的去皮大番茄　　　　　　　　12 个扁桃仁
百里香　　　　　　　　　　　　　　　1 瓣大蒜
1 片月桂叶　　　　　　　　　　　　　几粒胡椒
1 玻璃杯红葡萄酒　　　　　　　　　　盐

　　大平底锅中倒入底油，把兔肉煎至变色。将洋葱切成细末。兔肉盛盘备用，然后把洋葱放入底油中小火慢煨；加入盐、胡椒和番茄酱，用微火炖半小时。

　　将兔肉放回锅中，加入百里香和月桂叶，然后盖上盖子，放在炉子上或者放入陶器里，置于烤炉中，再加热 1.5 小时。1 小时后，加入红葡萄酒，使其顺滑。

在烹制兔子的同时，把切碎的扁桃仁放入研钵中，与少许盐、大蒜和胡椒粒一起捣成糊状。在出锅前 15 分钟放入加泰罗尼亚碎酱。

将去皮西梅浸泡 1 小时，然后放入装有柠檬片的小平底锅中，加水刚好没过食材，用文火炖半小时，炖到一半的时候加入松仁。上桌前几分钟，捞出沥干，放到已经做好的加泰罗尼亚碎酱中。

这道菜呈漂亮的深颜色，是本德雷尔皮爱餐厅的塞尼奥拉·索莱的拿手菜。欧文·戴维斯获知了以上烹饪方法。

### 蒜酱兔肉（Conill amb allioli · rabbit with garlic sauce）

兔子肉柴且无味。加泰罗尼亚人将其烧烤后配上辛辣的蒜酱食用。

将一只小兔子顺着脊椎向下劈开，兔子腿一分为二，然后将切成大小均匀的大部分带骨肉块烤制（肋骨、头和其余的边角碎料可以用来做汤）。用橄榄油、百里香和迷迭香把肉块腌泡 1 小时。

火烧起来后，把切好的肉块放在双层烤架上，先旺火烤制，然后小火慢烤，时不时用百里香枝蘸上腌泡汁涂在兔肉上。一定是你想要的味道。

### 独家秘制珍珠鸡

### （Faraona alla mia maniera · guinea fowl my way）

珍珠鸡外观精美，肉质细腻，介于家鸡和野鸡之间，羽毛上有斑点，蛇皮腿（鸟类的祖先是爬行动物）。在英国维多利亚时期和意大利，家禽贩子经常贩卖珍珠鸡。但餐馆里很少烹制珍珠鸡。我在下文列出了无章可循的烹饪方法，你只管先做，做后再评论吧。

把放有 2 个柠檬的汁、1 甜点匙糖、大量黑胡椒粉、1 个柠檬皮和 1 小葡萄酒杯的水煮沸几分钟。离火，然后加入用格拉巴陈酿混合的 3 玻璃杯利口酒，如果您想御寒——写此文时正值冬季，那就先喝点暖暖身。喝剩下的用来浸泡。

1 只重量刚过 1 千克的珍珠鸡·1 小把松仁<br>
4 瓣没去皮的大蒜，略微压碎·1 枝迷迭香·盐·5 汤匙橄榄油<br>
1 杯巴多利诺酒或瓦尔波利塞拉葡萄酒·喝剩的格拉巴酒

将珍珠鸡放在木墩上，砍下头，切断脖子和像爬行动物一样的爪子，在肛门处开一个口。搜出肠、肝、砂囊和心，然后清空嗉囊。将鸡爪浸入沸水中，去皮，用来做汤料。把松仁、蒜瓣和迷迭香放入珍珠鸡的腹腔里。将双腿紧贴鸡骨架，塞在翅膀下，系牢，撒些盐。

把油加热，将珍珠鸡放入煎锅中，和剩余的蒜末一起煎至变色。将煎好的珍珠鸡移到一个刚好容下珍珠鸡的带盖厚锅里。用 1 大杯红葡萄酒涮洗煎锅，加热后倒入装鸡的锅中。加热并倒入喝剩的格拉巴酒。烹制前小心翼翼地在火炉上放一个石棉或铁丝垫，时不时地涂点油，压实锅盖，炖 30 分钟到 40 分钟。可以搭配扁豆泥一起食用。

## 烤鹅（Oca · goose）

温馨提示：吃鹅肉之前，最好先吃一盘牡蛎。

无论是为了保留鹅肉原味，还是为了鹅脂肪的妙用，都不要把鹅肉做得太油腻。

避免使用任何会影响鹅肉味道的食材。经验表明，除了用西梅（浸泡 1 小时，不去核）、苹果（去皮、去核后切成四份）和松仁（如果你能买得起的话）做填料外，不添加任何食材——这是加泰罗尼亚人节日里做的鸡鹅的填料。人们有时会用动物吃的东西做填料，例如，用苹果做鹅的填料。

假设这只鹅的重量不超过 6 千克或 7 千克，在鹅肚子里应填入 12 个西梅、3 个煮熟的大苹果、1 把松仁和 1 个轻微压碎的去皮蒜瓣。

将鹅放在砧板上，用切肉餐叉在鹅身上轻轻戳，特别是两侧和鹅腹部富含脂肪的部位，但不要戳穿鹅肉。用海盐和捣成粉末的百里香和迷迭香涂擦鹅身。

在平底锅中加热几汤匙橄榄油，将鹅倒置在盘中，然后浇上滚烫的油，让鹅皮滋滋作响。如果第一次没有浇遍全身，那就再加热油，再浇一遍。

拿出最大的陶器或耐火瓷盘，在上面放一个烧烤网，用涂过黄油的箔纸将鹅包两层。但下面不用包裹，以便让鹅油流出。将其置于烧烤网上，放在预热好的高温烤箱中，在鹅油开始滴落时，调低烤箱的温度。慢慢烤制。

1 小时后，打开烤箱门，将盘中滴落的油舀出，这是非常纯的油脂。同时，掀起箔纸，给鹅涂油。每隔一段时间涂一次，反复几次。大概 3.5 小时到 4 小时就烤好了。在最后的半个小时里，拿掉箔纸，涂上油，让鹅变成棕色。

*Oca* 在意大利语和加泰罗尼亚语中都是鹅的意思。在威尼托，烤鹅的配料是紫甘蓝、玉米糊和水果蜜饯。也可以用烤箱烤的土豆替代玉米糊。如果您想要多吃鹅肉，少吃菜，那么就少放配料。

毫无疑问，鹅肝也是美食，用油或黄油煎鹅肝，然后把煎好的鹅肝放入研钵中，与盐和大蒜一起捣碎，拌入欧芹碎和黄油，抹在黑麦面包上——这是厨师在做烤鹅时的小吃。

鹅骨架可以熬制鲜美的鹅汤。

**鹅油的用途。** 放在法式豆焖肉中最提味，还可以放到扁豆里。在豌豆汤中加入 1 汤勺也行，或者用鹅油拌小扁豆。芳香蔬菜做成的调味菜是冬季里的甘蓝汤、豆汤或鹰嘴豆汤的基础食材，可以用鹅油代替调味菜中的橄榄油或猪油。与盐和胡椒粉一起抹在面包上。冬天可以把鹅油当作按摩精油涂在胸口，皮靴吱吱作响时也可以涂抹，还可以预防手皲裂。

## 火鸡鸡胸肉配奥维多干白葡萄酒（Petto di tacchino con vino di Orvieto secco · breast of turkey with dry Orvieto wine）

真菌与树根互利共生，这种共栖关系在日常生活中也很常见：我想起了加尔达河畔的那个屠夫和他用玉米养肥那些鸡和火鸡鸡雏。他被人从坎迪达酒吧拖走，迫不得已离开了这些家禽。屠夫养的鸡胸脯胖嘟嘟的，让人联想到爱德华七世时期女性胸部。屠夫被带走了，这就像多米诺骨牌，他的那些活蹦乱跳的伙伴们也倒在通红的陶土火炉里了。屠夫的家禽店冷冷清清，外面飘着雪花。

买半块带翅的火鸡鸡胸，重约 1 千克。

将鸡胸肉整块放在厚平底锅中用橄榄油和黄油炖，也就是说，把 2 个轻微压碎的未去皮蒜瓣和 1 枝百里香煎至变色，用伟杰罗马黑牌白兰地点燃锅中食材。然后向平底锅中倒入 1 杯奥维多干白葡萄酒，继续烹饪，盖严锅盖，把锅放在石棉垫上，用微火炖大约 40 分钟，偶尔在肉上涂点油。在烹饪到一半的时候，放入 1 把冲洗过的刺山柑或一些已经用黄油煨过的小蘑菇芽。搭配红菊苣沙拉和土豆泥一起食用。

## 蔬菜烩鸡

### （Pollastre amb samfaina · braised chicken en ratatouille）

1 只雏鸡·橄榄油·盐 ·4~5 个洋葱
0.5 千克番茄·2 根青绿辣椒·1 人 1 根茄子

把洋葱末放入铸铁平底锅中，倒入足量的油，煎至金黄色，然后放入 2 个去皮番茄和盐。把鸡切成四份，锅中的加泰罗尼亚番茄酱收汁后放入切好的鸡肉。用这种酱汁小火慢炖大约 1 小时，不时给鸡肉涂点油，翻动几下。

在西班牙大锅中煎两三个切碎的洋葱，等洋葱变软时，放入去芯、去籽的辣椒片。慢慢炖至变软，然后加入剩下的去皮番茄。调味。

将茄子切片，另起锅煎制。把煎好的茄子片放在厨房用纸上沥干油，然后将茄子片放到洋葱和辣椒中。

暂时将鸡块从铸铁锅中盛出备用，将蔬菜杂烩放入锅里，然后再把鸡块放回锅中。盖上盖子微火慢炖半小时即可。

## 炸鸡配核桃酱

### （ Pollo fritto colla salsa di noci · fried chicken in walnut sauce ）

挑选 12 个刚上市的核桃，去皮去壳，与 2 瓣去皮大蒜、少量欧芹和罗勒叶一起剁成碎末。放入碗中，加入盐，加少许橄榄油稀释。

把雏鸡切成 8 块，用油和黄油煎至变色，取出，放在牛皮纸上沥干。另起锅，将鸡块放入锅中，倒入核桃酱翻炒，使酱沾在鸡肉上，然后趁热食用。

如果没有核桃，炸鸡配酸模酱味道也不错。这时要把两者分开盛放。这种酱的制作方法是将 1 大把酸模叶粗略地切碎，放在黄油中用文火慢炖，不断搅拌。几分钟后做成黏稠的酱料即可。

## 腌制家禽（ A poultry marinade ）

把鸡肉买回家后立刻就切块腌制，味道会更好。把带骨鸡块放入陶罐中，洒上橄榄油、百里香、胡椒粉，放入大蒜、1 片月桂叶和 1 块柠檬皮。盖上盖子，放在阴凉处，偶尔翻动。这种方法比冰箱保鲜出现得早。也可以用这种方法腌制已经被屠夫切好的兔子、鹌鹑和羔羊腿。

这种家禽腌料中不用加醋。炒鸡块之前把鸡块擦干净，在铁锅或铜锅中加热一点黄油，把鸡块煎至变色时加入从腌泡汁中过滤出的油。

## 猎人料理（ Alla cacciatora · cooking the hunter's way ）

也许现在是时候来挖掘猎人的独特烹饪理念了。这些猎人实际上做了些什么菜？可别告诉我，他们带着煎锅外出打猎。

沃尔夫·艾尔伍德的观点如下："我认为他们会射杀鸟或兔子，然后想尽办法在明火上用大量香草烤制。他们可能会从后兜里或装野味的口袋里拿出一点帕尼诺三明治里夹的熏肥火腿片，轻轻地盖在鸟肉或兔肉上。然后不时地往肉上倒一点点葡萄酒——毫无疑问，是从挂在腰间的酒瓶里，这样在烤熟之前肉不会风干。"

这种方法传给了一个山区农妇，她在位于马西亚诺的马格拉城堡上方的一家小餐馆工作，那里的鸡和兔子是自家饲养的。

## 猎人烹制的黑橄榄鸡肉（Pollo alla cacciatora con olive nere · chicken, the hunter's way, with black olives）

把重约 1 千克的带骨雏鸡肉切成同样大小的肉块。在厚平底锅中放入橄榄油，放入鸡块，与预先煨好的 3 瓣压碎但未去皮的大蒜、2 枝新鲜的迷迭香和一些山鼠尾草叶一起煎炒。

当鸡肉变成金黄色时，在平底锅中压碎 2 个去皮番茄，加入盐和 1 玻璃杯白葡萄酒，由于酱汁很少，所以要盖上盖子慢慢烹制，直至大部分汤汁被鸡肉吸收，肉块变软。煎炒大约 10 分钟，倒入葡萄酒后再烹制 15 分钟。在烹饪的最后几分钟里，把 12 个未去核的美味黑橄榄放入锅中。

把鸡肉连同橄榄和少量的酱汁一起盛入一个椭圆形白盘中，酱汁用滤网过滤，滤掉香料。事实上，在里奇耶里酒店，制作这道菜时并不滤掉迷迭香、百里香和大蒜。

在准备这道菜时，女主人把一盘山区产的杯形香肠和摩泰台拉香肚端到葡萄架凉亭里。这种杯形香肠是用猪里脊肉熏制而成，呈波特酒的颜色，摩泰台拉香肚则是一种用略微剁碎的猪肉做成的农家香肠，略加熏制后，用整粒胡椒调味。这顿饭最后上桌的是佩科里诺干酪，此干酪是由附近产的新鲜母羊奶酪配上夏梨制成。

# 寻找工作场所
## Looking for a Work Place

    风儿吹拂着阿普利亚，吹拂着每块凸起的石头，将它们吹成了细碎粉末。岩石上建造的城堡也日益被风蚀。在这里，我仿佛回到了远古时代。这个半岛就像一个"嘈杂"的小岛，让人联想到隐身的阿里尔[1]和卡利班[2]。

    远远望去，城堡农场就像是无数的大船行驶在荒芜的石头上，或是要在藤蔓间抛锚停泊。当距离越来越近时，城堡又变成守望塔里牧羊人的牛圈，这些破败的文艺复兴时期的塔楼建于 500 年前卡洛·昆托统治时期，以防海盗入侵。阿普利亚人一直在抵御入侵者。

    白色的村庄像蜂窝一样建在山顶，像一堵一堵严密的墙挡住了风。建在橄榄林中的石屋除了有一个门洞外，密不透风：用石头一块一块地精密地建成的蜂巢状的小房子。阿普利亚消失在神秘的橄榄林之后，就像一条小船被海浪淹没。人们只能隐约听到阿普利亚的声音，像风轻拂着橄榄叶。当阿普利亚人发觉陌生人的言谈举止像海盗时，他们会默默地审视他。

    在塔楼上静默伫立，远远望去，当船桅杆消失在爱奥尼亚海的遥远地平线之下时，人们可以感觉到地球在缓慢地转动——一切尽收眼底。

    风造访了城堡的农场，它四处搜寻着方塔上的每一条裂缝，一路高歌，穿透空荡荡的窗户，拍打着那几扇虚掩的房门，由于牧羊人在冬日里蜷缩在炉边取暖，熊熊燃烧的炉火烧坏了这些房门。一

---

1  莎士比亚戏剧《暴风雨》中一个会飞的精灵。

2  莎士比亚戏剧《暴风雨》中半人半兽形的怪物。

只喜鹊乘风而上，落在了高塔上，嘴里衔的无花果种子掉落，好像顷刻之间就会砸塌那残破的屋顶。在这些荒芜的建筑中，除了大自然在破坏人类的杰作之外，没有任何响动。从塔上俯瞰，一大片仙人掌果已经冲破了院子里摇摇欲坠的干墙，像一群野蛮人在门口安营扎寨。

有两个人正在四处寻找工作场所。

成千上万的蟋蟀扇动着深红色和深蓝色的翅膀，在城堡周围香气扑鼻的灌木丛中蹦来蹦去。风中飘着鼠尾草、迷迭香、百里香、香桃木、岩蔷薇和乳香黄连木的辛辣气味。较大的蟋蟀张开透明的翅膀跳来跳去。微小的豆科植物的带刺种子跳进了挽起的裤管里。遍地都是馨香的小水仙花、易碎的星状番红花和小仙客来，正值 10 月，地上布满了巨大的海葱鳞茎，上面点缀着百合花状的翠绿色多汁花冠。城堡附近被侵蚀的岩石表面上有用作钓饵的珠灰色的多毛假蝇的化石痕迹，这说明阿普利亚在 1000 万年前是淹没在水中的。岩石上一片片的橙红色地衣如火在燃烧，岩石之间的红褐色泥土被突如其来的暴雨冲刷后泛着紫色。背景是灰白色的石灰石和灰色的干草。天空中飘着缕缕白云，近旁是一大片香薄荷，无数燕尾蝶飞落在洁白无瑕的花朵上，压得花枝微颤。

十五年来，在这些四处漂泊的日子里，没有人愿意款待外乡人。即便如此，他们也从没有怨天尤人，他们习惯了在大街上锈迹斑斑的铁门帘后面的小酒馆里，或者在餐饮店里自斟自饮，这些村庄的橄榄园都改种葡萄了。他们在村里的水泵旁装满水罐、陶罐或锌罐；在早市购买麝香葡萄、扁桃仁、新鲜的西拉奶酪、斯卡莫札干酪、马苏里拉奶酪、（烟熏）奶酪或一种带黄油夹心的球形奶酪（*manteca*）和一堆乡村面包。这里的 10 月和托斯卡纳的 8 月一样骄阳如火，他们在橄榄树下或乡下避暑小屋的阴凉处安顿下来，摘了些芝麻菜叶给奶酪调味，然后悠然自得地仰望着阿普利亚暗蓝色的天空。

在 10 月底雨云才开始聚集，所以现在没有必要在室内住宿，可以在沙丘上的任何地方过夜，当太阳落入爱奥尼亚海时，有可能在与落日截然相反的方向目睹到满月冉冉升起——一个巨大的橙色圆盘在紫色的薄雾中若隐若现。

## 找到工作场所
## The Work Place Found

"你认为把开水倒在黄蜂窝上不对吗？"我问道——在打谷场附近有一个马蜂窝。雕刻家先生似乎没有在听，他倾斜着曲木椅，检查着天花板。在牛棚的白墙和穹顶白拱门交汇处，在一个不显眼的长方形上方有一个赘物，每晚这个地方都被 15 千米外的圣玛丽亚迪卢卡灯塔的光束断断续续地照射着，就像一块空荡荡的电视屏幕。

"试想一下，"我说，"我的意思是设身处地想象一下这个阿普利亚单身汉的处境。"实际上，这位水管工——对于一个初学者，这个称呼有点高抬他了——如果没有他未婚妻以及这个女孩的妹妹陪在身边给予他精神支持，如果不是为了减轻他们寡居的母亲的负担，他是不会出来工作的。"你不觉得这对祖母来说太苛刻了吗？"

他咕哝着说。

我回避了有关祖母的话题，天渐渐地黑了，我环顾四周：这个年轻水管工让一个八岁男孩拿着一把一人高的鹤嘴锄，在一个头发花白的七旬老人帮助下，刨刚抹过灰泥的五英尺厚的墙壁，为了讲卫生，他要在这些墙上通个铁管。我想应该不会是塑料管。地板上杂乱地堆着一些大石头，覆盖着泥土和赤土色瓦砾，这些都是从这座建筑里刚挖出的——是一个斜眼男人用压缩机"压平"的废墟。

这位"水暖专家"穿着紧身棉裤，光着膀子，他的发型是精心设计的，脖子上的金项链上带着一个小徽章，我们猜测是圣安东尼——失忆和失物的守护神，但他并没忘记把马路对面大蓄水池里的水设法引到我们未来的厨房里。

我说："以路易吉为例，如果没有他的母亲、他的妻子、他妻子的妹妹、他那两个淘气的小男孩，以及他的掌上明珠奥内拉，更不用说他的姑妈了，这个泥瓦匠会到哪里去呢？""冒险离开村子是需要证人的，"雕刻家一边吐着烟（粗烟丝）雾，一边说道，"我并没有叫你给他们煮咖啡。"是的，你只是说："出去和他们谈谈。"他的妈妈双耳失聪，只会说方言，我说的话她一个字也听不懂。他的妻子正对着两个男孩大喊大叫，因为不能揪狗尾巴，他们就改揪葡萄嫩枝。他妻子的妹妹——梳着一头乌黑整洁的小蛇辫子的美女——为了早早出嫁，14岁便辍学在家，现在她的嫁妆箱里已经装满了嫁妆，她迫不及待地向我打听英国的婚嫁习俗，路易吉的母亲则仔细地看了看我的双手，发现两个无名指上都没戴戒指，便噘起了嘴。这个嫁妆箱看起来像是从塔兰托博物馆里大希腊的陶片浅浮雕上刻画的妇女们那里直接继承的遗产，浮雕上的妇女们正小心翼翼地把精致的亚麻布放进带有狮子爪撑脚的嫁妆箱里。

他说这些当然很令人好奇。这样的谈话也不像平时交谈那样老套：你在这里一定感到无比的孤独！你不怕毒蛇吗？你必须有一把枪和一条狗来对付夜间入侵者……

"我知道，"我说，"但我更担心的是一个女孩在接下来的七年里都在筹备嫁妆，梦想着头戴珍珠皇冠做一天公主，如果最后那小伙子不是她心仪的人，她该怎么办呢？"所有那些都已置办妥当的嫁妆该怎么办，例如绣花桌布、花边床单、放在餐桌中央的钩针编织的装饰品、小垫子、抽纱刺绣——甚至当她正式订婚了，他才跑到瑞士挣钱来装饰起居室——客厅的摆件。

"你有很多事情要操心，不必为此烦恼。"他凝视着拱顶说道，那里的大黄蜂正在扩大它们刚做的极其整齐的六边形巢穴。

"我当然想知道，我为什么从来没有想过要准备嫁妆。我之前问过你，把开水倒在一只旧靴子里的黄蜂窝上行不行？"

"我不知道我们为什么需要这些管子，"他说，"在无花果树下撒尿更畅快。"

# 小牛、奶牛、公牛、马和水牛
## —— Calf, Cow, Ox, Horse and Buffalo ——

在遥远的意大利南部——卡拉布里亚、巴西利卡塔、阿普利亚——肉铺里很少有肉，我 25 年前第一次和欧文·戴维斯一起冒险时来过此地，肉铺的标识是一对牛角，偏远农场的屋顶上也会安个牛角辟邪。这些动物尸体存放在一个大冷藏柜里：人们撩开珠帘进入一个空荡荡的小屋子，只能看到称重台上写着"今天概不赊账"的告示，以及一堆牛肚和钩子上挂着的一个牛蹄或一条牛尾。出于卫生考虑，肉铺还是安装了冷藏陈列柜。但是，直到几年前，人们还只在过节时买肉——星期日和圣徒节。现在，任何一天都可以买肉炫富。

在过去，牧民带着他的小狼狗和一群漂亮的黄褐色牛群在荒原上四处游荡；现在再也看不到这些牛群了。餐饮店里每天都出售用这些牛挤出的牛奶做的马苏里拉奶酪，这种奶酪既美味又新鲜，现在的马苏里拉奶酪是由工业化圈养的奶牛的牛奶制作的。但在坎帕尼亚的帕斯特姆平原上，人们仍然用印度水牛的奶制作以前那种醇香的马苏里拉奶酪，在近海沼泽地和彭蒂纳沼泽地带也有这种奶酪。

在纳克索斯，我们一年到头也看不到一块牛肉。公牛很稀缺，奶牛更为珍贵。这些长着漂亮犄角的白色奶牛瘦得皮包骨。它们被关在畜栏里，不仅要产奶，而且在还是小牛犊的时候就要犁地。

在卡拉拉附近的乡下，奶牛被圈在葡萄园顶上的牛栏里。初夏，妇女们把刚割的成堆的带香味的干草用麻布捆好，顶在头上，辛辛苦苦爬上山喂牛。随后，她们把第二茬干草晒干，像蜂窝似的堆放在山顶一个固定的中央杆上，冬天用来喂牛。妇女的家务活还包括用蔬菜喂兔子，用玉米喂鸡，这些鸡在葡萄园散养到葡萄成熟的时候。屠夫们往返于各个山坡，讨价还价后买下一岁的小牛犊。

在台伯河的高地上，在圣塞波尔克罗后面的托斯卡纳山上和在阿布鲁齐高地上散养的牛的肉质都是上等的，最适合做烤牛排。

加泰罗尼亚的气候不适合饲养肉牛，这就是为什么加泰罗尼亚炖肉总是用小牛肉做的。这道菜和法国的蔬菜炖牛肉一样既有汤（和盛汤的碗），也有炖肉和蔬菜。可以用这种汤煮通心粉，此汤是把小牛肉、猪肉（包括猪蹄、猪耳、猪尾）和半只鸡，再加上鹰嘴豆、土豆、饺子、扁豆、根茎类蔬菜和香肠（黑白相间的猪肉香肠）以及卷心菜都放入同一个陶罐或陶锅里炖煮。在上一代人之前，无论是富人还是穷人，在冬季几乎天天都吃这道营养丰富的菜肴。

何瑟普·普拉说加泰罗尼亚烹饪一直具有"某种单调性"，这不无道理。但具有讽刺意味的是，有人可能会说，近年来的政治和经济动荡"缓解"了这种单调。仅仅是通货膨胀和人口"爆炸"就已经让这种传统食物遥不可及了，而现在取代它的食物在口味和营养方面根本无法与之相提并论。但我并不希望通过分析工业化的影响让读者忧心忡忡。事实上，雕刻家先生更喜欢野生食物，而不是注射过激素的小牛肉和牛肉。也许这是由于他长期在野外生活，与大理石为伴和与石头为伍。卡拉拉盛产各种野味，威尼托也是如此。在阿普利亚，羊群仍然可以安然自在地吃草，猪在本地饲养，或者有人自己养猪，可以说，人们的处境还是安全的。

我不是唯一坚信应该少吃肉的人。在写这篇文章的时候，我偶然打开了奥维德（Ovid）的《变形记》（*Metamorphoses*），发现在第 15 卷毕达哥拉斯给克罗托内居民做了一次演讲，克罗托内位于爱奥尼亚对面——在冬天的某些日子里，从斯佩格力兹的屋顶上可以清楚地看到它的海角。毕达哥拉斯的演讲是有史以来最感人的呼吁素食主义的演讲。尽管如此，我还是不得不承认，我有时非常想吃牛肉！

## 牛肉卷（Involtini · veal, stuffed and rolled）

这道菜有时被称为 *imbottiti*（塞满的或有夹层的），有时则被称为 *uccellini*（小鸟），在卢卡上方的乡村餐馆有这种特色肉卷。

| | |
|---|---|
| 每人 2 片薄牛肉片 | 单叶的欧芹 |
| 100 克意式培根（咸猪腹肉卷） | 1 瓣大蒜 |
| 白葡萄酒 | 一些刺山柑 |
| 油或黄油 | 盐和黑胡椒 |
| 1 个茴香或野生茴香的芽和叶 | 牙签 |
| 鸡高汤 | |

将培根切成条，用油或黄油煎至变色。然后用木槌敲打砧板上切好的小牛肉薄片。把茴香（或野生茴香）和一些单叶欧芹、大蒜和刺山柑切末。在每一片小牛肉上放一点切碎的香料末，加入盐和黑胡椒粉，然后整齐地卷起来，用木牙签插入，将其固定。放入用来煎培根的油或黄油中，这时培根已变色，接着将肉卷煨至变色（10分钟），加入 1 小玻璃杯白葡萄酒和一点点鸡高汤，盖上盖子。慢炖15分钟，装盘，用筛子将少量的酱汁过滤后浇在小牛肉卷上。

## 西梅土豆炖加泰罗尼亚小牛肉（Carn estofada amb prunes i patates · Catalan veal stew with prunes and potatoes）

有些人认为西梅与婴儿卫生学有关，他们在听说它可以用在加泰罗尼亚肉菜中时备感惊讶。事实上，用这种方法进行烹饪会彻底改变它的特性，而且，浸泡 1 小时（有时在葡萄酒中）和短时间烹煮，它的质地都会有所不同。

| | |
|---|---|
| 1 千克小牛瘦肉 | 1 小撮肉桂粉 |
| 1 个大洋葱 | 1 束香草（百里香、月桂、欧芹） |
| 3 瓣大蒜 | 1 大玻璃杯白葡萄酒 |
| 2 个大番茄 | 1 杯半水 |
| 1 利口杯西班牙白兰地酒 | 12 个精品西梅 |
| 半茶匙辣椒粉 | 每人 2 个小土豆，去皮，切丁 |
| 50 克苦巧克力碎 | 橄榄油 |

将西梅浸泡 1 小时。在平底锅里倒入橄榄油加热，把小牛肉切厚片，用旺火迅速煎至变色。将肉移到陶罐里。洋葱切片，与未去皮的蒜瓣一起在油中煎至变色。番茄先在沸水中浸泡一会儿，取出后去皮，在平底锅中压碎，加入葡萄酒和白兰地。

文火煮 20 分钟，等酒量减少至一半时加入辣椒粉、苦巧克力和 1 小撮肉桂粉。用巧克力而不用面粉是为了增加酱汁的稠度；煮的过程中巧克力的苦味会消失。放入香草束。

搅拌酱汁，用水稀释，煮几分钟，然后浇在陶罐中的肉上。酱汁刚好没过肉。盖上锅盖，置于炉子上的石棉或铁丝垫上（或用中温烤箱，盖严盖子）微火炖 2 小时，然后取出香草束。

与此同时，用少量的水将西梅煮半小时，然后沥干。用热油将土豆块炸至金黄色。

将炖好的小牛肉装在椭圆形盘中，最好是白色的，以衬托出肉的浓郁色泽，将炸土豆和西梅干分别摆在盘子的两端。

## 小牛肩肉卷

### （Bracciuolino di vitello · shoulder of veal, rolled）

这种烹制小牛肉的方法既经济又实惠，冷热食用均可。剔下的骨头（可以让肉贩代劳）可以用来做意大利汤面的高汤，在意大利北部也叫 *Minestra in brodo*。

> 1 块去骨小牛肩肉 · 1 枝新鲜迷迭香 · 橄榄油 · 1 片月桂叶
> 2 个柠檬的汁 · 牛至（野生墨角兰）· 盐 · 1 个大蒜瓣

把肉铺在砧板上，放上 1 片迷迭香和牛至，压碎大蒜，抹在肉上。加几滴橄榄油。卷好，用绳子绑牢。

在铸铁煎锅或铜煎锅中加热一些橄榄油，放入肉，在炉火上把肉的各面煎至变色（20 分钟）。加入 2 个柠檬的柠檬汁，盖上盖子，放在壁炉里的三脚架上小火慢炖，或者置于中温烤箱中烤 1.5 小时，时不时涂点油。

如果想做冷盘，就把肉放在盘子上，去掉绳子，将锅里的酱汁慢慢滤到肉上，浓肉汁冷却后就会凝固。

## 小牛头和肘子（Cap i pota · calf's head and knuckle of veal）

这是一道相对来说比较便宜的加泰罗尼亚菜肴。

| | |
|---|---|
| 小牛头和肘子 | 橄榄油 |
|   各 0.5 千克 | 1 甜点匙辣椒粉 |
| 1 个柠檬 | 1 葡萄酒杯干白葡萄酒 |
| 2 片月桂叶 | 0.5 千克土豆，去皮并切成 |
| 2 根欧芹茎 |   圆块 |
| 2 个花椒粒 | 加泰罗尼亚碎酱需要： |
| 1 个大洋葱，切末 |   4 颗扁桃仁 |
| 2 个去皮番茄 |   2 瓣大蒜和盐 |

将牛头洗净，浸泡几个小时，然后和肘子一起放入锅中，加水

没过食材，加盐，慢慢煮沸。撇去浮沫，加入柠檬片、月桂叶、花椒和欧芹茎，慢炖 1.5 小时。肉变软烂时，滤掉肉汤，将肉切成小块。

与此同时，将洋葱末放入厚煎锅中，在油中煎至变色，然后加入番茄，压碎。撒上辣椒粉，倒入葡萄酒。收汁，让汤汁变得比较浓稠；大约需要 20 分钟。

放入肉片和土豆，适量加入滤过的肉汤。盖上盖子煮半小时。在食用之前加入加泰罗尼亚碎酱，碎酱的做法是：将扁桃仁、大蒜、盐一起放入研钵捣碎，用锅里的酱汁稀释一下；然后再把研钵里的食材倒入锅中。土豆会吸收掉大部分酱汁。

## 炖牛肝（Fegato alla mia maniera · liver）

小牛肝和其他动物肝的区别在于味道、质地、嫩度和价格。在卡拉拉主要使用母马、猪、公牛，甚至是骡子的肝（我猜测），屠夫将其切成薄厚适中的片（不建议品尝它们的味道或者油炸食用）。

| | |
|---|---|
| 0.5 千克肝 | 黑胡椒粉 |
| 橄榄油 | 百里香 |
| 香薄荷 | 欧芹碎 |
| 大蒜 | 盐 |
| 1 甜点匙法国第戎芥末糊 | 1 大葡萄酒杯红酒 |

将肝放在砧板上，剔除牛肝上的白筋，切成细条，撒上胡椒粉。

在厚平底锅里倒入一些橄榄油，放入切好的肝，撒上香草，用文火慢炖。翻面后加入欧芹碎、蒜片和盐。将芥末和锅里炖出的汤汁充分融合。然后倒入红酒，稍微把火调大，加速汤汁蒸发并收成酱汁。耗时：不超过 8 分钟。单独端上桌，还可以再配上一盘"寡妇"土豆。

## 欧洲酸樱桃酱配小牛舌（Lingue di vitello in salsa di ciliegle marasche · calves' tongues with morello cherry sauce）

这道菜是用在花园里种植的欧洲酸樱桃制作的。所需食材如下：

主要食材：2 根小牛舌，每根重约 0.5 千克，海盐
芳香植物：半个洋葱，1 根胡萝卜，1 段芹菜，6 颗杜松子
制作酱汁需要：3~4 汤匙欧洲酸樱桃酱，1 杯六年陈酿红酒，
　　　　　　　40 克黄油，1 葡萄酒杯高汤

用海盐擦拭牛舌表面，然后将其放在陶罐中，上下铺上海盐，腌制 24 小时。

第二天：冲洗牛舌，放入平底锅中，加水没过牛舌，煮沸，放入芳香植物，盖上锅盖，小火慢炖 1.5 小时。放在汤中冷却。

把它们从锅里取出，将牛舌去皮并修剪好，快速加热汤汁并收汁，然后把牛舌放回锅中保温。

如果你已经制作好了欧洲酸樱桃酱或设法买了一些（罗马尼亚、德国或保加利亚）果酱，接下来就可以准备酱料了：

将黄油放入一个足够容纳牛舌的平底锅中，加入几勺欧洲酸樱桃酱，小火加热，不停搅拌，使其融化后与黄油充分融合，然后加入 1 杯红酒，滤入一点点高汤。把牛舌放进酱汁中，仍然用小火，使牛舌上色入味；几分钟后翻面，再炖几分钟。

把牛舌放在白色的平底盘中，淋上少许带有樱桃的酱汁。记得把牛舌切一下：片成薄片。这道菜制作起来简单但味道十分鲜美。

我对小牛肉（vitello）和老一些的小牛肉（vitellone，没有成年牛肉那么老）没那么感兴趣，如果有意大利人读到这里的话，请原谅我。尽管如此，我在这里还是必须要介绍一下米兰炖牛肉和威尼斯腌牛舌的方法，这两个食谱历史悠久，可以追溯到中世纪的乡土菜肴。这些菜肴注重古老的饮食习惯，在意大利北部的冬日酷寒中，

这些饮食习惯一直与最世俗的现代饮食方式相抗衡。

## 米兰炖肉（Il bollito Misto·Milanese boiled meats）

伦巴第和皮埃蒙特烹饪的特色之一——用各式各样令人惊异的辛辣佐料炖肉。如果您想探个究竟，那必须去一家在斯卡拉大剧院附近的米兰餐厅，那些矮小肥胖、精力充沛的商业人士经常光顾此地（研究餐饮店的顾客比精读菜单更能推测出厨房里烹饪的是什么食物）。

但如果做不到这一点，在着手准备之前，您应该对米兰略知一二——即使是二手信息。在《朱利亚诺·桑瑟维罗之书》（*The Book of Giuliano Sansevero*）中安德烈·乔维内（Andrea Giovene）写了一篇题为《猴子们》的文章。此文写得栩栩如生，妙趣横生，您可以读读这篇文章以期了解米兰。另一个与这座城市有关的人是司汤达，他曾经宣称，由于在斯卡拉大剧院度过的快乐时光，他已然成了一位音乐鉴赏家。快乐体验下的强烈情感——与安德烈·乔维内的情况恰恰相反——是了解任何事物的先决条件。

下面介绍如何准备这道菜。出人意料的是，雕刻家先生坚持认为这是他最难忘的一顿饭。这道菜无可挑剔，是由奇亚雷拉·祖奇掌勺。她说："6人或8人份需要2千克瘦牛肉，1根中等大小的牛舌，1只散养鸡和猪蹄皮灌肠或熏猪肉肠。"

与一般的做法不同，以上每种食材需放在不同的锅中分别炖煮，将食材浸入冷水中，煮沸，小心翼翼地撇去牛肉、牛舌和鸡汤中的浮沫，直到汤完全清透。按照通常的方法，将猪蹄皮灌肠或熏猪肉肠用细布包好。然后在每个锅里加入少许盐、1根胡萝卜、1片月桂叶、1根芹菜和1个未剥皮的洋葱。将牛肉、牛舌和猪蹄皮灌肠炖3小时，鸡肉炖1.5小时（如果用的是熏猪肉肠，所用时间与牛肉等相同）。准备好牛舌，小心地去皮，去除舌根处的小骨头和黏液，以及一些肥肉；然后放回锅中保温。

米兰炖肉主要有两种食用方法：

1. 将煮好的肉切片，放在一个盖碗或耐热玻璃碗中，碗里盛入牛肉汤和鸡肉汤（用带衬布的滤器过滤掉脂肪），将滚烫的汤和以下配菜一起食用：一碟或一碗青酱；从意大利熟食店买的醋腌蔬菜；醋腌小黄瓜；油浸小洋蓟芯；水果蜜饯。将这些配菜摆成圆形，这里的每一道开胃小菜都是一道亮丽的风景线。

2. 把热气腾腾的肉盛入一个椭圆形的大盘中上桌。将鸡肉汤和牛肉汤混合在一起；鸡蛋奶酪肉汤的制作方法是：在碗里打入 3 个鸡蛋，加少许盐和 3 汤匙帕尔马干酪碎。将混合好的肉汤快速煮沸，滚沸时将蛋液混合物一点点倒进锅里，用打蛋器搅拌。不停搅拌，煮四五分钟，然后上桌。鸡蛋奶酪肉汤是"溏心蛋"的雏形；如果操作成功的话，汤中会有许多小"丝线"。奇亚雷拉采用了这种烹饪方法。通常还会用腌牛舌代替新鲜牛舌。

## 腌牛舌（Lingua salmistrata · pickled ox tongue）

威尼托冬日风景之一——肉店里的美味腌牛舌。下面介绍一下威尼斯人腌制牛舌的方法，他们腌制的牛舌色香味俱全。还可以顺便将小牛蹄、小牛头或一块五花肉一起腌制。

制作腌泡汁。在 5 升水中溶解 0.5 千克海盐和 150 克硝酸钠（从一位化学家那里弄到的）。加入 300 克棕色糖蜜，煮几分钟，将 1 枝百里香、1 枝迷迭香、两三片鼠尾草叶、三四片月桂叶、12 个杜松子和 12 粒花椒放在一个平纹布袋里，加入腌泡汁中，放凉。这需要几个小时。

将腌泡汁倒在上釉陶罐（或者你有个瓷罐）中的牛舌上，在肉上放一块干净的木板，木板上面放一块大卵石或不渗水的石头压好，让牛舌完全浸入腌泡汁里。腌制 1 个星期。在深冬腌制时间要延长些。

煮牛舌。取出牛舌，放入温水中浸泡几个小时，稀释掉一些盐分。将其放入大砂锅中，用冷水煮沸，撇去浮沫，盖上锅盖慢慢炖煮——每 0.5 千克牛舌炖 55 分钟。煮腌制牛舌的时间比煮新鲜牛舌要长，因为硝酸钠会让肉变得稍硬。把煮牛舌的水倒掉。将鲜红的牛舌去皮，削掉小骨头和多余的脂肪，趁热搭配土豆泥、菠菜叶和青酱及水果蜜饯一起食用。

## 马肉（Carni equine · horse meat）

一位满面笑容的英国女士来到斯佩格利兹，她很喜欢萨兰托。一两杯酒下肚后，她若有所思地说："这里竟然有这么多屠宰马的人！太令人震惊了！"法国或比利时女人就不会这样气愤。高卢人、比利时人、希腊人、梅萨皮亚人等所有视马如命的人都吃马肉。如今，萨兰托人也吃马肉。事实上，屠宰马的屠夫比其他屠夫技高一筹。

此处提供两种备受欢迎且最经济实惠的食用方法：

1. 制作肉丸子。按照烤意面食谱的制作方法，先将绞过两遍的肉馅做成肉丸，这种肉丸要比烤意面中的肉丸大两倍，也就是核桃大小，然后油炸。将其放入炉子上的陶器中，用带罗勒的稀番茄酱小火慢煨。与土豆一起趁热食用，也可以与油浸小洋蓟芯和黑橄榄一起作为开胃菜凉食。这是萨兰托饭店的传统美食，和克里特岛的炖肉很像。

2. 另一道传统菜肴是炖马肉：将瘦肉块与水、油、香料、辣椒一起慢炖，肉变软时加入适量的番茄酱。用肉汤给意大利面提味，把肉另装盘食用。

这个方法和纳克索斯岛人做山羊肉的方法十分相似。我在这里给大家介绍一下我们的朋友温琴佐·韦拉迪制作精品炖马肉的复杂方法：

从肉店买回 1 千克马臀肉，就像做炖牛肉一样切成大块。备一把特别锋利的刀。亲自操刀会让你更好地了解肉质。

将切好的肉块放入陶盘中，在陶盘中加入：1 个切片的洋葱、2个切片的胡萝卜、切碎的绿芹菜茎和叶；一些捣碎的杜松子（或香桃木）、一些茴香籽；2 根辣椒；三四个番茄；两三瓣蒜片、盐、少许橄榄油和 1 甜点匙红酒醋。浸泡时翻动一两次。

第二天，从腌泡料中取出肉，擦干，在煎锅中倒入橄榄油，将肉煎至变色。加入三四个去皮去籽的番茄、泡料和 1 玻璃杯干白葡萄酒。

将煎锅中食材移到陶制（或铸铁）砂锅中，盖上盖子，微火炖3 小时，确保肉不会变干；如果变干的话，加一点高汤。肉必须炖软，但不要"软烂"。装盘，用筛子将少量的酱汁过滤后浇在肉上。搭配土豆泥一起食用。

在此，我记录了一种叫肉干的美味，是威尼托马肉店产的，其外观类似于熟肉酱，也就是说，这种肉干富含纤维，但比熟肉酱干。将腌制后的马肉在阳光下晾晒。晒干后切成大小均匀的肉块，然后放入一个比较重的研钵中捣碎。这些碎肉搭配餐前酒一起食用，味道好极了。

在雕刻家先生的出生地安特卫普，人们将熏马肉切得薄如纸片，单独食用，也可以搭配火腿一起食用；这款菜肴在佛拉芒语中叫作 *gerookt vleesch*。

在伦敦的苏活区，一位名叫罗斯的女士在战争期间每天给学生们吃马肉排。我猜测,她用来炸薯条的油是纯马油。当然,她是位法国人。

在购买马肉时,我们假设马没有被注射过激素。在萨兰托,马肉是从匈牙利经由加里波利进口的。

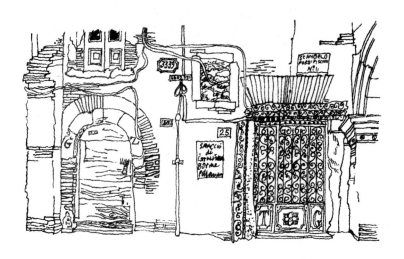

# 普洛斯彼罗 [1] 的盛宴

## Prospero's Feast

有一场盛宴有必要描述一下。

完美的主人很少像完美的客人那样富有想象力。唐·安德烈·乔维内和艾德琳夫人于一个夏日的午后到达了斯佩格力兹。他们手里拿着一个上面盖着布的超大烤模，里面装着果馅饼，这是一大早在乌真托烘焙的乡村手工蛋糕，是一种金色的发酵糕点，里面放了很多鸡蛋和一些已经融化了的香草糖，上面盖着一层浓稠的梨果酱，装饰着交叉线条。我们高高兴兴地坐在葡萄藤下的餐桌旁，悠然自得地品着他们带来的那瓶可口的乌真托麝香葡萄酒。

他们登门拜访时邀请我们两天后共进午餐。我们 12 点半整在乌真托的郊区再次相聚。乌真托的历史比罗马还悠久，这座城市曾两次被撒拉逊人 [2] 夷为平地。我们看到的广场上的那栋不太可能有人居住的房子属于一个烟草商的女儿，她的丈夫在加油站上班。我们想象不出这场盛宴会是什么样子，在阿普利亚村庄里吃午饭是相当危险的。

我们发现唐·安德烈坐在一个躺椅上酣然入梦，躺椅放在一座刚建成的混凝土别墅前的一小块石铺地面上，为了遮挡正午的阳光，别墅的窗户上挂着一种叫作"撒拉逊"的金属卷帘。他说他在等我们的时候一直在想象如果成为这座别墅的主人会是什么样子，这些想象让他成功地找到了一种真正的满足感和成就感。这位曾经住在豪宅里的人拥有极其丰富的想象力。他已经弥合了农民的陈旧生活

---

1　普洛斯彼罗是莎士比亚戏剧《暴风雨》中的一个公爵，他施展各种魔法夺回了自己的爵位。

2　阿拉伯一游牧民族，尤指在罗马帝国边界（今天的叙利亚到沙特阿拉伯之间）活动的游牧民族。

观念与儿女们具体愿望之间的鸿沟。就在前几天，我们的邻居略带嘲讽地说："现在我们都是主人了。"

这座别墅与其他别墅之间有一个小花园，花园里种着苹果树、桃树和橘子树，这些树中间种了几排深色叶子的夏季菊苣，转过街角，我们遇到了唐娜·艾德琳，她手里拿着一盘烤红辣椒，遗憾的是，她将没去皮去籽辣椒直接放在当地的面包烤炉中烘烤了。于是，我和她一起坐在一堵水泥矮墙上给烤辣椒去皮去籽，安德烈和雕刻家先生则在8月尘土飞扬的路上闲逛，顺便看看宴会的气氛如何。我们悠闲地跟着他们，手里端着用餐巾盖着的盘子。

从大街上走进一个看上去像葡萄酒酒吧的场所，酒吧里有一个带漂亮的星形拱顶的小房间，这里从前是一家小餐馆。房间里空荡荡的，结满了蜘蛛网，一个角落里摆着一张支架腿桌子和几把椅子。从小厨房敞开的门可以看到温馨的一幕——厨房大壁炉里的橄榄木燃着熊熊烈火。在阿普利亚，隐藏的东西才是真正重要的东西：凉爽的拱形房间，高墙里散发着醉人的柠檬花香的秘密花园，深邃的山谷。

午餐第一道菜是传统的南方夏季意大利面，深红色番茄酱意面搭配佩科里诺干酪碎。"没错，"唐·安德烈说，"应该安安静静地吃第一道菜。"这个拱形房间让我想起了我上学时在百合花修道院里安静用餐的规矩。下一道菜引起了一阵争论——让我备感欣慰的是，玫瑰色蝎子鱼浸在玫瑰色的酱汁里，里面点缀着绿色芹菜碎，散发着浓郁的蒜香。唐娜·艾德琳说蝎子鱼鱼头是鱼身上最好的部分，当我说"是的，但鱼脸肉是我的最爱"时，她惊呆了。她反驳道，"鱼脸肉和鱼头比起来算不了什么"，她一边说一边用叉子和手指将其撕开，使劲吮吸着鱼头。雕刻家先生彬彬有礼地从桌子那边伸头看了看，唐·安德烈斩钉截铁地说，吃鱼的唯一文明方式是一手拿着叉，一手拿着一大片面包。

　　与此同时，酒吧老板的妻子焦急地在餐桌旁转来转去，祈祷一切如常。酒吧老板蹲在炉边，不久便端上了精工细作的古铜色羔羊肉，这道菜用的是从羔羊的脆骨上切下的肉，在肉上涂上橄榄油，再用百里香、迷迭香和几滴柠檬汁调味，然后熟练地把肉穿在长长的硬木烤肉叉子上烤制。唐娜·艾德琳突发奇想，建议搭配烤辣椒一起食用，再佐以黑胡椒、橄榄油和大蒜。

　　这是一场饕餮盛宴。令人意想不到的是他们接着上了一盘烤红鲻鱼。那天早上，他们在离圣乔瓦尼不远的地方还捕到了石鱼。圣乔瓦尼曾是乌真托的梅萨皮安港口，现在已被海水淹没。

　　然后是一份沙拉，里面有芝麻菜叶，这是一种人工培植的芝麻菜，味道相当辛辣，还有一份口感极佳的来自杰米尼的新鲜山羊奶酪。然后是消暑的绿香瓜，这是一种甜瓜，方言叫 *minne di monaca*——"修女的乳房"；然后是一条条被称为"叹息"的扁桃仁饼，但这是一种心满意足的叹息。唐·安德烈是乌真托会施展魔法的普洛斯彼罗，是一个无忧无虑的人。他迷住了乌真托的忧心忡忡的卡利班和他的丽塔（Rita）。"Ri-ta！"他高声喊道，*r* 音从门口一直传到厨房。丽塔飞奔回来，脸颊通红。我们先喝了乌真托产的金色麝香葡萄酒，然后用深红色的葡萄酒配羊肉和鲻鱼。他一声令下，海边的四个村庄就被洗劫一空。

　　如果我记错了，敬请指正。我记得有本鸿篇巨制详细地描写过这场盛宴，此书由唐娜·艾德琳精心装订，里面摘录了安德烈的日记，行文如行云流水，配有插图，图画和每个字母上都镶着宝石图案。

　　但是我忘了一件事。还有第五位客人：乌真托博物馆年轻有为的馆长，他在整个席间缄口不言，他一定曾经口若悬河过。我们在和一个天才共进午餐。我现在意识到唐·安德烈和格特鲁德·斯泰因有一个共同点。他们都曾为别人写书立传。人们可以通过《朱利亚诺·桑塞韦罗之书》（*The Book of Giuliano Sansevero*）进一步了解他。

# 羔羊和小山羊
## Lamb and Kid

**阿雷佐风味烤羔羊（Arrosto d'agnello all'aretina · lamb on the spit in the manner of Arezzo）**

烤小羔羊腿能去除膻味。一只普通小羔羊腿足够两人食用。将一两个月大的小羔羊宰杀后立即剥皮，悬挂 24 小时后再处理：把盐和黑胡椒粉涂在羊腿上，倒上 1 大汤匙红酒醋和大量橄榄油。用刀尖在羊腿上到处戳一戳，然后放在陶盘里腌制几个小时，翻动一两次。

把羊腿擦干，将一两枝迷迭香插进羊肉中，在肉和骨头之间放入一两个去皮蒜瓣。将其穿在烤肉叉子上，置于炙热的灰烬上方，在烤制时用迷迭香枝蘸腌泡汁涂在羊腿上，时不时地翻转一下。试着用平底锅接住烤出的汁水。大约需要烤 25 分钟。

最美味的烤羔羊酱料是普罗旺斯芥末味酱料。将 4 个蒜头放入炭灰中烤一下，然后去皮并捣碎。将浸泡过的 4 条咸鳀鱼去骨，擦干，捣碎，然后将其放入蒜泥中。将平底锅中接的汁水——烤肉的精华——倒入研钵中与以上做酱料的食材搅拌均匀即可。

**按照猎人菜谱烹制的小羔羊腿（Cosciotto d'agnello alla cacciatora · leg of young lamb cooked in the hunter's way）**

请屠夫将重 1 千克的小羔羊腿切成 3 厘米的小块，然后用橄榄油和柠檬汁腌渍。

如果用柴火烹制的话，就先把羊肉块放在双层烤架上烧烤，然后在煎锅中按照如下所述的步骤进行烹饪。如果没有双层烤架，就把羊肉块放入煎锅中，倒入橄榄油，放入 2 个压碎的蒜瓣（未去皮）和 2 枝新鲜的迷迭香，煎至变色。撒上盐、胡椒粉和香薄荷粉。用木叉翻动，将各面都煎至变色。倒入 1 玻璃杯红酒，加入 2 个去皮压碎的西梅番茄。文火慢炖至酱汁几乎全部蒸发掉，肉变软。与蚕豆洋蓟和菜园里的豌豆一起上桌。

还可以参阅前文费诺萨用铸铁机械烤肉扦子烤制的羊腿。

## 小山羊或羔羊生肉
### （Haedus sive agnus crudus · kid or lamb raw）

令人遗憾的是，阿皮奇乌斯（参见《罗马烹饪书》）写的这个最简单的食谱的标题具有误导性，但它却是独一无二的，并不像我父亲说的那样是"一盘做砸了的菜"。下面是引文："涂上油和胡椒粉，撒上大量加了香菜籽的纯盐。置于烤箱中烤熟，食用。"事先将香菜籽捣碎。

无论在过去还是现在，罗马烤炉和阿普利亚烤炉都是相同的"蜂巢"式构造。在复活节那天，通常将小山羊切成带骨大块，有时分成"四等份"，用同样的方式涂上料（尽管用迷迭香代替了香菜籽），然后放到一个大的厚铝烤盘中，和面包一起烘烤。这种烤炉——*furnus*（拉丁语），*furnu*，*furnieddu*（萨兰托方言）或 *fournos*（希腊语）——像乡下避暑小屋旁边的小石房。炉底离地半人高，用石灰石铺成，拱顶砌着耐火砖。柴火是大捆的橄榄树枝，这些橄榄树需要每两年修剪一次。在烤面包的前一晚，点燃第一把火，在第二天清晨，当面包膨胀时，再点一把大火。然后用耙子将炽热灰烬耙到一边，再放入 50 个总重 1 千克的面包。夏天的高温使面包很快变硬，人们便用大麦或者用一种叫作 *frise* 或 *frisedde* 的小麦粉做成小卷面包。趁热将其切成两半，穿到铁丝圈上，然后挂在炉壁，再次烘烤。夏天吃夜宵时：将硬邦邦的面包在蓄水池中浸泡片刻，然后甩掉水，再抹上橄榄油、番茄碎和大蒜。清爽可口。

## 烤羔羊杂

**（Gnummarieddi·young lamb's pluck and gut cooked on the spit）**

　　我提到过纳克索斯版的烤羊肺（在"小吃"一章），但没有详细介绍。制作这道菜肴需要一定的技巧，凯文·安德鲁斯（Kevin Andrews）在《伊卡洛斯的飞行》（*Flight of Ikaros*）中的一句话可以证实这一点：十五年来，凯文的父亲一直在餐馆打工谋生，他擅长烤制一种名为烤羊杂的美食，这道菜是用羊肠将羊内脏一圈一圈地裹在烤肉叉上烤制而成。

　　把一个月大羔羊的内脏洗净：脾、心、肝、肺。放在砧板上切成片。

　　清空肠子，用盐充分揉搓，然后用温酸化水洗净。撒上面粉，再次清洗。反复冲洗，然后晾干。切成 20 厘米长的段，然后将其放在砧板上。每段放上一片脾、心、肝和肺，再放一些新鲜欧芹叶或香菜叶。然后将肠子绕成大小均匀的"捆"，用线绑好。在每捆肠上淋上油和几滴柠檬汁。将其穿在金属或硬木烤叉上，每段之间放1片月桂叶，然后放在烧红的木炭上慢慢翻转烧烤。

也可将羔羊杂放在钢丝网上，用炽热的橄榄木火烤（如果是单面烤网，需要手动翻面）。如果有必要的话，也可以将其放在烤盘的网格上，然后在离燃烧的柴火较远的高处烤制。

这道珍贵的萨兰托菜肴也可以用小牛内脏制作，但味道不算太好；通常情况下，烤羔羊杂是屠夫在春季宰羊当天烹制，并在当日上午出售。

## 罗马风味炖羔羊肉（Spezzatino d'agnello · Roman lamb）

雕刻家先生曾在罗马举办过一次展览，纳沃纳广场周边的美食店是他的慰藉，如今这里的店面所剩无几。小餐馆里总有人请客。有一天晚上他们自发组成了"馋猫协会"，另外三个馋猫是三名口若悬河的医科学生。

*Spezzatino* 一词来源于 *spezzare*，意为分开；在这里指从羊肩上切下几小块带骨肉。在肉和骨头之间插入大蒜和一两片迷迭香叶。

准备调味菜——将胡萝卜丁、切碎的绿芹叶和茎、1 枝鼠尾草和几根欧芹放在一起切末，然后放入平底锅中用热油慢煨；将羔羊肉块放到调味菜中翻炒。炒至变色，然后将 1 杯葡萄酒、两三个去皮压碎的番茄、盐和胡椒粉放入锅中。盖上盖子炖大约 15 分钟，直到肉质软嫩，酱汁变少。虽然按照字面意思这道菜叫炖羔羊肉，其实这不是真实意义上的炖羔羊肉。

3 月，有家小餐馆给这道菜配了豌豆，餐馆里的服务生一定见多识广。其中一个服务员系着条纹围裙，坐在一堆干迷迭香前，他掰掉枝干上的叶子和花朵，然后将其塞入玻璃罐中。我曾说过用新鲜迷迭香烹饪效果最佳。罗马菜肴中大多使用干迷迭香！山鼠尾草和三叶鼠尾草都是原产于意大利和希腊的野生植物，两者的味道都比常见的庭院鼠尾草味道浓一些。

## 炖小山羊腿（Boúti arnioú stifádao·braised leg of kid）

在烹制山羊腿之前，必须做一些准备工作，这些工作也适用于烹制羔羊。将小山羊腿放在盘中，用盐、胡椒粉、捣碎的百里香和茴香籽揉搓。在上面涂上红酒醋和油，但不要涂太多，用一块棉布盖好，然后在安全之处静置数小时（在纳克索斯，人们将其放到篮子里，然后挂在房梁上）。取下篮子，拿出羊腿，放入大黑锅中。加入橄榄油、洋葱碎、切碎的胡萝卜和香菜叶，不断翻炒至变色。将盘中分量极少的腌泡汁倒进锅里。加入 1 杯金色的纳克索斯葡萄酒和 1 片月桂叶。盖严锅盖。然后将其放在室外火炉上炖 40 分钟，偶尔翻动一下。如果锅要干了，就放入一些压碎的番茄。该食谱同样适用于料理成年山羊腿，只是炖煮的时间比较长。

## 与牧羊人共进晚餐
### Supper with the Shepherds

七点，天色渐黑。但对牧羊人来说，天色尚早。月亮还未升起，我们已在葡萄藤下掌灯。

就在这时，阿波斯托利和两个朦胧的身影突然出现在夜色里。我们共进晚餐——橄榄、面包和葡萄酒。阿波斯托利从上衣口袋中拿出他妻子做的面包，相比之下，我们的面包逊色多了。月光笼罩着整座大山，海面波光粼粼。

我端上一锅热气腾腾的山羊肉，递上叉子，他们却直接用手抓着吃。撒了百里香的小山羊排被一扫而光。紧接是一道阿波罗那菜肴——秋葵土豆，这道菜是用番茄、油和葡萄酒一起烹制而成的。然后是用蒜和罗勒调味的番茄沙拉。人们普遍不看好科罗诺斯产的酒，认为其寡淡无味。这几位美食家没有顾及这些，反而一顿豪饮。我把前两天他们在我家帮我们做的鲜山羊奶酪端上桌。他们一口没吃，因为那是专门给我们做的。我们只好把这些奶酪吃了，吃不完的话，明天还要接着吃。马诺利做了另一种奶酪，我们必须品尝一下。

这时，这几位牧羊人依旧在狼吞虎咽。他们满面红光，把刚才吃光的每一道菜品评了一番。席间他们举杯祝酒，大声咀嚼，互相恭维，不时还有叉子碰撞声和爽朗的笑声。最后上桌的是一大陶盘玫瑰色葡萄。大家正吃葡萄时，安耶洛斯像个灰色的幽灵般飘了进来。他拿着一个用柳条包裹的瓶子，瓶里装着他的最后一点好酒。他和我们一起坐在漆黑的露台上，看上去疲惫不堪，他滴酒未沾，只是不停地打着呵欠。在他儿子婚礼的前几天，他一直用推车搬运沙砾（雕刻家先生用"忙乱"来形容纳克索斯的婚礼）——四个欢乐的不眠之夜。

雕刻家先生提议再喝一爱杯[1]安耶洛斯带来的好酒。马诺利说："不喝了，吃完葡萄之后不喝葡萄酒。"他的兄弟也说"不"，用手势坚定地拒绝了，"吃完葡萄后不喝葡萄酒。它们会在胃里形成一种特殊的混合物"。"有时候病了又何妨，"雕刻家先生端起酒杯说，"祝你身体健康。"阿波斯托利两眼放光，抓起杯子一饮而尽。这位牧羊人是个性情中人。其他人也被感染了，酒杯轮了一圈。这酒尝起来像百年窖藏的马德拉酒。

阿波罗那上方那座山是阿波斯托利的。该山位于海湾的最南端，海湾的尽头是一个海岬。他一生都与一群山羊和长尾羊在山里奔跑，我们曾经看到他飞跃过荆棘丛。从他的舞姿中可以看出，他已经和这座大山融为一体。纳克索斯舞步与踩葡萄的步伐完全一致，简直就是酒神狄俄尼索斯降临人间。夏季，当他在帕尼格里跳这支舞时，他对舞蹈进行了改编——采用了鹰从高处疾冲而下的动作，蛇发出的嘶嘶声和蛇盘绕的动作，还有山羊这个和他形影不离的伙伴的跳跃动作。

---

1　宴席上供客人们轮饮用的、有两个或数个柄的大酒杯。

# 糕点店和阿普利亚的巴洛克建筑
—— Pasticceria and the Apulian Baroque ——

加雷姆[1]认为法式糕点是建筑学的一个分支。在《19世纪法国烹饪的艺术》（*L'Art de la Cuisine Francaise au 19me Siecle*）一书中，那些精雕细刻的可食用建筑彰显了他制作糕点的理念。这本书图文并茂，里面的建筑美轮美奂。"艺术有五种，即绘画、雕塑、诗歌、音乐、建筑——建筑的主要分支是糕点糖果。"

多年前，我在萨兰托首府莱切第一次意识到建筑是法式西点的精细分支。从那以后，我就把这个人迹罕至的地方——现在是我们的家——看作是月亮统治的王国，那里的巴洛克建筑是奇思妙想构成的杰作。

我一直在想，最终让我们决定在这"月色斑驳"的荒野定居下来的原因，可能是因为我们碰巧走过的那条狭窄街道，碰巧遇上那场家庭争吵，吵到最激烈的时候，有一把木勺从开着的窗户飞了出来。我捡起了那把勺子，至今还在使用。

莱切位于石灰质地带，地表岩石容易开采，这种岩石具有姜饼一样的可塑性，也像姜饼一样，暴露在空气中会变硬，久而久之就呈现出焦金色。

墙内的城市让人想起那不勒斯波旁王朝的国王，他有一年曾下令用坚固的可食用材料修建城堡——巨大的火腿、奶酪、超大的摩泰台拉香肚和鹿、印度水牛的前槽和后丘，他就是要幸灾乐祸地看着饥火烧肠的那不勒斯人贪婪地盯着这个城堡的窘相——在城堡竣

---

1　全名是马利·安托万·加雷姆（1784—1833），法国著名糕点师、厨师，被誉为"现代糕点之父"，他把糕点与建筑和雕塑艺术进行了完美融合。

工后，伴随着军乐声和火药爆炸声，那不勒斯人生吞活夺、连喊带叫，城堡就这样分崩离析了。我曾经在欧文·戴维斯的图书馆中研读过这些奇幻建筑，如今仍然可以在大英博物馆印刷室里的精美祭祀书中找到这些建筑。

从外在来看，莱切人和米兰人一样追求物质享受，甚至比米兰人更注重着装。他们的城市同样处于高速发展阶段，市中心的巴洛克建筑周围建起了参差不齐的公寓大楼和错综复杂的高速公路。

然而，有人认为这座受到 16 世纪末的西班牙和加泰罗尼亚影响的城市——这里的巴洛克建筑始于伊丽莎白和詹姆士一世时期，此后达到繁盛时期——以及后来的大都市，毫无疑问，都是莱切糕点厨师们的鬼斧神工。

当我们步入位于奥伦佐广场的阿尔韦诺咖啡厅时，这个惊人的事实立刻得到了证实。在新艺术风格的镜子前，越来越多的富裕居民在上午 10 点就坐在这里，狼吞虎咽地吃着那些香浓诱人的糕点：肉桂风味的贝壳状千层酥，内层夹着意大利乳清干酪，外层是香甜软糯的栗子泥和扁桃仁糖，既新鲜又美味；轻飘飘的奶油松饼里放了浓厚醇香的栗糖浆，外面裹了一层精美的螺旋状苦巧克力。现在正值 10 月；在其他季节可以搭配应季美味——松仁、草莓、榅桲和扁桃仁酥。

### 圣诞鱼（Il pesce di Natale · the Christmas Fish）

扁桃树和圣母玛利亚有关，长期以来，人们认为扁桃树不经授粉就能结出果实。萨兰托的农民们至今仍然坚信这一点，人们在探讨马赛第 21 张塔罗牌的奥秘时也提到了这个古老观点，在这张代表着世界的塔罗牌上，中间的人物被包裹在由月桂叶组成的扁桃仁状椭圆环中（请参阅参考书目中的 Veyrier）。

所以，在莱切用扁桃仁面团做的圣诞鱼看起来像两端尖的椭圆形坚果——也叫作"扁桃仁""神圣的光轮""圣洁的光环"或"宇宙之蛋"。在庆祝仪式上用鱼来庆祝基督的诞生，和双鱼座也有关系。

莱切修道院里的修女们因擅长制作这种甜食而闻名，但她们却永远过着与世隔绝的生活，所以我无法用三言两语把食谱的精妙之处告诉你们。但是这一神圣创作的基本要领如下：

把一些扁桃仁去壳（比如 0.5 千克去壳后的甜扁桃仁，但里面也可能有三四个苦扁桃仁）。用开水浸泡一会儿，易于快速去壳。将扁桃仁放在亚麻布上，置于阳光下晒两天。然后，将光亮的白色扁桃仁放入石研钵或大理石研钵中，每次放几个，用大理石杵将其捣成非常细的粉末。

最初，人们将扁桃仁粉与蜂蜜混合成结实的可塑黏稠物，然后将其压进用梨木、铜、锌、锡或熟石膏制成的刷有薄油的传统鱼模中，这些鱼模上面印有鲤鱼鳞片。如今，人们使用等量的精细砂糖代替扁桃仁粉*，但将二者混合时很有创意：在铜平底锅中用微火将糖在最少量的热水中融化，不停搅拌，以免烧焦，撒入扁桃仁粉，使劲地不停搅拌，当混合物粘在一起、不粘在锅底和锅边时离火。盛入碗中，放至微热。

将涂过油的鱼模填满时，鱼的中心位置会凹陷，舀一些梨果酱慢慢地放进去，然后再盖上更多的混合糊状物。梨果酱呈深琥珀色，里面的果实和糖浆清澈透明、光滑润泽。

把鱼拿出来后，将一颗咖啡豆压在鱼眼位置。咖啡是在 17 世纪才开始进口的，于 1615 年从摩卡港[1]运到了威尼斯，而圣诞鱼起源于

---

* 关于咖啡、糖和其他食物在全球的最新研究成果，请参阅参考书目中牛津专题讨论会的会议记录。

1 摩卡咖啡得名于摩卡港。

太古时代——正如在加里波利扁桃仁蛋糕被称为"爱神",人们不禁要问,在没有咖啡豆时圣诞鱼的眼睛是用什么做的,也许是葡萄干吧。

一些巧手能人还会在梨果酱上面放上一层薄薄的海绵蛋糕,这种精致的蛋糕里面浸有朗姆酒,这肯定是受到波旁入侵的影响,当时莱切属于那不勒斯王国。

某日下午,一位莱切朋友劳拉·罗西坐在无花果树下抱怨莱切的梨太贵了,她强调梨果酱是做圣诞鱼的必要食材。"必要"这个词——更多的是指宗教规定,而不是烹饪步骤——深深地烙在我的脑海里。然后我想起了希腊东正教朋友们带来的那件称心的复活节礼物——一个浅柳条篮子,里面装着扁豆,篮子四周镶着金合欢花和叶子编的花环,扁豆上放了一小圈刚长出来的野生刺梨。对希腊东正教教徒而言,野梨代表耶稣的荆棘王冠。

在春天,有一位邻居有时会去斯佩格利兹的石灰质山坡上移植野生梨树,他嫁接出的品种能结出甜如蜜的小梨子,可以用来制作梨果酱。因此,从另一个方面而言,圣诞鱼揭示了藏在鱼肚子里的圣婴的命运。

复活节的圣羊也是用扁桃仁面团做成的,羊头是用彩色石膏做的,上面插着红色和金色的纸旗。有人说,一个人如果培养不出某种感知力,就无法进入符号的世界;在制作令人愉悦的圣诞鱼时,那些既忠于真理又忠于朋友的莱切人践行了这一理念。

# 甜 点

## A Few Sweets

下面介绍几款甜点，有些放入了扁桃仁或松仁的甜点和葡萄酒是完美搭配，能给人带来奇妙而美好的味觉体验。当然，这些甜点和筵席上的鱼、菜切的羔羊和阿尔维诺咖啡馆的创意咖啡有"天壤之别"，阿尔维诺咖啡馆的新老板将暗淡的木板换成了富有创意的新艺术风格装饰；这在某种程度上给蛋糕制作带来了些许灵感。

### 栗子糕（Castagnaccio · a chestnut flour flan）

卡斯特波尔焦村是一个坐落在阿普利亚阿尔卑斯山的小山村，我们曾在这个村里工作了春夏两季，几百年来，这里的村民一直以西班牙栗子和由栗子磨成的面粉为主食。玉米糊和栗子糕都是用栗子粉做成的，栗子糕是一种薄薄的乡村蛋糕，吃起来像布丁。在过去，人们将圆形平底铜锅置于炙热的灰烬上，然后用其烘烤栗子糕。在上一次战争中，栗子、真菌和野菜是村民仅有的食物，有些胆大的村民步行四天，翻山越岭来到达帕尔马。在那里，他们用栗子粉和盐交换奶酪和油。有些人一直在村里的面包炉里烘焙这种蛋糕，而另一些人则宁愿将其从记忆里抹掉。

将 250 克栗子粉用筛子筛入搅拌碗中，用冷水和成糊状，里面不能带面疙瘩，再加些水，不停搅拌。加入少许盐、一些松仁、去核的马拉加葡萄干和一些茴香籽。

用木勺用力搅拌，直到面糊黏稠，在圆形平底烤盘中涂上厚厚一层油，将碗里的面糊倒入烤盘中。厚度约 2 厘米。烤盘里的油会附在面糊上。烤箱开中档，烘烤 30 分钟左右。栗子糕的外皮会呈巧克力色。烤盘里的面糊不能太厚，否则外皮就会出现裂缝。蛋糕里面呈粉棕色，质地松软。将其从烤盘中取出，切成三角形，趁热搭配一片意大利乳清干酪一起食用。但是，就像一位老太太对我说的那样："我们经常直接吃。"

冬天，在维罗纳埃尔贝广场的货摊上就能买到栗子糕，货摊上还卖冬梨、煎饼和在沸油中现炸的超大甜甜圈。

## 天使面包（Pane d'angelo · angel bread）

尽管这种面包叫天使面包，但在卡斯特波尔焦村，这就是一种普通的家庭蛋糕，连孩子都会做。

0.5 千克普通面粉 · 3 个鸡蛋

400 克香草荚调味的糖

100 克黄油（或 1 咖啡杯橄榄油）

1 个柠檬 · 在 1 杯温牛奶中稀释的少许酵母

1 白兰地酒杯茴香利口酒 · 1 把松仁

用木勺将瓷盆中的糖和黄油（或油）搅拌得稠如奶油，然后打入 1 个鸡蛋。筛入面粉，轻轻拌匀。放入磨碎的柠檬皮。加入起泡的酵母。加入利口酒。混合好后应该呈浅色、奶油状。

将混合物倒入高约 8 厘米的烤盘中，撒上松仁。在烤箱中用中档烘烤；成品外皮呈浅棕色，蓬松柔软。这是迪尔斯的食谱；茴香利口酒是在街对面的酒吧里买的，面包是借用小巷子里的面包店的烤箱烘焙的。

## 加泰罗尼亚扁桃仁小蛋糕
## （Panellets · little Catalan almond cakes）

| | |
|---|---|
| 1 千克去壳扁桃仁 | 研杵和研钵 |
| 100 克香草糖 | 900 克糖 |

| | |
|---|---|
| 1 杯茴香酒 | 2~3 个土豆 |
| 120 克椰蓉 | 1 杯西班牙白兰地 |
| 1 把松仁 | 少许橙子或柠檬香精 |
| 备用扁桃仁 | |

将沸水倒在扁桃仁上，将其去皮。铺在布上，放在太阳下晒干。然后捣成粉末，每次捣几个。将带皮土豆煮熟，然后去皮，捣成泥。与扁桃仁粉混合，然后加入糖和香草糖。把混合物分成 2 份。一份加入椰蓉和茴香酒；另一份加入 1 小杯西班牙白兰地和少许橙子或柠檬香精。

将第一份制成小圆顶蛋糕，然后在上面点缀一两个裂开的扁桃仁。接着做第二份蛋糕，在其上撒一层松仁。

将一部分小蛋糕放在抹了油的平烤板上，然后将其置于热烤箱的顶层烘烤几分钟，直至变成棕色。取出，将剩下的蛋糕放进去。凉凉后放进罐中密封保存。吃的时候蘸上一点葡萄酒。

## 猪油饼（La coca de llardons · a lard cake)

*Coca* 在加泰罗尼亚语中是馅饼的统称，既可以是甜口的，也可以是咸口的。有时用菠菜、扁豆和加泰罗尼亚白香肠（白色猪肉香肠）制成。那不勒斯有一种与之相似的发面饼叫作 *casatiello*（*tielo* 或 *tiella* 指的是用来做这种饼的烤盘）——用猪油和切碎的烟熏火腿，或者萨拉米香肠制作。在复活节，人们在烘烤前把四个带壳的鸡蛋压在饼里，将其用作节日祭品。

猪油饼中所使用的肥肉是从生火腿上切下来的，加泰罗尼亚语称这种生火腿为 *pernil*，西班牙语称之为 *jamon serrano*（有时也使用腐臭的火腿肉）。切丁，油炸，以减少脂肪含量。

| | |
|---|---|
| 450 克肥肉，切丁，油炸 | 面包酵母 |
| 3 个鸡蛋 | 1 玻璃杯用香草煮过的牛奶 |

| | |
|---|---|
| 1 茶杯糖 | 几滴茴香酒 |
| 少许肉桂 | 110 克松仁 |
| 柠檬皮碎 | 1 汤匙油 |
| 1 玻璃杯雪莉酒 | 450 克普通面粉 |

打散鸡蛋，放入糖，打成奶油状，加入肉桂和柠檬皮碎。然后加入肥肉片和雪莉酒。

把面粉筛入混合物中。在少量牛奶中溶解酵母，起泡时，将其倒进面团中，搅拌，加入剩余的牛奶、几滴茴香酒和松仁，继续搅拌，然后用布盖好，在温暖之处放置 1 小时。在圆烤盘里倒入少许油，将面团摊开，然后置于烤箱中，中档烘烤 45 分钟。

## 小扁桃仁蛋糕（Amaretti · little almond cakes）

300 克精白砂糖·180 克甜扁桃仁
20 克扁桃仁·2 个蛋清·松仁·柠檬皮

按照通常的方法，扁桃仁焯水，去皮，放在阳光下晒干或者用烤箱烘干。放入研钵中捣成粉，加入 1 个蛋清，每次倒入一点蛋清，不停地捣。

然后，将一半糖与扁桃仁粉混合，用一只手搅拌。放入盆中，継续用手搅拌，加入另一个蛋清的一半、柠檬皮碎和剩余的糖，最后加入另一半蛋清。揉成面团，擀开，分成30块。

手蘸上水，将每块面团做成核桃大小的小球，然后将其压至1厘米厚，轻轻压入几颗松仁。取一块铁烤箱板，涂上一点黄油，然后撒上面粉和精白砂糖。将扁桃仁面饼摆好，每块面饼之间留出烤制过程中胀发的空间，撒上细糖。在烤箱里中温烤20分钟左右，烤至呈金黄色。

## 加泰罗尼亚焦糖布丁（Crema cremada · Catalan crème brûlée）

4个蛋黄·半根肉桂·4汤匙白砂糖·新鲜柠檬皮
2汤匙普通面粉·少许精白砂糖·1升牛奶·1个铁钳（或烤箱）

将蛋黄和糖一起放入碗中搅打。把面粉和少许牛奶在盆中和成糊状。将肉桂棒和柠檬皮碎倒入剩下的牛奶中，煮沸，凉凉。

将香喷喷的牛奶滤到面粉奶糊里，不停搅拌，然后将其慢慢加到蛋黄和糖中。将混合物倒入搪瓷锅中，慢慢加热，同时不停搅拌；煮沸后将浓稠的奶油倒在一个耐火的平底瓷盘上，静置到第二天。

上桌时，先撒上精白砂糖，然后用烧红的铁钳轻轻烤一下表面，如果你有烤箱的话，也可以放入烤箱中加热片刻。

## 姜饼（Gingerbread）

我在这里提到姜饼，不仅是因为它与莱切的巴洛克建筑风格有关，还因为做姜饼能带来雕塑的乐趣。取来姜饼模具，洗净并晾干，然后撒上细面粉——否则取下模具时面糊会粘在上面。

将1大茶杯黑糖、60克黄油、100克红糖和1大早餐杯开水倒在平底锅中，搅拌至融化。

　　在糊状物中筛入 2 茶杯半普通面粉、1 茶匙生姜粉、半茶匙肉桂粉和半茶匙小苏打，小苏打需先在少量沸水中溶解，再加入少许盐。

　　用木勺将其揉成光滑的硬面团。如果面团看起来不够硬，再加些面粉。揉好后在撒了面粉的木板上，将面团擀成 1 厘米厚。然后将面团压入模具里。想要压印完整的话，面团必须非常硬（如果觉得硬度不够，可以再撒上些面粉，再次揉面）。把模具立放，小心地移出面团。将其放在涂了黄油的烤箱板上，低档烘烤；姜饼烤熟时会散发出香味。取出，放到网托盘上，待其凉凉变硬（注意！如果烤箱太热，烤出的姜饼上会没有模具上的图案）。

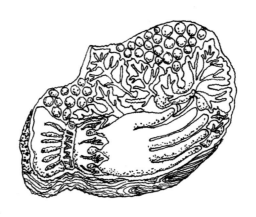

## 圣诞布丁（Salsa · Eivissenques Christmas Pudding）

　　这是现存版扁桃仁奶冻，在 14 世纪的食谱 Sent Sovi 的手稿中提到过，随着时间的推移，里面的材料越来越少，但制作起来仍然很有趣。这个食谱是由卡拉萨拉达斯的森约尔·琼·里巴斯（Senvor Joan Ribas）告诉欧文·戴维斯的，我全文引用：

675 克扁桃仁，去皮（在热水中浸泡几分钟），干燥后在研钵中捣成细粉
1.5 升热水·4 个鸡蛋·2 根肉桂（或 2 大匙肉桂粉）·10 大匙白糖
1 匙盐·4 匙橄榄油·1 小匙藏红花粉·2~3 块干饼干碎

"将水加热。把捣碎的扁桃仁放在碗中央，打入 4 个鸡蛋，与扁桃仁粉混合。加糖。将混合物放入平底锅中，加入热水，用木勺搅拌均匀。煮沸后，加入盐、肉桂和饼干碎。煮 1 小时后，加入藏红花粉和油，再煮至少 2 小时。

"这是只在圣诞节吃的圣诞布丁（*Eivissenques Christmas Pudding*）。可以像英国圣诞布丁一样提前备好。这道甜点历史悠久，可能是由腓尼基人带到伊维萨岛（*Eivissa*）（这座岛屿的加泰罗尼亚名字是 *Ibiza*）。现在已经用糖取代了原食谱中的蜂蜜。在没有专用磨粉机的情况下，将扁桃仁捣成粉绝非易事。只能在研钵中将扁桃仁一点一点地用研杵捣碎。我把这个食谱给伊维萨岛上的一位老太太看过，她告诉我用鸡汤比用水效果更好！需将这款布丁放入碗中单独食用。"

这位"老人家"见多识广，一定言之有理。

# 一位阿普利亚单身汉
## An Apulian Bachelor

**破釜沉舟之时便是胜利之日，**
**孔雀或野鸡作为贺礼呈献。**
——阿里斯托芬[1]（Aristophanes），《鸟》（*The Birds*）

贝皮·马拉——一只"老狐狸"。就我个人而言，我更喜欢"老狐狸""黑马""鳄鱼"，而不是那些拍着胸脯坚称"我们都是兄弟"的人。先说说他的贪婪。他常常把他的打谷场出租给别人，这样便于他的鸡去啄别人家的大麦。当然，虽然他腰缠万贯，但从未娶妻。他假笑着说："我哥哥去世了，我不得不照顾他的孩子们。"

他是一个天生的喜剧演员，有着年轻人的自负，老处女的虚荣，以及狄更斯笔下人物的贪婪。你不禁会认为他很久以前可能受到过牧师们的仁慈关怀，尽管可能不是因为他长相出众。

马拉有种爱德华时代的风气。他集时尚与节俭于一身，并强烈坚持在客厅墙上挂上维托里奥·埃马努埃莱国王和他的王后——"一位真正的淑女"——的画像。这个客厅依旧保留着他父母在 1900 年初建时的设计风格，不像后来所建的那些客厅那样堕落，客厅里的曲木家具优雅而低调。镜子上贴着三位教皇的照片，抽屉里露出了一位当地摄影师的杰作——39 岁的穿着硬领的马拉和他的挚友——一个做水手的男孩，两个人各被框在两颗跳动的红心里。

在村里的老街区，穿过一座宫殿一楼的拱门，就到了马拉的住处，那里直通一个小庭院，庭院里有一棵古木参天的葡萄树，弯弯

---

1　阿里斯托芬是古希腊喜剧作家，被称为"喜剧之父"。在其讽刺喜剧《鸟》中，两个雅典人和一群鸟一起在天和地之间建立了一个理想的"云中鹁鸪国"。

曲曲的藤像蛇一样缠绕在葡萄架上，形成了一个高高的凉棚。马拉的房子由一系列哥特式拱形房间组成，彼此相通，后面是一个带围墙的橘子和柠檬花园，花园里在靠近水罐的一些小田地里整整齐齐地种着洋蓟、罗勒、菊苣、南瓜、百日菊和胡椒。在房子一侧铺好的露台上有另一个长得很高的藤架，藤架下有一个石砌的水池，夏天可以在阴凉下洗碗碟。

当你走进马拉的房子，便进入了一个被称为"晨间起居室"的房间，如果你对这种样式的房间的记忆尚未像爱德华时代的印花棉布那样褪色的话。圆桌上一束怒放的玫瑰散发着缕缕暗香。墙上摆着酒柜，挂着一幅他的乡间宅邸的水粉画——几个维多利亚女孩和葡萄的画像，还有印着蓝美达摩托车女郎的日历。前一刻还�’着嘴品尝，下一刻便恍然若失；根植于节俭的庆祝是一种冲动。品味是一种主体意识，既不可出售，也无法购买。也许这样的理念像这间晨间起居室一样，几乎已经消失了。

正午骄阳似火，我们急忙走进厨房喝水解渴。马拉邀请我们在铺着油布的桌子旁坐下；他声如洪钟，一边喋喋不休，一边拿出一瓶酒、一盘橄榄和一块面包，我们则满意地欣赏着这位单身汉屋里的陈设。一个哥特式拱形白色单间，墙上挂着一个大铁丝网筛、两根鳕鱼干、几篮子梨和胡椒，在架子上放着一大罐子新腌制的刺山柑，像徽章一样醒目。一个凸起的壁炉里有一个悬挂大铜锅的铁架，冬天可以在下面生火。壁炉旁边的架子上放着一个小炉子，后面的墙上挂着几个炖锅、平底锅和几把长柄勺。一个棕色的旧橱柜靠在粉刷过的白墙上，透过一扇长窗可以望见一片蔚蓝的天空和挂在深色树枝间的橘子。

话题不可避免地涉及购置一块土地和购买土地所要面对的困难、采取的对策和欺骗手段，这期间还谈到了男主人如何能干、如何狡诈、如何无所不能，以及他曾经是、现在也是备受爱戴、广为人知、备受感激、尽职尽责、不可或缺的人物；但这些言语里却透露出一个单身汉的孤独、无助和可怜，他为了他的侄子和曾侄子牺牲了自己的幸福。

就在这时，说话声戛然而止，一个干瘪的老太婆突然冒了出来，她手里拿着几个大盘子。很显然，这位老精灵是穿过与隔壁房子相连那扇密门进来的，隔壁住着马拉的朋友和这个仆人。她热情地跟我们打了个招呼，很快就拿着几盘子茄盒和炸肉丸回来了。她把这些推到我们面前，一边仔细检查我的戒指，一边问"这是金的吗？"

我们开始吃饭了，马拉则继续说他吃东西只是为了陪我们而已，说他真的根本不需要吃饭，说他很乐意把这些多余的食物都喂猪。尽管如此，他还是修理了橱柜，并劝我们吃了一些小鱼，这些小鱼是先裹上面粉油炸，然后用面包糠、刺山柑和醋一起腌制的，然后他冲进客厅，回来时手里攥着几张皱巴巴的流行音乐晚会的照片，照片上是年迈的马拉和一位意气风发的"主持人"的合影，这位年轻人正弯腰对着麦克风。

我们趁这个时候走出了屋子，在阳光下漫步，这位房主人也紧跟着我们走了出来："您什么时候能送我一件小雕刻品呢？我一定要有一个大理石做的纪念品！"

马拉骑着一辆旧自行车前往他各处的地产——一座夹竹桃和葡萄树环绕的海景房，平原上的那一大片葡萄树和古老的橄榄树林，村子里的那个有围墙的花园，还有其他几块土地。"我只是个农民，"他抱怨道，"一个可怜的苦命人。"但他顽皮的微笑和傻笑让人怀疑这些话的真实性。无论谁提起他都会把拇指和食指搓在一起，用这个手势语说"他赚得盆满钵满"。但是马拉确信每个人都欠他一些东西，他在夜里醒来时经常有一种被抢劫的感觉。

我不想讨论狐狸是如何得到最好的葡萄的。众所周知，想得到最好的葡萄就要和当权者勾结，向为你办事的人行贿。通过这种方式，你可以改变已经规划好的道路路线，让它不横穿你的田产，而是绕道而行；你能避开谴责，栽赃给告发你的人；万一宪兵队在战时想要搜查你的外屋，你要确保有内应提前向你通风报信。

要处理好前两种情况，你要确切知道在恰当时机给谁送去一条超大的帝王石斑鱼，这条大鱼要用玛基群落的香叶包裹着，无论多远，都必须骑自行车送去。在第一种情况下要送给土地测量员；第二种情况要在案子审理之前就送到法官的手里；第三种情况是给向你通风报信的警察一条新鲜猪腿，在其他类似的小事上这位警察也尽过力。

在意大利南部，文盲的数量"令人震惊"。在阿普利亚，识文断字可以开阔视野，能够直接在律师事务所谋得一席之地，在那里敲诈勒索可能是合法的。因此，不识字就对自己不利。但报纸没有认识到的是，一个不花费时间阅读的人会有更多的时间研究如何行动。这样，北方人就看不惯贿赂和腐败行为，他们从来没有为此而快乐过，也没有体会到做这些事和回忆这些事之中的哥尔多尼[1]式喜剧氛围。

由于没有文字记载，所以语言就保留了哥尔多尼那个时代的形式和表达方式，人们用面部表情来传递纯粹的艺术喜剧。而且，不管是在台上还是台下，那个狡猾的角色都抢了台词，所以我写的不是一个善良的阿普利亚人。马拉能够公然夸耀自己用特等鱼和结实的猪腿行贿的事——半个世纪以来，我的心一直在震颤！这表明他的大胆不是一种难以置信的天真无邪，而是一种对人性的了解，是欲壑难填，是对他人的蒙骗。

————————◇————————

1　卡尔洛·哥尔多尼（1707—1793），意大利18世纪卓越的剧作家，他创作的喜剧富有智慧、情趣且生机盎然，为近代意大利现实主义戏剧的发展奠定了基础。

毫无疑问，在 70 多年里，这样卑劣的行为数不胜数，以至于同村的人都盼着这类人死去的那一天，而且有人扬言，他们不会去扶棺椁，在村子里送葬是一件很重要的事情，人们尊敬死者，无论有没有乐队，都会有几百人出来送行。

在圣朱塞佩斋戒日里，我们带着一瓶祭品去拜访。门开着，我们礼节性地喊道："请允许我进去！"一个微弱的声音从里面的房间传来："请进。"这位老朋友几乎是"直挺挺"地躺在床上，头上戴着睡帽。医生说，脑积血使他随时会撒手人寰。

他躺在一张镶嵌着珍珠母的漆锡床上，从那张床上，透过敞开的客厅门廊可以瞥见游行队伍。这间客厅通向庭院门、拱门和狭窄的大街。他说游行随时都会开始，如果我们想近距离观看的话，就快点出去。扮演圣母的人由人抬着前行，她低下头，以避免碰到街上的电线，由穿着白色长裙、戴着香橙花花冠的领受圣餐的儿童陪同，后面跟着戴着薄纱头巾、拿着点燃的蜡烛的妇女们，她们喃喃地念着"万福玛利亚"，但这并不能阻止他们把目光投向我们。铜管乐队从后面传来的悲哀的音调感染了贝皮·马拉，当我们回来的时候，他抬起双手，望着天空，绝望地说："我已经看到出殡的花冠了！"

这些花圈比人还高，是用棕榈树和月桂树做的，上面点缀着百合花和康乃馨，挂在逝者的房子上以示悼念；"葬礼王冠"中使用"王冠"这个说法，意在试图避免"花圈"所代表的人生的终结。

我们过了一段时间又去拜访他，大门紧锁，这是不祥之兆。我们从隔壁邻居那听说，他第一天下床就坚持出门到街那头去看看他的花园。我们沿着一条狭窄的小巷来到一堵围墙前，穿过一扇木门，迈进院子，看见贝皮·马拉神情恍惚，颤颤巍巍地在这儿抓起一串葡萄，在那儿拔出一些洋葱和欧芹苗，他声音颤抖，步履不稳，但他坚定的眼神表明他正努力争取胜利和力图保住他尘世的财产。他已筋疲力尽，但还是得意扬扬地说："我得去看看我的花园。"他递给我们一串葡萄，以庆祝暂时的缓刑。

不过，有一天，他走进厨房跪拜时，我们注意到他良心大发。雕刻家先生最近在刷过石灰的厨房拱顶上画了一个月状的泥土色小丑。马拉抬起头，敏捷地退后一步，然后惊恐地尖叫道："这就是魔鬼！"接着就夺门而出。我那时就像《唐璜》（*Don Giovanni*）最后一幕里雷波莱诺见到骑士长的大理石雕像时的一样惊愕。

# 果 酱
## Preserves

......
遵照主人的命令齐声歌唱。
主人发出这命令是为了
不让那些使女贪馋的嘴
偷偷地吃东家的浆果,
于是她们不断地唱着歌
......[1]

——普希金(Pushkin),《叶甫盖尼·奥涅金》(*Eugene Onegin*)

在俄国出生的歌剧演唱家奥达·斯洛博德斯卡亚(Oda Slobodskaya)女士——《叶甫盖尼·奥涅金》歌剧中达吉雅娜的最佳演绎者——在晚年时曾在市政厅音乐学院做了一次关于《叶甫盖尼·奥涅金》的演讲。她以柴可夫斯基歌剧中的人物开篇,然后两名技师播放了磁带中的节选,在此歌剧背景下,她描述了剧中的场景。

在第一幕中,一群覆盆子采摘者登台合唱。斯洛博德斯卡亚女士描述着古老的俄国夏日田园风光。负责录音的男学生们已准备好录制覆盆子采摘者的合唱选段。

但她的思绪却回到了从前——"啊!"她惊呼道,"俄国的夏夜里飘着覆盆子的甜香!"技师们有点不知所措。"当然,这里做的覆盆子果酱和俄国的不一样,这里做的太浓稠了……"她一边善意地贬低这种"果胶化",建议把果胶的含量降到最低,一边继续说道,

---

1 [俄]亚历山大·普希金:《叶甫盖尼·奥涅金》,冯春译,上海译文出版社 2013 年版,第 106 页。

"在俄国做出的是糖浆，里面还有水果！"

她向严阵以待的录音人员示意了一下，听众也急不可待了。他们现在确实必须马上开始了。"取来 10 磅覆盆子，"她大声唱道，"如果您愿意的话，我告诉您怎么做覆盆子果酱。"

"取 10 磅覆盆子和 10 磅糖。将糖放入果酱熬制锅中煮成浓糖浆。倒入覆盆子，快速煮 10 分钟。果酱冷却后将其放入玻璃罐中。这是制作覆盆子果酱的唯一方法，能够很好地保留果香。"

听众大多是 20 来岁的音乐系学生，斯洛博德斯卡亚唱的这个食谱让他们呆若木鸡，音乐厅里回荡着突如其来的高音 C。这段离题万里的歌词把坐在她身后操作台旁边的两个技师吓傻了，即兴表演总是惊心动魄。"现在放那段合唱吧"，她转向技师吩咐说，同时还做了个不耐烦的手势。

她还补充说，如果你住在气候潮湿的地方或海边："不要忘记《安娜·卡列尼娜》（Anna Karenina）中切尔巴卡娅公主的建议——在盖上盖子之前，用一张浸过朗姆酒的圆形纸盖在果酱上，以防果酱发霉。"

如果视俄国的覆盆子采摘者为地中海风景中的闯入者，那么我只能说，阿普利亚精神就像托尔斯泰（Tolstoy）和屠格涅夫（Turgeniev）笔下的俄国精神，而这位歌手制作果酱的方法就是这种精神的实质——热情奔放。

## 葡萄果酱（Vin cotto d'uva · grape preserve）

**制作无糖果酱。**取 5 千克成熟的玫瑰色葡萄，将葡萄粒从茎上摘下来，洗净，在大平底锅中放入 1 玻璃杯水和葡萄。盖上盖子，慢慢煮至葡萄变软，大约 20 分钟（我用的是大锅）。将锅中的葡萄用番茄酱机打碎两次，去籽去皮，最后只剩下一碗浓稠的紫色果泥。把果泥放进果酱熬制锅里，用小火加热，加入少许切碎的柠檬皮和 2 片新鲜月桂叶。用木勺频繁搅拌，果泥会慢慢变少，注意不要粘锅；当果泥变得非常浓稠，颜色呈深棕色时，倒入玻璃罐中，冷却后盖上盖子。这是纯手工制作的果酱。

但是，如果在果泥变少前，在每 1 千克果泥中加入 300 克的糖，果酱的味道和颜色（紫色）都会更好。存放的时间越久，果酱的香味越浓。

## 梨果酱（La perata · pear conserve）

选用小而甜、带着一丝玫瑰红的梨，这种梨不易保存。有两种制作方法。

第一种方法是慢煮法（一种比较经济的制作方法），也就是用成熟的梨子慢慢地煮，不放糖。将梨去皮、去核、切碎；放入平底锅中，加水刚刚没过梨即可。煮沸，小火慢煨至梨变软，然后继续煮，不时搅拌，直至其变得极其浓稠，呈深褐色。倒入玻璃罐中，放凉后盖好盖子。

第二种方法更好：每千克梨（去核，切成等份，不去皮）放 300

克糖；加入一些切碎的柠檬皮、2个柠檬的汁、三四片新鲜月桂叶，加水刚刚没过梨。

用文火炖至梨变成粉红色，然后稍微冷却。加入糖，迅速煮开。很快果子就变得透明，呈琥珀色；继续搅拌，然后放入三四枝罗勒。果酱变得浓稠后，倒入玻璃罐中，放凉后封盖。如果放入太多的糖，果酱可能会结晶；这些小梨含糖量很高。这就是用来制作圣诞鱼的梨果酱。

## 唐娜·艾德琳的无花果果酱
### （Marmellata di fichi · Donna Adeline's fig jam）

"清晨采摘一些奶油黄色的小无花果，这些无花果在8月底成熟，一般生长在野外，产量低。选开口处带少许蜜汁的无花果，然后坐在树荫下，小心地剥去果皮，将去皮的整粒果实放入陶罐中。

"倒入等量糖，盖上盖子，放在凉爽的地方，留待第二天制作糖浆。将无花果和糖放入果酱熬制锅中，旺火煮，用木勺不停搅拌。加入一些干茴香籽、2片月桂叶、柠檬皮丝和柠檬汁。撇去浮沫，大约10分钟后，无花果变得透明，但果实依旧完整，糖浆呈美妙的深琥珀色。放入果酱罐中，冷却后封盖。"

这就是花蜜。随着季节变化，有时无花果需要熬制较长时间才能达到理想的浓稠度。在冬天可以把这些无花果放在小玻璃杯里当甜点，这种糖浆有种蜂蜜的清香。也可以使用本地的半野生小黑无花果。

## 夹心无花果
### （Fichi mandorlati · dried figs stuffed with almonds）

在8月底和9月初，在坎帕尼亚和阿普利亚，人们把竹子劈开，再用小刀把无花果切成两半，但不要完全切开，然后把无花果放到劈开的竹子里，拿到屋顶晾晒。大约需要一周的时间晒干；在此期间要不断翻动无花果。

把一些扁桃仁放在一起，焯水、去皮，在烤箱里稍微烤一下；将一些干茴香籽、1根肉桂皮和柠檬皮放在砧板上切成小块。挑选最好的无花果——颜色在晾干后"变白"的，在每个无花果中夹入1个烤扁桃仁、一些茴香籽、一些碎肉桂皮和2块柠檬皮，将无花果的两半紧紧地按在一起，再一个一个地放在搪瓷盘上。这需要花些时间。装满后，在无花果上再撒上一些茴香籽。在室外面包烤炉里的面包烤好后，烤炉的温度越来越低时将盘子置于烤炉中，烤至无花果呈深褐色且硬实。

趁热放入带盖的釉陶罐中，装得密实一些，其间用干月桂叶点缀；尝起来像早先的圣诞布丁。在坎帕尼亚，蔬菜店把这种无花果装在小篮子里出售。在阿普利亚，家家户户自制无花果干作为冬日里的基本食物。

## 越橘果酱（Mirtilli conservati·to preserve bilberries）

在卡拉拉，欧洲越橘（拉丁名是 *Vacinium myrtillus*）在7月结果，夏天在高山牧场放牧的牧童把越橘采摘得干干净净。他们住在山上的小茅屋里，每天到山下市场售卖自制的美味意大利乳清干酪。越橘和意大利乳清干酪是完美组合：先在浆果上撒上糖，滴几滴柠檬汁，然后搭配意大利乳清干酪一起食用。

**冬储方法。** 在干净的果酱罐里尽可能多地装满成熟的越橘，压紧。将半杯糖滤入罐中，将罐子置于烤箱底层，开最低档慢慢烘烤。在另一个罐中放些备用越橘，用来蓄满烤罐，因为受热后越橘会缩水。同时烧开一大壶水。

当罐子非常热（45分钟）时，用布包上罐子，以防烫伤，将其从烤箱中取出。将罐子再次装满，然后倒入沸水，立即密封。冬日里取出直接食用。

## 欧洲酸樱桃果酱

### （Marmellata di ciliegie marasche · morello cherry jam）

这是最好的果酱之一，但不易凝固。所以要趁樱桃呈深红色时采摘，并在每千克樱桃中加入等量的糖。

把糖放在大平底锅中，用微火加热，同时用尖刀把樱桃核去掉。这时会释出少许果汁，将释出的果汁倒进盛糖的平底锅里，让糖开始融化，同时用木勺搅动，以防煳锅。这样就无须再用水融化糖，更利于果酱凝固。及时搅拌，将糖浆煮沸。当糖浆透明时放入樱桃，火调大一点。把樱桃核放在一个布袋里，用锤子砸碎，系好布袋，放进平底锅中。撇去浮沫。必须让锅在短时间内滚沸，这样可以保留樱桃的口感和味道。10分钟后，如果拿起勺子时果酱粘在勺子上，那说明此时的果酱就能凝固了。这时候果酱是透明的。取出果酱中那袋果核。关火，把果酱倒进加热过的罐子里。如果你能禁得住美味的诱惑的话，存放一段时间味道会更好（其搭配吃法请参阅欧洲酸樱桃酱配小牛舌）。

## 冬南瓜酱

### （Marmellata di zucca invernale · pumpkin preserve）

1千克冬南瓜，去皮切块
750克糖 · 0.75升水
1片柠檬 · 2大汤匙克雷莫纳芥末汁果酱和2~3个水果块

用糖、水和柠檬片制作稀糖浆，在浅平底锅中将其煮沸，直到糖浆粘在木勺上。然后扔入冬南瓜块。滚沸25分钟后，加入克雷莫纳芥末汁果酱和几个水果块（李子、无花果、梨子、桃子、樱桃）。再煮几分钟。凉凉些后放入小罐中，凉透后密封保存。

使用浅平底锅是为了快速蒸发，这样可以使糖浆中的橘色冬南瓜变得几乎透明。克雷莫纳芥末汁果酱中含有芥子油，这正是冬南瓜需要吸收的。如果没有芥子油的话，可以将腌制的生姜剁碎放入糖浆中。

## 吉里亚·埃琳妮的榅桲果酱
### （Kydóni glikó · Kyría Erýnni's quince jam）

纳克索斯岛上生长的榅桲可能是世界上最好的榅桲了，果实非常大，气味清香，颜色呈亮绿色，表面没有绒毛。在秋日的一天，吉里亚·埃琳妮给了我一篮子这种精品榅桲，她在我们家住了下来，"监督"我做果酱。下面是她教我的制作方法：

把水果擦干净后称重，备好等量的糖（我不得不跑到村子里购买糖）。去皮、去核，切成0.75厘米厚的均匀小块，把切好的水果放入酸化水中（加入柠檬汁），否则水果会变色，需要用不锈钢刀。放入陶锅中放置一夜。

第二天，将榅桲放入盛有酸化水的大果酱熬制锅中。将锅置于火上，煮沸，时不时地将 1 枝罗勒浸入水中，然后撒在未完全浸入水里的榅桲上。文火慢炖，直到水果变软且呈玫瑰色。关火，焖 10 分钟。然后将糖浇在水果和果汁上，以最快的速度煮沸。在沸腾的过程中，榅桲果开始变成深玫瑰红色。大约 10 分钟，水果变得透明，糖浆开始凝固。这种果酱色泽饱满，香甜可口，富有弹性。最后几分钟放入几枝罗勒。储存在玻璃罐中。

虽然我现在住在榅桲果酱的产地，但我们也自己种植了榅桲树，而且我一直使用这位纳克索斯老太太的配方，但我要补充的是，阿普利亚的榅桲比较"硬"，需要煮时间长点。

## 绿核桃果酱（Karithó glikó · green walnut preserve）

有一天，我们从阿波罗那去往一个山村寻找食物，发现卡芬尼翁小酒吧的老板正把手浸在核桃汁里。她正在做绿核桃果酱，绿色的外皮美味多汁——核桃壳里面的果仁还没有成熟。在还没做好果酱之前，她在去年制作的糖浆中放入一些黑色的核桃，然后盛入小盘中请我们品尝，还端上了几杯水和一点点拉基酒（希腊马克酒）。

她的做法是："将 100 颗绿核桃放入装有冷水的光滑陶罐中，静置一周，换两三次水。

"沥干水分，小心地去掉薄薄的外皮。这会把你的手染成黑色，核桃也会变成黑色。

"首先，按 0.5 千克糖和 0.5 升水的比例备好糖浆，然后将去皮的核桃放入稀糖浆中炖煮，糖浆要没过核桃，煮至核桃变软但不要煮烂。

"同时，按每 0.5 升水放入 1 千克糖的比例配制浓糖浆。煮至抬起木勺时糖浆会粘在上面。把上文稀糖浆中的核桃滤出，浸入备好的浓糖浆中，放入香草荚，加入半个柠檬的汁。煮至糖浆再次粘在木勺上。凉凉些后放入小罐中，凉透后密封保存。"

这道希腊风味的滋补品值得费一番功夫。

## 糖汁葡萄（Staphíli glikó · grapes in syrup）

在纳克索斯岛，这种果酱是用一种叫 *rosaki* 的葡萄做成的，这种葡萄粒大且硬实，味甜，呈玫瑰红色，在 8 月底成熟。在夏天可以随时将果酱盛入碟中，用勺子享用，再喝几口山泉水，可以解暑、解疲劳。

水果称重。葡萄去皮，然后用针或木牙签挑出葡萄籽，但不要让葡萄裂开——操作起来有难度，但值得一试。

每千克葡萄搭配 1 千克糖、1 个香草荚和 1 个柠檬。将去皮的葡萄放入平纹细布袋中，挂起来，在下面放一个碗，沥干 4 小时。然后在一个大果酱熬制锅中加入糖，滴入碗中的果汁和 1 大酒杯水，将其煮成糖浆，当抬起勺子糖浆不滴落时就可以了。放入葡萄、香草荚和柠檬汁。迅速煮沸，撇去浮沫。

当糖浆再次凝固，大约 10 分钟后，离火，放凉，然后倒入瓷盆中，用一块干净的湿布盖好。葡萄吸收糖浆后会膨胀。取出香草荚。准备一些干净的罐子，倒入葡萄和葡萄糖浆，密封保存。

也可以用大个的金色麝香葡萄制作，特别是那些晒成的"古铜色"的葡萄，这种葡萄籽较少。

## 野生桃子果酱（La persicata · wild peach jam）

南方的桃树都是野生的。它的果实似乎永远不会成熟，最多也就是变成金绿色。这个品种需要嫁接早熟的桃树，但人工培植的桃树需要浇水，而这里又缺水，所以还是用野生的桃子吧。在 10 月，桃树上硕果累累，这些桃子虽然个头大，但仍未成熟，我把它们摘下来，做成美味的绿色果酱。

每千克绿色桃子需要 800 克糖。去皮、去核，向内切成大小均匀的块。加入 2 片月桂叶，加水刚刚没过桃子，文火炖煮 10 分钟，稍微冷却后倒入糖。

加入几小条新鲜柠檬皮或香橼皮。快速煮沸。当水果变透明且糖浆粘在抬起的勺子上时，将其倒入加热过的果酱罐中，冷却后密封。未熟的杏也可以用同样的方法煮，但因为杏比较小，所以切半即可。

这里的月桂树也是野生的。在制作果酱时应使用刚采摘的新鲜月桂叶，不用干叶子。香橼比柠檬大，外表更粗糙，果皮更清香。

## 成熟的桃子果酱
### （ Marmellata di pesche · preserve of ripe peaches ）

如果在 7 月将又大又红又熟的桃子制成果酱，那就无须将桃子切块后再煮。在桃子上浇上沸水后，就很容易剥皮了。在这种情况下，每千克桃子需要 700 克糖。将两三个柠檬的汁挤在平底锅里的糖和桃片上，小火慢煮，不停搅拌。糖很快就会融化，调大火，继续搅拌，水果的颜色千变万化，好比莫迪里阿尼 [1]（ Modigliani ）的画作，令人惊叹不已。大约 10 分钟后，果酱变成浓郁的金色，但水果是透明的。放入 2 枝罗勒。确保糖浆已经凝固，否则果酱容易变质。

---

1　莫迪里阿尼（1884—1920），意大利画家、雕塑家，尤以形象颀长的肖像画著称。

# 橄榄园

## The Olive Field

　　就像分娩时的疼痛一样，人们很快便把采摘橄榄的疼痛忘到九霄云外了。分娩时你要凭一己之力，在橄榄园里有难友与你为伴。这时你会巴不得自己腿短臂长。采摘时需要保持进攻的姿势——像在乌真托发现的宙斯的青铜像造型，此青铜像现存于塔兰托博物馆——低头弯腰。风驰电掣般捡拾地上不计其数的橄榄。男人在树上摘，女人在地上捡。

　　到了 10 月下旬，我们已经在每棵橄榄树周围开辟了一块类似舞池或盘子的空地：清除杂草，耙去石块，用一把硬扫帚把地面扫平，然后将四周垫高。

　　因为只有 40 棵树，所以在 11 月的一天，我们和四五个男人去摘橄榄，幸运的是，其中两位还偕同妻子前来帮忙。我们背着麻袋、网、水桶、小吃和一瓶葡萄酒，越过凹凸不平的石灰岩，来到了橄榄园。

　　我们从最远处最大的橄榄树开始采摘，有些橄榄已经掉到了地上，大家先着手清理地面。然后男人们铺开了一张结实的塑料网，爬上树。他们一只手拿着个小耙子把橄榄打下来，另一只手摘下打不掉的橄榄。橄榄、树叶和小树枝如雨般纷纷坠落，转眼间整棵树就光秃秃的了。与此同时，我们这些女人——或者我自己，如果只有我一个女人的话——清理另一棵树下掉落的橄榄，然后飞奔回去。必须迅速挑除和橄榄一起掉下来的叶子、小树枝和树杈，然后把橄榄倒入麻袋中。

　　在同一时间，男人们冲向下一棵树。午间稍作休息，天气恶劣的时候要持续采摘三四天，有时会更长。在"好"年头，橄榄大丰收，大家都累得趴在地上，但妇女从不爬树摘橄榄。女性的巧手与男性的敏捷互补，携手作战。

到了晚上，肩宽体壮的男人们背起重达50千克或更重的袋子，攀爬陡峭的岩石，把橄榄扛回家。我们把袋子里的橄榄倒在工作室的地板上，如果不倒出来的话，橄榄会发酵，还得挑出夹在里面的叶子、树枝和茎，因为其单宁含量会影响油的质量。采摘完所有橄榄后，将其装入麻袋或容器里送到村里，用榨油机榨出橄榄油。

自古以来，在采收橄榄时不仅要动作敏捷，还要心情愉快，不厌其烦。这些橄榄数不胜数，好像永远也捡不完，橄榄林让你有一种无休无止的奇怪感觉。当你精疲力竭时，你突然发现你的手指竟长了眼睛，正在自己捡橄榄。你感觉晕晕乎乎，耳鸣目眩，树间传出没完没了的私语声。

随着时间的流逝，每个人都会有思古之情——橄榄采摘消解了"现在"感：值得回忆之事往往让人忍俊不禁，但是，更多的是有关青春，有关艰辛，有关在田间辛勤劳作一天后，赤足空腹地扛着从玛基群落拾的柴火疲惫而归。现在的丰足与过去的穷困有天壤之别，当下每个人都拼命要过上"富裕"的生活，往昔的痛楚都已随风而逝，只能感今怀昔罢了。

暂时的繁荣和繁荣外表下的不确定性给这个严酷的春天带来了一丝光亮。如今，每个人都拥有自己的房屋、土地、交通工具、耕田机（通常是在瑞士工作多年之后才买得起）、养老金和医疗保障，但是，大家丢失了友情和从前引以为豪的患难与共之情。这些丢失的情感在橄榄园里会暂时重现。

如果让我叙述一下如何种植橄榄和压榨橄榄油，那就太荒谬了。

还是让我回答下面这个问题吧：什么是最好的油？我的答案是，把你和朋友们一起采摘的橄榄运到村子里，请另一位朋友用榨油机榨出的油就是最好的油。许多书籍都曾探讨过这个话题。但一旦橄榄树是你的，你就无须向书本学习，从你的左邻右舍取经就够了。

在阿普利亚，橄榄和葡萄一起种植。40 年后，葡萄藤渐渐凋零，橄榄树却越长越茂盛。如果你自己榨油却不自己酿酒，那可是件怪事。学习酿酒不必才高八斗，只要有实践经验就可以，所以，雕刻家先生在卡拉拉上方的葡萄园里躬身践行了几年。

人人都认为自己酿出的酒才是琼浆玉液，比邻居酿的还要好。原因有很多，其中一个是不含任何添加剂，我指的是不含任何药物。这位一生都在冒险的艺术家[1]承受着葡萄酒会"变质"的风险，密切关注着自己的酒桶。这位"农学家"要"确保"自酿的葡萄酒不变质，以免糟蹋了自己的酒。

---

1　指作者的丈夫诺曼，即下文的雕刻家先生。

## 出自雕刻家先生：葡萄酒二三事
### From the Sculptor: a Word about Wine

收获葡萄的时候我们不在加泰罗尼亚，但有人给我们送了普里奥拉托葡萄酒，这种酒早在中世纪就享有盛名，已大规模生产。现在在阿普利亚生产的葡萄酒，和我们在托斯卡纳及纳克索斯饮用并用来烹饪的葡萄酒一样，都是小规模生产的，几乎全部是种植者自酿。一些种植者在村里租个临街商铺，商铺门上挂着的那些月桂叶表示他家的葡萄酒不仅自己饮用，还对外销售。

这是买到一瓶纯正葡萄酒的最直接方法；尽管如此，大家还是会事先在广场上打听一下卖家的信誉。

近年来，一些散户提前几个月就预订了我们周边葡萄园里剩余的葡萄，他们想要酿制纯正葡萄酒：所谓"纯正"，就是没有掺水，而且在不用任何化学方法保存的情况下也不会变酸。

这就是为什么不能把种植者的临时小酒店和那些标着葡萄酒的长期经营的酒吧混为一谈，酒吧里的进货渠道和葡萄酒的质量通常都不可靠，足以让打牌的顾客变成喝啤酒的人。

这些酒吧还供应一种西西里甜葡萄酒，谎称为帕赛托甜葡萄酒[1]，似乎是用发酵前在阳光下摊开的葡萄制成的——*ua passa* 指葡萄干。尽管这种酒呈迷人的淡琥珀色，但如果你认为随时随地都可以碰到像纳克索斯"金色甘露"那样不添加树脂的葡萄酒，那就大错特错了。阿普利亚人对这种酒持怀疑态度，因为人们闻到这种酒味就会想喝；他们说，喝第一口就知道是化学家诱骗了商人。

一旦接受了当地葡萄酒的独特口感就会慢慢喜欢上这些地产酒。品鉴规则是"进食"。美酒配美食，总之，最好在进餐时喝酒（纳克索斯的采石工人声称他们吃东西是为了向葡萄酒致敬）。事实上，人们要克服多样性变量所带来的冲击。这种多样性不仅会随着每年的天气和收获日而变，而且还会根据酿酒师的预感而变。这些可能会影响到压榨过程中施加的压力；发酵的时间；是否"必须"悉心照料；是否要充入二氧化碳，多久一次；酒窖的环境；酒桶的状态；是否需要将酒移到其他的容器里，等等。结果是，你能见证在瓶装葡萄酒中从未遇到过的奇妙和惊恐。

依照传统，阿普利亚葡萄酒是放在三四英尺高的光滑陶罐中保存的，然后从罐中倒入玻璃酒瓶里，再一壶一壶地端上餐桌。当年的新酒最受欢迎。通常情况下，酒窖里存储的酒足以喝到第二年收获葡萄之时。酿酒人给自己享用的瓶装葡萄酒真是独具匠心呀！

萨兰托熟透的葡萄赋予了这种葡萄酒一种力量，使其能够承受托斯卡纳葡萄酒无法承受的粗暴酿造方式。因此，大家建议新手先当酿制托斯卡纳葡萄酒的学徒，因为在处理相对不稳定的清淡葡萄

---

1　帕赛托（Passito/Passita）甜葡萄酒是用推迟采摘葡萄酿制的，这些葡萄需要经过风干处理，或是在葡萄藤上直接晾干后再采摘，或是采摘后再进行自然晾干，或是同时采用这两种晾干方法。

酒的过程中能弄清一些基本处理方法。学徒在做帮手的同时还学会了一些入门知识。在酒窖里繁复的品酒过程中，人们主要通过激烈的争论和趣事来弥补自己对葡萄酒认识上的不足。

相比之下，阿普利亚葡萄酒实际上是自己在照料自己：倘若葡萄心甘情愿地付出，不需要我们做太多工作，我们应视酒桶为挚友。

一位种葡萄并酿酒的人在喝了邻居酿造的葡萄酒后说："啊！酒味确实不错。（停了停）几乎和我酿的酒一样好喝！"

受到如此赞誉的葡萄酒必有其独特之处，那就是，此酒由身强体壮的人酿造，酿造者心怀喜悦，酿酒是为了自饮欢愉而非出售盈利。无须达到最大产量，无须添加防腐剂长期保存，无须用酒的气味迷惑人。小聪明太多才会想到掺假。上文中的赞美（最高的赞美！）归因于酒的纯正。

# 储存食物

## A Few Conserves

### 保存橄榄（Olive conservate · olives conserved）

南方保存的黑橄榄并不是用来榨油的，橄榄油主要来自于那些大核橄榄。黑橄榄个头略大、果肉较多、果核较小，叫作 *l'osciolo*。这些挂在树上的黑橄榄闪闪发光，呈蓝黑色，要在深秋时节直接从树上摘下来，以免伤到橄榄树。

将黑橄榄洗净后放入釉面陶器中，在水中浸泡 40 天。每 2 天换 1 次水，这样可以去除橄榄的苦味。沥干后放入大陶罐中。在 3 千克橄榄中加入 2 把海盐，将盐和果实交替放入罐中，直到填满罐子，再加满水。这样保存的橄榄不会变软、变色，且有光泽，并且能吸收一些盐分，可以完好保存两年。

在萨兰托，许多人把茴香籽、月桂叶、柠檬片与黑橄榄放在一起保存，这样保存的黑橄榄有点圣诞布丁的味道。但在尝试过这两种保存方法之后，我认为，人们真正想保留的还是黑橄榄的原味。

在浸泡的 40 天里，换水时要扔掉有瑕疵的黑橄榄。换水时把罐子搬到户外的水龙头下，倾斜罐子，用一种特制的陶筛子把水滤出。换水是个力气活，但一想到全年都会有橄榄吃，就干劲十足。

这些黑橄榄可以用来制作一种名叫 *puccie* 的小面包，还可以放入炖猪肉和炖鸡肉中，有时也可以和野菜一起食用。这些橄榄主要是工人的小吃，通常是橄榄配葡萄酒。

## 油浸甜椒（Peperoni sott'olio · sweet peppers conserved in oil）

准备 2 千克的红甜椒。在门外生好火，等火焰慢慢熄灭后，在灼热的灰烬上烧烤。当外皮变黑，果实变软后，去皮去芯去籽。用湿布擦净。

准备一个带螺旋盖的罐子，罐子要足以容下全部甜椒，放入 1 片月桂叶、一些胡椒粒、2 瓣去皮大蒜，加盐。罐子装满时倒入一层橄榄油，拧紧盖子。

## 油浸辣椒
### （Peperoncini sott'olio · hot chilli peppers conserved in oil）

初秋时节，购买一种单株多果的最小红辣椒（小米椒的变种），未成熟时是绿色，成熟后变成红色。红辣椒的形状有尖有圆。把小辣椒从茎上剪下，放到砧板上，切掉每个辣椒上的绿帽，露出种子。将其放入碗中，加入 1 把海盐，腌制 24 小时，时不时地晃动盐里的辣椒。吸收了盐分的辣椒会变小。沥干，然后用布擦干，装入玻璃罐中。加入 1 片月桂叶。最后在罐中倒上一层油，封好。

这些爆辣的种子逐渐被油浸透，在冬天的菜肴里哪怕只放入一两个辣椒种子就会辣得人两耳冒烟，两眼冒火。

## 油浸真菌（Funghi sott'olio · fungi conserved in oil）

这种保存牛肝菌芽的方法出自著名的真菌产地菲维扎诺——位于拉斯佩齐亚后面的卢尼贾纳。这种方法可以完好地保存田间伞菌（菌褶仍呈粉色）、鸡油菇芽和橙盖鹅膏菌（美味牛肝菌和血红乳菇等）。

使用新鲜真菌芽，去蒂，保持真菌完整。洗净，放入陶锅或搪瓷锅中，按照比例放入二分之一真菌，二分之一白葡萄酒醋和水，再加入 2 瓣去皮大蒜。最多煮 8 分钟，沥干。用布擦干，然后放到另一块干布上，置于温暖的地方晾一个晚上。

第二天，把它们放进干净的玻璃罐里，加入 2 片月桂叶、一些大蒜瓣、一些肉桂皮碎片和 2 簇丁香。

在上面倒上橄榄油，盖上盖子，密封保存。

至少放置 6 周，以便油和醋充分地融合在一起。作为开胃小菜食用。

## 油浸小洋蓟芯（Carciofi sott'olio · little artichoke hearts in oil）

可用同样的方法保存未成熟的洋蓟。掰掉外层硬叶，剪掉叶片上的尖刺（太小的洋蓟还没有长出芯），保留 2.5 厘米左右的茎。然后将其对半切开，或一分为四，放入加了一些柠檬汁的醋水中。然后像做油浸真菌那样炖煮。煮好后，沥干水分，擦干，放入玻璃罐中，加入少量芫荽籽。不需要晾干一夜。塞入 2 片新鲜的月桂叶。在上面倒入油，封存即可。

在洋蓟季节快要结束之时，市面上开始低价出售最小的洋蓟花头。买回一捆洋蓟，大约 40 个花头，然后坐下来掰掉老叶子，只留下洋蓟芯，因为这时候的洋蓟叶子已经很硬了。用一个圆头不锈钢小刀插进洋蓟芯里，旋转刀头，将有毛毛的部分挖去。多煮几分钟。沥干，擦干，然后放进罐子里，每个罐子中放 1 片月桂叶，上面倒入油，封存即可。

洋蓟背后还有个故事。1499 年，一位名叫乔瓦尼·阿多诺（Giovanni Adorno）的热那亚贵族把 40 个洋蓟和 1 束娇艳欲滴的玫瑰作为一份厚礼赠送给了米兰公爵洛多维科·斯福尔扎（Lodovico Sforza）。这表明在 15 世纪初蔬菜水果十分稀缺，可能最早在意大利种植洋蓟的地区就是热那亚（请参阅参考书目中 Cartwright）。

## 瓶装番茄酱（La salsa · bottled tomato sauce）

在阿普利亚，许多家庭全家总动员，储备大量的番茄酱以备冬天之用。这需要种植至少 100 千克莱切番茄，但实际数字远远不止这些。

在 7 月的前几周，人们会在黎明时分把成熟的番茄连同短茎一起采摘，然后铺在凉棚下，让番茄熟透。还可以在车库、空房间或酿酒场的空地上。在此期间备好精美的利口酒酒瓶或矿泉水瓶，清洗，倒置，然后放在烈日下晾干。涮洗大锅、清洗上釉陶瓷罐并倒置、准备好柴火（橄榄树枝）、摆好软木塞或金属盖、检查制作番茄酱的机器、备好香草和成袋的海盐。

早上 6 点开工。家里的男人在户外生起火，摆放好铁三脚架；女人蹲在地上深红色的番茄海洋中，动作敏捷地摘掉番茄茎，然后用一盆盆的番茄装满大水罐，再轻轻挤压番茄，挤出番茄中的种子和酸汁水，将挤好的番茄倒入大锅中。先将半个紫色洋葱切片，然后在每个大锅里放入紫洋葱片、一些百里香枝和迷迭香、少许盐和 1 茶杯水。然后，男人将大锅置于火上，盖上盖子。在煮大锅里的番茄的同时，把家里的器皿都装满从水罐中取出的略微挤压过的番茄。时不时地搅拌锅里的番茄，煮沸后，再煮 10 分钟，直至番茄颜色变深、变软。

在火旁有一个大锡盆，盆上盖着一个漂亮的当作筛子的圆草垫。为了防止烫伤，男人用破布包着手，把第一个大锅中的食材倒在筛上。滤出番茄汁后，剩下的就是番茄糊。然后将番茄糊慢慢倒入树下桌子上的另一个陶罐中，番茄分离机已经固定在桌子上了。现在是 8 点钟，天气已经十分炎热了。

有人开始用杯子将番茄放入机器顶部，其他人则摇动手柄，并用棒子往下按压。种子和果皮从一侧掉到盘子里，番茄汁则从另一侧流到陶器中。与此同时，煮番茄的大锅正在沸腾。

如果流出的番茄汁太浓稠，可以加一些前一个大锅里的番茄汤。虽然要做出浓稠的番茄汁，但不能浓稠到无法从瓶子中倒出。这时，每个人身上都沾满了番茄汁，由于酸性作用，他们的手由黄变黑。

收工时，一边是一大罐浓稠的番茄酱，另一边是堆积成山的番茄皮和种子。将挤压到水罐里的种子用细筛过滤，然后放在太阳底下晒干，以备明年播种时使用，在 2 月需要用塑料薄膜覆盖保温育苗。

现在算算做了多少番茄酱；把番茄酱从一个桶移到另一个桶，以升为单位计算。假设一共 60 升番茄酱，那么就需要再加入一定量的水杨酸：每升番茄酱需要加 1 克水杨酸，每 10 升番茄酱需要额外加 2 克水杨酸——总计 72 克水杨酸。

在番茄酱中加入两三把海盐，搅拌均匀，然后放到室内通风良好的房间里封存。黄昏时分，将精确计算出的水杨酸倒入番茄酱中，反复搅拌，静置一晚，第二天黎明时分再次搅拌。

　　装瓶。用漏斗或某种罐子，将每个瓶子装满，在瓶子顶部留一点空间，然后放入1枝罗勒，倒上一层橄榄油。但首先得"摇动"瓶子，排出瓶中气泡，然后用一块干净的白布片擦净每个瓶子的内颈，把瓶子成排摆在桌子上，放入罗勒叶，倒入橄榄油，塞上软木塞封好。两三天后就备好了足够过冬的番茄酱，还可以把一些香气浓郁的番茄酱馈赠他人。

　　制作番茄酱还有另外两步：（1）披上"斗篷"；（2）给刚刚瓶装的酱汁杀菌。在每个番茄酱瓶子上插一根吸管，把瓶子放进一个大汽油桶中，再次煮沸杀菌。我所描述的这种方法是我们的邻居特蕾莎传授给我们的，因为这种方法杀菌效果很好，所以我们经常使用。如果没有她的帮助和指导，我们可能永远也不会制作番茄酱。一旦掌握了该方法，就可以同时做一些西梅番茄酱和乡村番茄浓缩酱。这是现存最有益健康的番茄保存方法。

## 乡村番茄浓缩酱（La salsa secca · a rustic concentrate）

浓缩番茄酱和普通番茄酱是在同一天制作出来的。按照上文所述，为了算出番茄酱的总量，需要把新出炉的番茄酱倒入另一个桶中，在这之前取出一定量的番茄酱。

这时，你要把你能找到的所有盘子排成一排，比如说 30 个盘子，然后从罐中舀 1 早餐杯的酱，倒在每一个盘子上。在上面撒少许盐，再把盘子拿到屋顶的矮墙上。请注意：只有北风才能把酱吹干，如果吹的是热风则没有用。

始终用木勺不停地搅拌酱，然后用小刀刮掉盘子边上的干碎酱。如果天气非常炎热（38~39 摄氏度），风也给力的话，夜幕降临时，酱就会变少，这时把两个盘子里的酱合在一起，然后用空盘子盖在装酱的盘子上，静置一晚。第二天，刮掉盘子中的酱，把这些干碎酱磨成浓稠的糊状。此操作每天做四五次。夜幕降临时，15 盘酱减少到 7 盘，再次用空盘盖上，从墙上拿下多余的盘子清洗。到了第三天，经过多次搅拌并刮下盘子边缘的酱后，酱可能已经很干了，这时把所有的酱合到一个大盘里，盖好。接下来的一天：仔细检查，看看酱是否完全干透，并呈深红色。如果不确定，那就继续之前的操作步骤，直到中午。然后把酱从矮墙上拿下来，盖上布，静置。

第二天可以倒上少许上乘橄榄油，然后反复摩擦这块红色的浓缩番茄，直到浓缩番茄块变得油光铮亮。然后把 1 升或半升装的罐子里面涂上厚厚的一层油，把酱放进罐中，倒入 2.5 厘米厚的油。

冬天可以用这种番茄酱制作豆类食物；可以涂在面包上；可以和瓶装番茄酱一起给意面和炖肉提味；可以用来炖家禽。总之，这款浓缩番茄酱有上千种用途。

## 番茄浓缩辣酱

### （ La salsa secca amara · hot tomato concentrate ）

　　每 8 升新出炉的番茄酱需要加 2 千克的甜红辣椒和三四根红辣椒。将两种辣椒用少许水分开处理：将罗勒叶、去皮蒜瓣、1 片月桂叶和切成薄片的洋葱放入少量水中；加入辣椒后用小火慢煮至变软。倒入筛中过滤后装盘，放到屋顶晾干。把两种分开处理的辣酱混合到一起，再与前一天放到屋顶上风干的番茄酱混合，然后重复上面的步骤。这款辣酱可以涂抹在面包上食用，但要多喝点斯佩格力兹葡萄酒。

## 西梅番茄酱（ Pomodori pelati · conserve of plum tomatoes ）

　　在制作番茄酱的那天，雕刻家先生不厌其烦地帮我，他不仅帮我生火，还帮我搬来大锅做了几罐西梅番茄酱；我所用的番茄品种是圣马尔扎诺栽培品种和圣马尔扎诺的灯泡形番茄，即所谓的西梅番茄，这种番茄与莱切番茄在同一个时间采摘，把它们放到客房地板上熟透后会呈暗红色。

　　将这些鲜美的果实在沸水中浸泡几分钟，趁热去皮去籽，挤出汁水，轻轻挤压，保证果实完整。然后将其立即放入容量为 1 升的干净罐中，加入洋葱片、1 枝罗勒、百里香、1 片月桂叶、一些去皮大蒜和青椒。加入少许盐。不加水。这个 1 升的罐子里能装入的西梅番茄酱比想象中的还要多。当然，我们从未称过它们的重量。然后我用新橡胶圈将罐子密封好，雕刻家先生将其绑紧。

　　两堆火仍在燃烧，然而所有操作均已结束。地上铺着小麦秸秆，将几口大锅放在秸秆上。把这些罐子放入这些刷干净的大锅中，在地面和大锅中间多摆放些稻草（放报纸也可以），然后把锅里装满凉水，盖上锅盖，把锅置于火上。添两三根橄榄树枝让火烧得更旺些。把锅里的水煮沸；咕嘟咕嘟冒泡 45 分钟后，离火。

这时，我们正围坐在无花果树下一张干净的桌子旁边，理所当然地品尝着小吃，我们已经洗净了所有的容器、机器、称重工具和大罐子——如果不立刻清洗，压碎的番茄就会粘在这些器具上变干。

罐子变凉后将其取出。冬天的时候可用西梅番茄酱给面食调味。先倒出里面酸汁，然后将番茄酱放到橄榄油中加热；尝起来就像是新鲜番茄。

## 鳀鱼刺山柑馅干番茄（Pomodori sott'olio con acciughe e capperi · dried tomatoes stuffed with anchovies and capers）

我出于个人兴趣在此介绍一下这种阿普利亚保存番茄的方法。我不相信不强烈的阳光能晒干番茄。圆形"沙拉"番茄——圣马扎诺栽培品种——就是在夏至采摘的；它们和莱切番茄以及其他品种的番茄一起种植在开阔地带，长成了矮灌木丛。

把 1 个拆开的竹架子、1 把锋利的刀、一些海盐和这些番茄拿到屋顶上，坐下来，用刀把番茄从中间一分为二，以防番茄自己裂开。把切开的番茄放在架子上，在表面撒些海盐。每天查看，必要时再撒少许盐，当番茄开始皱缩时，翻面。一周后，它们会失去所有水分，变得干瘪，像空气一样轻，有时会被吹走，这时就"干透了"。

准备少量咸鳀鱼（浸泡，去骨，洗净，冲洗，擦干），切成小块。洗净并沥干一些保存的刺山柑。然后找来一罐干茴香籽。

在每个干番茄中放入 1 块鳀鱼、三四颗茴香籽和 2 个刺山柑，将两面紧紧地压在一起。备好一些带盖的小罐子，将番茄一个一个地压进去，直到罐子装满为止。放入 1 片月桂叶，倒满橄榄油，用软木塞或瓶塞封好。可以在冬日里搭配一杯葡萄酒食用。

## 冬天保存的新鲜番茄

### （Pomodori appesi · fresh tomatoes conserved for winter）

还有一种叫作 *da serbo* 的番茄（用于保存的），是真正的冬季备用番茄。这种番茄很小。在其成熟之前就整株采摘；其颜色呈绿色、黄色和红色，成"串"生长。在一面避风的墙上钉一排钉子，把番茄串带茎剪下，然后用双线把剪下的番茄串穿起来，系成一捆一捆的挂在钉子上，这是秋天里的一道亮丽风景线。在冬天，可以把这些番茄压碎后抹在面包上，还可用其做汤和烧烤，事实上，冬季烹饪中也会有新鲜的番茄了。这些栽培的品种是"菲斯切托"（a fiaschetto）和"马嘉蒂"（a mazzetti）。

上文提到的所有番茄都不需要浇水，这对于持久干旱的夏天来说真可谓奇迹。如果出于商业目的浇水的话，即使果实变大，口感和质地会受到极大的影响。

# 临别寄语
## A Parting Salvo

荷兰艺术家赫尔曼·德·弗里斯（Herman de Vries）撰写于 1984 年的精彩目录《自然关系——摩洛哥收藏》（*Natural Relations I—Die Marokkanische Sammlung*）的献词是"致遗忘的记忆"。

雕刻家先生称本书的前言为"已经遗失的知识的纪念碑"。弗里斯的作品讲述了人与植物之间的关系，开篇引用了当今印度中部的游牧部落陈楚人和现在的卡拉哈里沙漠的布须曼人的叙事，然后回溯欧洲中世纪的历史，尤其是德国人和波兰人与植物（可食用野菜）之间的关系。当我发现在托斯卡纳、萨雷托、纳克索斯和加泰罗尼亚地区采集的野草都是用德语和拉丁语命名的时候，我一点都不惊讶。

值得庆幸的是，多年来，我亲身经历了日常生活中人与植物之间的亲密关系——更不用说植物和锅碗瓢盆之间的关系了。我深知城里人已不再关注植物与人之间休戚与共的关系，更无法深入了解这些生机勃勃的植物。如果人类与植物之间丢失了这种互惠互利的关系，那么人类可能会无节制地摄取植物的营养，下意识地试图以此来弥补缺失。

当我深入研究德·弗里斯在摩洛哥制作的这本植物标本目录全集时，人与植物之间的关系再次浮现在我的脑海。这些植物标本曾在斯图加特的穆勒罗斯画廊展出。目录中记载了大量有关致幻植物的信息。这些植物可以治疗疾病、可以食用，还可以壮阳。该书的参考书目也值得一看。但令人震惊的是，一直被视为"神圣"植物的茴香如今却有了另一种用途：在西西里港口，有些不法分子用茴香籽粉来分散警犬的注意力，以免它们嗅出违禁野草。当局是否应承担责任？是否需要改变这种违法行为？

> 花园盛景迷人，城里的花园亦是缤彩纷呈。有围墙的花园才会令人心驰神往，赫斯珀里得斯[1]的花园都无法与之媲美；这些花园里有雕像、迷宫、喷泉、藤蔓、香桃木、香橼、柠檬、橙子、雪松、桑树、月桂树、玫瑰、迷迭香和各种奇花异果，恍若人间天堂。大地上硕果累累，应有尽有，人类可以尽享口腹之乐。

这不是幻想，而是选自菲尼斯·莫瑞森（Fynes Moryson）于1617年撰写的《一场旅行》（An Itinerary），这是书中对那不勒斯的描述。人类在369年后背叛了大自然，那不勒斯尤甚。幸运的是，他笔下的"果实和花朵"依旧在生长——本书最后一章就是例证。

我们能生活在愚人的天堂里吗？夏日里来到斯佩格力兹的游客会惊呼道："这简直就是天堂！"有时雕刻家先生会答道："这里确实是天堂。但地狱也近在眼前！"

在写这本书时，我发现打印纸越来越少，我们的欲求也越来越少。在夏季，年轻人满怀激情地来此磨炼。他们每天与大理石、石头和金属打交道。这岂会是一种安逸的生活，在夏季和冬季要日出而作，日落而息，这里没有电、没有热水、没有图书馆、没有邮递员，也没有清洁工。我们只能自力更生，艰苦劳作。他们白天和我们做伴，晚上便去了远处的村庄。山水之间点缀着雄伟的大理石雕刻作品，门前就是一望无垠的旷野。在屋顶上可以欣赏到日出与日

---

1　赫斯珀里得斯是古希腊神话中的仙女，共有姐妹三人。天后赫拉将一棵金苹果树种在了赫斯珀里得斯姊妹的果园里并委托这三姐妹为她照料这棵金苹果树。

落，可以望见万家灯火，皎洁月光和点点繁星，冬天橄榄树枝的熊熊火光和对面波光粼粼的爱奥尼亚海。

在阿普利亚，所有的"另类"生活都与社会潮流背道而驰。这种生活被贴上"过时"的标签，更多的时候被认为是"生活在水深火热中"。现在，人们往往认为富有就是幸福。

在萨兰托，新婚夫妻吹捧那些现代化的、徒有其表的"美式烹饪"装置。具有讽刺意味的是，为了拥有这样的厨房，人们用尽所有科学手段催熟庄稼，增加产量，但无论用何种方法，都会破坏食物本身的营养价值。我所提到的这种厨房只是一件华而不实的展品。他们依旧在走廊尽头的一个小角落里用一个简陋的炉子烹饪，以免磨坏不锈钢制品和抛光花岗岩表面的光泽。

这本书中的食谱属于一个纯粹为了食用而种植食物的时代，而非为了谋利，但这个时代已经不复存在。如果我写这些食谱的时候把关注点都放在了如何烹饪和如何食用上，那么这些食谱所带来的快乐大多会成为过往云烟。

有时我会对食物的未来发展趋势做出两种预测：一种是生产成本昂贵的有机谷物和蔬菜；另一种是工业重组的蛋白质食物，这是一种更加"便捷"的食物。这种前景使我坚信，我所选用的食物原料会成为价值连城的奢侈品。

饥荒！只有玛丽·安托瓦内特能够在写烹饪书时对忍饥挨饿的人视而不见。在与没有补助金的葡萄种植者和农民们共同生活了很长时间后，我充分意识到我们应该挑起粮食战，告诉人们种植食物是用来吃的，不是主要用作"加工处理"的。在阿普利亚，盈余的粮食不需要"减价处理"：就算在丰收年，农民们也会马上种庄稼，尽管这些庄稼的价格已经远远低于种植成本了。

我并不羡慕试图解决这一问题的经济家或政治家。目前，我只对种植食物和食欲本身感兴趣。一顿饭是否有益于健康或能否预防疾病，取决于人们在想象、烹饪以及食用美味佳肴时的激情。在我看来，有的时候，即使是高收入群体也会因营养不良而一筹莫展，我们才更要彰显一羹一饭在生命中不可或缺的地位。

　　禁欲、享乐和庆祝都是在尊重大自然的前提下进行的；如果你禁欲过，那你就更能体会到享乐的珍贵，也更能意识到庆祝的意义。

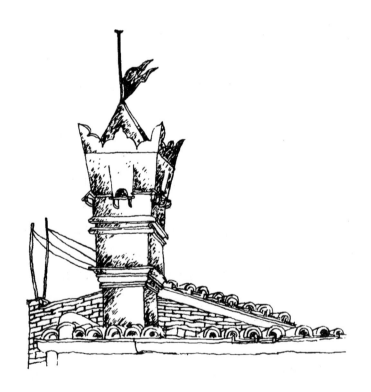

# 花蕾、种子、叶子、豆荚、坚果、水果

## Some Flower Buds, Seeds, Fronds, Pods, Nuts, Fruits

### 琉璃苣 Borago · borage

***Borago officinalis* · 紫草科**

**borratja（加）borántsa（希）**

琉璃苣的花朵是天蓝色的，有种快要成熟的黄瓜香味，非常适合做春季沙拉。在 3 月，可以用鲜嫩的小琉璃苣炖野菜。在加泰罗尼亚的列伊达附近，琉璃苣被当作一种蔬菜，其嫩叶可以做沙拉。

虽然最初有人说琉璃苣本来是花园植物，后来才自然化了，但是，这种植物通常会从田间蔓延到花园里。当琉璃苣在花园中过度繁殖时，可以用锄头将其砍碎，然后像聚合草一样用作土壤的护盖物。

### 野生茴香 Finocchio selvatico · wild fennel

***Foeniculum officinale* · 伞形科**

**fonoll（加）márathon（希）**

野生茴香在 8 月下旬或 9 月开花，人们把花朵采摘下来浸泡在白葡萄酒醋中。可以用其花朵来给刺山柑调味，也可以保存备用，在冬天用来做沙拉。

人们在秋天采集带香味的茴香种子。可以把带种子的伞形花序悬挂晾干，然后剥下种子，放进玻璃罐中密封保存。其种子可以用来给肉汤和鱼汤调味；也可以用来烘焙面包和塔拉利饼干——一种环形的硬饼干，搭配红酒食用，在那不勒斯南部有多种烘焙方式——最好的做法是在放进烤箱前刷上一层油。有时，可以用辣椒代替里面的茴香籽，在面包房和餐饮店还卖塔拉利辣椒饼干。

在这本书中经常提到茴香叶和叶鞘。在加泰罗尼亚，人们用它们做汤、煮鱼（茴香鲈鱼）、煮蜗牛、搭配猪肉或野猪肉，茴香种子还可以放在糕点中。在希腊和意大利，野菜做的菜肴里也有茴香叶。美味的托斯卡纳香肠就是用茴香种子做香料的。

### 莳萝 Aneto · dill

*Anethum graveolens* · 伞形科

anet（加）ánitho（希）

野生莳萝和人工栽培的莳萝的叶子都比野生茴香叶纤细，且其叶子和种子与野生茴香用途相似。可以用莳萝种子腌黄瓜（小黄瓜），可当作烹制甘蓝或土豆时的调味料。还可以把新鲜的莳萝绿叶塞进鱼肚子里，也可以放到意大利烩饭中，或搭配烤意面食用，或放到番茄沙拉里。一定会尝到出人意料的味道。

### 香菜 Coriandolo · coriander

*Coriandrum sativum* · 伞形科

Celiandre, Coriandre（加）koríandron（希）

我经常提及的香菜的小嫩叶和种子都有种甜香。存放了五年的香菜种子依旧能发芽。香菜是一年生草本植物，4月底播种。香菜叶和种子是希腊烹饪中的配料，尤其是在塞浦路斯。香菜也是古罗马人最喜欢的香草。恩波达地区油炸甜甜圈的食材中甚至也包括香菜种子，但如今加泰罗尼亚人很少使用香菜；在中世纪，人们主要使用其新鲜或晒干的叶子和种子（参阅 *Sent Sovi* 中的 *Saliandre* 和罗伯特·诺拉的 *Seliandrat* )。

## 西芹（香草）Sedano · celery（the herb）

*Apium graveolens* · 伞形科

api（加）sélino（希）

我已经在前文的意大利调味菜中提过西芹，这种植物被当作香草广泛种植，没焯过水的西芹是绿色。它的叶子呈锯齿状，比人工种植的西芹叶小得多。其味道更冲。用种子种植。

西西里岛的塞利农特城（Selinunte）就是用这种野生植物命名的。

## 欧芹 Prezzemolo · parsley

*Petroselinum sativum* · 伞形科

julivert（加）maïdanós（希）

尽管所有的欧芹都属于同一物种，但种植在加泰罗尼亚、意大利和希腊的单叶欧芹最接近于古植物（古草本书中记载的兰芹），香辛味最浓。意大利种子商出售的单叶品种中，一种是普通欧芹——味道更浓郁；另一种是大个的那不勒斯欧芹，这两种欧芹都是深绿色。如果盆栽的话，那不勒斯大欧芹会长得仪态大方，十分养眼。而卷曲品种的欧芹矮小，呈鲜绿色。

## 刺山柑 Cappero · caper

*Capparis spinosa* · 山柑科

tàpera（加）kápari（希）

这种多年生藤本灌木原产于地中海，常生长在海边岩石、废墟和古城墙上。这种灌木的浅绿色叶子会从高墙上向南蔓延，但也分布在卢卡北部，在比萨墓园的墙上繁茂生长。

食用盐腌刺山柑：人们把 5 月采摘的含苞花蕾用捣碎的海盐碾碎，这种带有碎盐的花蕾在托斯卡纳和威尼托的乡村杂货店里"散装"出售。买回家，冲洗掉海盐，浸入白葡萄酒醋中。如果有条件的话，还可以加入一些罕见的野生茴香花。

食用新鲜刺山柑：6 月初，在撒丁岛的卡利亚里和阿普利亚的市场上可以看到新鲜刺山柑，外表呈鲜绿色；新鲜刺山柑"分等级"，最小的是最好的。买回新鲜刺山柑，摘下茎，用海盐腌制一两天（0.5千克的刺山柑需要 1 把海盐），偶尔晃动一下；它们会吸收一些盐分，稍有收缩。先放到滤锅中清洗，然后装入玻璃罐中，加入一些茴香花苞，倒入白葡萄酒装满，封好。

## 罗勒 Basilico · basil

### *Ocimum basilicum* · 唇形科
### alfàbrega（加）vasilikós（希）misiricoi（萨）

这是香气最浓郁的香草，我在前文中提到过。有一种生长在热那亚开阔地带的大嫩叶罗勒，人们用它来制作热那亚青酱。

香气最浓的罗勒（*O minimum*）是一种在阳光下生长的小叶品种，通常栽在盆中、罐头盒和旧瓦罐里，意大利种子商称它们为"绿色小矮人"；在加泰罗尼亚语中叫作 *alfabrega de fulla menuda*。

在南方，为了防止霜冻，要在 4 月下旬播种罗勒，但如果盆栽的话，深秋之前都可以种植。

## 香薄荷 Timo

### 冬香（山地）薄荷和夏香薄荷 winter（mountain），and summer savory
### *Satureja montana* and *S hortensis* · 唇形科
### sajolida（加）throúmbi（希）

虽然每一名厨师都对各种百里香了如指掌，但他们有时会分不

清冬香薄荷和夏香薄荷，这些香草在意大利南部都被称为 *timo*，在
萨兰托方言中被称为 *tumu*，在希腊村庄中则被称为 *trumba*。

冬香薄荷或山地香薄荷开白花，叶片小，与百里香叶子相似，
呈绿色；成丛地生长在玛基群落周边的石灰质土壤上，和野生百里香
的用途一样。加泰罗尼亚地区的冬季香薄荷广泛分布在山脚下，那
里与意大利南部玛基群落一样布满芳香植物。冬香薄荷可以用来烤
肉、烤鱼、炖菜和保存橄榄；秋天晒干的香薄荷花可以熬成草药汤和
花草茶。

夏香薄荷没有冬香薄荷重要，是一年生草本，也生长在石灰质
土壤中，香味比较柔和，在做煮鱼汤料或烤鱼时，有时可以用其替
代冬香薄荷。

这两种香薄荷都可以做烤真菌的香料，还可以和新鲜迷迭香一
起做烧烤羔羊肉的配料。

香薄荷、岩蔷薇、乳香黄连木、耶路撒冷鼠尾草、香桃木、沙
枣和迷迭香都是用来清洗酒桶的芳香植物。将这些植物（叶子和茎）
放在大锅中煮沸，15 分钟后加入葡萄酒。将过滤后的液体趁热倒入
桶中，转动酒桶冲洗干净。将冬香薄荷的花枝捆成一束，放在酒桶
上，以防果蝇飞进在酒窖里发酵的酒中。

## 百里香 Timo · thyme

| | |
|---|---|
| ***Thymus vulgaris*** 银斑百里香 | ***T serpyllum*** 铺地百里香 |
| 唇形科 | 唇形科 |
| farigola（加）thmári（希） | serpol（加）thiósmo（希） |

加泰罗尼亚百里香汤中使用的是银斑百里香；这种野生百里香
在普罗旺斯叫 *la farigoule*。在烹饪鱼、肉和酱料时不必加入过多银
斑百里香。

生长在山地的铺地百里香气味芳香浓郁，多用在浸剂里。还可以和野兔一起烹饪，这就遵循了将动物与其所食用的东西一起烹饪的原则。

## 沿海百里香 Santoreggia · maritime thyme
### *Thymus*(formerly *Coridothymus*) *capitatus* · 唇形科

这是所有百里香中气味最辛香的一种，前文介绍滋补汤时已经提及过。可以用它泡成上好的饮品，经常饮用可以预防冬季疾病。

它生长在沿海山区和地中海岸边。叶子小而尖，开出成团的紫色花朵，半灌木。在花朵盛开的 6 月采摘。可以用来烧烤，也可以用来炖肉。

非常尴尬的是，它在萨兰托方言中叫 *timo*（或 *tumu*）。

## 牛至（野生墨角兰）Origano · wild majoram
### *Origanum vulgare* · 唇形科
### orenga（加）· rígani, oríganon（希）

这是用来做浸剂的牛至。外形比较矮小，香气浓郁，味道比较浓烈，生长在山坡上。可以用其制作番茄沙拉、番茄酱、炖菜、西葫芦、披萨等。有趣的是，它的香味是通过炖而不是煎炒散发的。因此，在调味菜和加泰罗尼亚番茄酱等用油煎炒的菜肴里不适合使用牛至。

在美式英语中，牛至被称为 *oregano*，源自西班牙语 *orégano*，是拉丁文 *origanum* 一词的误拼。该名称在意大利语和英式英语 *origanum* 中没有变异。

## 甜墨角兰 Maggiorana · sweet marjoram

*Origanum marjorana, Marjonana hortensis* · **唇形科**

从上述的命名中可见，很难区分这些香草。如果我的命名正确的话，这要归功于杰弗里·格里格森（Geoffrey Grigson）撰写的《英国人的植物志》（*The Englishman's Flora*）。在烹饪中使用野生墨角兰和甜墨角兰调味已经有很长一段历史了。在一本意大利泥金装饰手抄本中的一幅插图中，一位女士正在给一盆观赏性"墨角兰"浇水，花盆上写着："安神，利五脏六腑。"

庭院墨角兰似乎源自非洲。在阴凉处晾干，去掉梗茎，浸泡饮用，有助消化。

## 薄荷 Menta · mint

*Mentha viridis* · **唇形科**

**menta（加）diósmos（希）**

一些野生薄荷包括：*M sativa*（薄荷），*l'herba sana*（加）；*M arvensis*（清凉薄荷），*menta seloatica*（意）；*M piperita*（椒样薄荷），*peperina*（意）；*M spicata*（绿薄荷）；*M aquatica*（水薄荷）；*M pulegium*（唇萼薄荷），*poliol*（加），*menta romana*（意）。

根据格里格森所说，在花园中大量种植的椒样薄荷是绿薄荷和水薄荷的杂交品种。

我在前文中提到过的那一两枝野生薄荷是指清凉薄荷或唇萼薄荷，通常放入炖煮野菜中。这两种植物（叶子和花朵），无论是干燥的还是新鲜的，都可以浸泡饮用；另请参阅新鲜薄荷叶饮品。

在阿普利亚，人们把庭院薄荷叶与各种蔬菜一起做成"南瓜沙拉"，也用来烹饪蚕豆和豌豆。

## 鼠尾草 Salvia · sage

**salvia officinalis · 唇形科**
**sàlvia（加）faskomiliá（希）**

我已经提过鼠尾草具有滋补功能。将 90 克的鼠尾草浸入 1 升的雪莉酒中浸泡 9 天，倒出酒后静置 1 天，然后用过滤纸滤入瓶中，做成一瓶加泰罗尼亚方式萃取的上好消毒漱口水。

## 迷迭香 Rosmarino · rosemary

**Rosmarinus officinalis · 唇形科**
**romaní（加）dendrolívanon（希）**

在烹饪中经常使用两种植物——迷迭香和月桂，我认为用新鲜的要比干燥的效果好。这两种植物在野外生长时，香气更加浓郁。

**保存方法。**在萨兰托，每年可以摘三四次迷迭香花，用剪子将其剪碎，然后立即放入玻璃罐中，用橄榄油封好。罐中的橄榄油和剪碎的叶子、花朵都可以用来给调味菜提味，其味道和新鲜的一样。下次再见到迷迭香时，记得摘几枝回来把罐子蓄满。

## 锦葵 Malvia · mallow

**锦葵科**

| 普通或圆叶锦葵 | 欧锦葵 | 药用蜀葵 | 花葵 |
|---|---|---|---|
| *Malva rotundifolia* | *M sylvestris* | *Althaea officinalis* | *Lavatera arborea* |

这些美丽植物的叶子、花朵和种子——所有的 *Matvi*（加）和 *molócha*（希）——与水接触后释放出的黏液或黏性的植物物质可以保护胃黏膜。

在此，我必须告诉你们，把花葵的嫩叶水煮后——我们花园里自然生长的花葵——可以缓解一时不适，还可以用煮出来的黏性物质做足浴。令人神清气爽。

欧锦葵生长在路边，其叶和圆叶锦葵叶都可以用来治疗胃痛；只需像处理菠菜一样放在极少量的水中煮煮。

在春天采集锦葵的美丽花朵，把锦葵最小的叶子和种子放在阳光下晒干，然后用其泡制饮品。这种饮品不仅对胃有益，而且可以缓解支气管疾病。

秋葵是一种美味的蔬菜，与锦葵属于同一种科，都有黏性。

## 月桂 Lauro · bay laurel

*Laurus nobilis* · 樟科
llorer（加）dáfni（希）

这种灌木状常绿植物最后会长成一棵大树，叶子醇香。在萨兰托，月桂在峡谷阴凉处生长繁茂。把一些月桂树移植到花园后，人们才知道新鲜月桂比干月桂香。新鲜月桂非常适合用来制作蜜饯，还可以用来炖鱼、做番茄酱和麝猫香味野兔。

在古罗马，人们在烹饪时经常使用月桂的黑色浆果，把它与其他带有香气的苦味种子和香草放在一起捣碎。阿波罗对达芙妮紧追不舍，无奈之下，达芙妮请求河神把她变成了一棵月桂树。

## 藏红花 Zafferano · saffron

*Crocus sativus* · 鸢尾科
safrà（加）krókos（希）

腓尼基人把藏红花带到了西班牙，藏红花成为某些西班牙米饭和肉汤中必不可少的配料；后来在普罗旺斯，人们用藏红花给法式海鲜浓汤提味增色；在英国，由于康沃尔人锡贸易的发展，藏红花已经被本土化。

　　每朵野生藏红花有三个橙色花柱，这是世界上最昂贵的香料。我提到藏红花，是因为它是给加泰罗尼亚海鲜饭调色的特色食材。它的数量在逐渐减少，但人们开始在塔拉戈纳附近和巴利阿里群岛进行人工培植。

　　意大利藏红花的主要种植中心位于阿奎拉附近的纳韦利平原，人们从 15 世纪中期开始就在那里种植藏红花；最初是由定居在阿奎拉的日耳曼人开始做藏红花贸易。那时是按重量计价，其价格高于白银；现在它和松露一样昂贵。藏红花是米兰烩饭必不可少的配料。

　　藏红花最初用于"保存"一种在圣玛丽亚迪卢卡被称为腌棒鲈的小鱼，这种食物在圣徒节售卖。现在人们改用姜黄根粉染色（由姜黄根研磨成的粉末，是亚洲人的常用香料）。

## 香草 Vaniglia · vanilla

### *vanilla planifolia* · 兰科
### vainilla（加）vaníllia（希）

　　这是一种源于南美洲森林的热带兰科植物，于 16 世纪引入西班牙；西班牙人发现阿兹特克人用未成熟的小豆荚[1]给巧克力饮料调味。于是，加泰罗尼亚人也逐渐开始在各种点心中加入香草。先把香草放入牛奶中煮沸，让其散发出独特的香味，然后取出香草，晾干，可以反复使用。把小豆荚放入糖罐中密封好，可以给糖果增味。

---◇---

1　香草的英文名为 vanilla，这个单词来源于西班牙词汇"vanilla"，在西班牙语中意为"小豆荚"。

## 肉桂 Canella · cinnamon

### *Cinnamomum zeylanicum* · 樟科
### canyella（加）kanélla（希）

肉桂以"棍子"状出现在厨房，这是卷起来的树皮。在中世纪，英国人、法国人、意大利人、加泰罗尼亚人和卡斯提兰人在烹饪中很推崇这种香料。可以用来烹调肉汤、野味、烤肉和糕点，也可以用来制作糖果，如加泰罗尼亚焦糖布丁，还是夹心无花果中必不可少的原料。

## 肉豆蔻 Noce moscata · nutmeg

### *myristica fragrans* · 肉豆蔻科
### nou moscada（加）moskokárido（希）

肉豆蔻树产出两种香料：一种是新鲜果实中像杏一样的核仁；另一种是果核外面的一层像珊瑚一样的假种皮，新鲜的时候是红色，干燥时呈金黄色。在烹饪土豆时可以加入少量肉豆蔻粉，也可以用少许肉豆蔻粉烹饪菠菜，也可以加入菠菜、意大利乳清干酪和碎肉制作的意大利饺子馅儿中调味。肉豆蔻粉是用来保存猪肉的一种香料（与黑胡椒、肉桂、杜松子、香薄荷、迷迭香和月桂一起使用）。在中世纪烹饪中使用肉豆蔻和肉桂、生姜一起给菜肴调味，因此，在一些具有悠久传统的食品中都会添加肉豆蔻，例如在锡耶纳水果蛋糕里。

## 扁桃树 Mandorlo，扁桃仁 mandorla

### *Prunus dulcis* · 蔷薇科
### ametlla（加）amígdalo（希）

有些扁桃树结甜扁桃仁；有些结苦（有一些不苦不甜）扁桃仁。

这两种扁桃树都生长在加泰罗尼亚荒地、纳克索斯山谷以及整个意大利南部地区，也曾在巴里大平原和西西里岛大规模种植。在冬天最寒冷的 1 月开花。

扁桃树广泛生长在地中海山坡的贫瘠土壤上。盐焗扁桃仁是日常零食；把扁桃仁和大蒜、欧芹一起捣碎可以制作加泰罗尼亚碎酱；也可以将捣碎的扁桃仁与香草和面包糠一起塞入鱼腹中；可以用于制作各式各样的糖果和蛋糕；用扁桃仁磨粉机研磨出大量的扁桃仁粉，然后用来制作扁桃仁奶，这款清爽的夏季饮品在加泰罗尼亚语中叫 *orxata d'ametlles*，在意大利语中叫 *latte di mandorle*。

在圣徒节那天，萨兰托各村子广场上的小摊都售卖扁桃仁，这些带壳扁桃仁和产自阿布鲁齐高地的榛子一起放在烤箱中烤制。其他食用方法请参阅加泰罗尼亚碎酱、扁桃仁奶冻、伊比岑坎圣诞布丁、加泰罗尼亚渔夫酱、加泰罗尼亚扁桃仁小蛋糕、小扁桃仁脆饼干和圣诞鱼。

## 枇杷 Nespola · loquat, Japanese medlar

*Eriobotrya japonica* · 蔷薇科

nespra（加）moúsmoula（希）

在 19 世纪初，枇杷已在地中海地区种植，但早在 1778 年就已从日本传入英国。在托斯卡纳，人们经常将枇杷种植在葡萄园边缘遮阳。其花期在 10 月下旬和 11 月，冬天开始结果，四五月长成带核果实。这些奇特的杏色小果实都是丛生，里面有一个棕色大果核。意大利北方的枇杷酸溜溜的；南方的枇杷则酸甜爽口，余味无穷。去皮，咬开，吐出果核。

## 西梅 Prugna, susina · plum

### *Prunus domestica and P damascena* · 蔷薇科
pruna（加）damáskino（希）brunu，prunu，prinedda，tamascina（萨）

欧洲李的起源可追溯到史前，很可能是高加索地区黑刺李和樱桃李的杂交品种，因为那里的森林里生长着大量的黑刺李和樱桃李（参见参考书目中 Roach）。

而布拉斯李子是一种独特的野生李子。早在公元纪元以前，人们就已在大马士革种植布拉斯李子了，这些李子是法国布拉斯李子的祖先。现如今，这种李子树的后代在我们居住的农庄繁衍生息；可以用它制作果酱，美味可口，香气扑鼻。我们的邻居对这种蓝紫色小李子不屑一顾，"因为果肉紧紧附着在果核上"。一位加斯科尼人品尝过这种果酱后便思念起昔日的法国李子。我猜想十字军从圣地返回奥特兰托和布林迪西时，在口袋里塞满了布拉斯李子干，他们在途中把果核丢弃在地上。如今八角形的十字军教堂依然矗立在乌真托和特里卡塞。西梅来自同一物种，但栽培的品种个头更大。

**加泰罗尼亚食用方法。**有无数加泰罗尼亚菜肴中使用了西梅干，将梅干浸泡一会儿再烹制，这样会更入味（浸泡在加有柠檬汁和柠檬皮的水中或葡萄酒中），然后在菜中加入泡好的梅干：西梅小牛肉、西梅里脊肉、西梅鳗鱼以及用西梅、松仁和葡萄干做填料的烤火鸡，另请参阅西梅松仁炖兔肉。这些都是佳肴美馔。

## 欧洲酸樱桃 Ciliegia marasca · morello cherry

### *Prunus cerasus* · 蔷薇科

在意大利南部，这种树一旦栽种便会迅速开花结果。4月里的樱桃花微微垂在枝头，娇艳欲滴，婀娜多姿。

**保存方法。**采摘深红色的果实做成果酱，如果要在格拉巴酒

中浸泡保存的话，则选择颜色稍红一点的果实。剪掉果实时要留下
1厘米长的茎（不到一半），擦净，用针在樱桃上扎两下，装入玻璃
罐中，加入少许糖。倒满格拉巴酒，拧紧盖子或用软木塞封好。樱
桃会给格拉巴酒增色增味。餐后喝杯带樱桃的格拉巴酒一定会令人
唇齿留香。最好是用几个小罐子分装，而不是装在一个大罐子里。
因为一旦打开罐子，沁人的酒香就会迅速挥发。另请参阅欧洲酸樱
桃果酱和欧洲酸樱桃果酱配小牛舌。

## 野生桃树 Persico，野生桃子 persica · wild peach

### *Prunus persica* · 蔷薇科
### préssec（加）rodákino（希）

桃子起源于中国，然后由中国传到波斯（今伊朗地区），后来
传到地中海地区，在那里，人们将其视为波斯水果。最原始的野生
品种并不能自然生长，但将桃核人工栽培后，这种野生桃便会生长，
并结出野生桃子。在阿普利亚，人们通过嫁接的方式培植出各种桃
子，有时也栽培杏儿。

这种树酷似扁桃树，二者很难区分，只有当它们开花（深粉色）
或结果时才能区别开。

在加泰罗尼亚，人们用整个桃子搭配烤肉和烤野味，有时去核
后，把瘦猪肉放进桃子里。因为野桃很少会熟透，所以很适合烹饪。
参见前文怎样用野生"绿"桃子制作桃子果酱。

## 野生花楸树 Sorbo，花楸果 corniolo · wild service tree

### *Sorbus torminalis* · 蔷薇科
### serva（加）ciculi（萨）

这种多刺的小树生长在石灰岩玛基群落间，深受牧羊人的喜

爱。它结出的小酸果在红酒醋和糖中浸渍后方可食用。近来，萨兰托的蔬菜水果商也在秋天售卖花揪果。在罗伯特·格雷夫斯所著的《白色女神》中，这种果子是信奉俄尔甫斯教的色雷斯人的"宝物"。

## 意大利石松松仁 Pinoli · pine kernels of the stone pine

*Pinus pinea* · 松科

**pinyons（加）pignólia（希）**

意大利石松或伞松会结出很大的松果，松果里有排列整齐的成对松子。在火上烧烤后，松果里的松子才能掉出来。必须在不损坏小松仁的情况下把松子砸开（将松子竖着放好，然后用锤子砸开），这就是松仁昂贵的原因了。如果说在意大利的利古里亚青酱中使用了松仁是相当富有诗意的，那么加泰罗尼亚碎酱也是一种烹饪灵感。在制作法式糕点时，可以把先松仁撒在蛋糕上，再进行烘烤，或者将松仁轻轻压在意大利扁桃仁蛋糕、美味的意式扁桃仁饼或加泰罗尼亚小点心中，这样制作的甜点就变成了坚果风味。但松仁还有许多烹饪用途：参见前文的葡萄干松仁菠菜。

也可以做成其他口味：将1把松仁塞入圣诞火鸡、肥鸡、野鸡或烤小鹌鹑（葡萄干松仁鹌鹑）里，它们会吸收这些禽类的香味；与洋葱、番茄、月桂叶和咸猪肉一起炖兔肉（加泰罗尼亚兔肉）；把松仁和猪蹄一起放入烤箱超时烘烤（24小时）。这里仅列出几个例子，还有很多菜肴里添加了万能的松仁。

市面上的松子大部分来自维亚雷焦和比萨之间海岸上的松林，那里是诗人拜伦、雪莱和丹农齐奥的乐园。他们每两周来卡拉拉一次，吃着从松果里取出的新鲜松仁。伞松或石松广泛分布在阿普利亚，装点松树也是圣诞节仪式的一部分。

## 榛子 Nocciuolo · hazel nut

*Gorylus avellana* · 榛科

avellana（加）foundoúki（希）

英国曾经主要用榛子树做树篱。人们摧毁了这些树篱，榛子树也随之消失了，榛子树枝编成的篱笆也就荡然无存了，这岂能不让人担忧。回顾过去，在爱尔兰传说中榛子树被视为知识之树。用榛子树上砍下的树枝做的占卜棒意义非凡。水占卜在萨兰托仍是一种正常的活动，有时也用藤蔓作占卜棒。这里的榛子果仁产自阿布鲁齐，节日里在市场上售卖。

在加泰罗尼亚的一些地区有人工培植的榛子树。在雷乌斯后山坡上就布满了榛子树。榛子果仁和扁桃仁是制作牛轧糖的主料，还可以用在加泰罗尼亚渔夫酱中。

## 核桃树 Noce，核桃 noce · walnut

*Juglans regia* · 胡桃科

nou（加）karíthi（希）

从贝内文托高山山谷到那不勒斯平原到处可见繁茂的核桃树，这些核桃主要在索伦托销售。可惜这些核桃不像阿普利亚的核桃那样是自然晒干的，而是用工业化手段干燥的，核桃在工业干燥的过程中失去了原有的香味。在南部，核桃是最基本的冬季食品，而不是只在节日里拿出来招待宾朋的美味。人们将其装在光滑的陶罐中，在一顿饭结束之时，拿出核桃，再配上一杯葡萄美酒。

另请参阅鸡肉配核桃酱；用核桃仁代替松仁制成的青酱；保存绿核桃。

## 仙人掌果 Fico d'india · prickly pear, Indian fig

### *Opuntia ficus-indica* · 仙人掌科
### figa de moro ( 加 ) frangósiko ( 希 )

仙人掌果原产于墨西哥，现在也分布在地中海地区，坚硬的仙人掌灌木丛经常被当作边界线。人们把没有长出硬刺的宽大的"茎"切碎喂山羊。其橙色的果实在夏末成熟，这些果实长在茎的边缘，上面覆盖着几乎看不见的小刺。在雨后清晨采摘的绿色果实最鲜美，深冬时的果实尝起来味道也极佳。

黎明时采摘，小心处理。采摘高手会用无花果叶把手包好，再把果实拧下来，用小刀在其顶部划一个圆形切口，竖切四刀，然后熟练地将皮剥开。这种果实可以当早餐食用。其黄色的花朵会自己慢慢变干，在无风的日子里小心地收集花朵，放到带有螺旋盖的罐子中，将其浸泡后可以治疗支气管疾病。把结着珊瑚色果实的大宽茎割下来，在上面打个洞，挂在室外阴凉处的钉子上，果实可以一直保存到圣诞节。如果上面的刺扎伤了你，要立即在伤口处涂上橄榄油。

## 柿子 Kaki · persimmon

### *Diospyros kaki* · 柿树科
### caqui ( 加 )

这是另一种东方物种。此树在冬日里艳丽夺目。刚结出的果实呈浅绿色，然后会变成橙黄色，在叶子凋落后，果实依旧会长时间挂在树上。晚秋时节，这些闪亮的丹果将台伯河谷、那不勒斯和贝内文托之间的小峡谷变成了一道亮丽的风景线。很多人误以为这是赫斯珀里得斯三姐妹为赫拉守护的那些金苹果。

这是一种备受青睐的冬季水果，一旦娇嫩的果皮裂开，熟透的果实就可以食用了。日本雕塑家井上有一告诉我，日本人直到霜冻时才摘下果实，当场吃这些冻柿子，柔软而甜美的果肉已经冻成了冰。也可以把摘回家的柿子切成两半，用匙舀着吃。

## 石榴 Melagrana · pomegranate
### *Punica granatum* · 石榴科
### magrana（加）ródi（希）

这种果实具有无与伦比的雕塑感，火红的颜色，灿若烟霞。石榴树却很不起眼，树枝很容易折断；但它竭尽全力要长成灌木，只有经常修剪从根部长出的嫩枝，它才勉强能长成一棵树。

石榴分多个品种：甘甜的石榴籽呈深红色；甜而带酸的石榴籽是淡红色；酸石榴籽则是白色的。酸石榴最适合搭配鱼和肉一起食用。斯托伯格伯爵说在西西里岛有种无子石榴。

在阿拉伯神话中，石榴就相当于《圣经》中的苹果，也就是说，它是人间天堂的水果。石榴里包裹着不计其数的种子，象征着死亡与重生：这是秋天最后一种本土水果，在万灵节[1]前后成熟。在帕埃斯图姆有一个卢卡利亚人的坟墓，在坟墓的最后一面墙壁上有一幅湿壁画，画中有两个伤心欲绝的女人正撕扯着头发，在她俩之间立着的长树干上挂着一个巨大的石榴。在纳克索斯，人们在每年悼念亡灵时会在房梁上挂上石榴，这样可以保佑家人。

**食用方法。**在户外散步时吃，吮吸着酸甜可口的石榴汁，再把籽吐在路边；将其榨汁，做成提神饮品；在中世纪的加泰罗尼亚烹饪中，酸石榴汁可以用来烹饪酸甜口的菜肴，也可以使用绿葡萄汁（酸葡萄汁）和苦橙汁，另请参阅浇汁猪舌。

---

1 万灵节亦称"追思节"，是天主教纪念已去世教徒的节日，定为11月2日。

## 榅桲 Mela cotogna · quince

*Cydonia vulgaris*（石榴科）
codony（加）kydóni（希）

榅桲（Cydonia）这个名字很可能源自克里特岛上的塞登镇（Cydon）。我在前文已经说过，离克里特岛很近的纳克索斯岛上的榅桲是最好的。在希腊北部的山谷中也盛产榅桲。食用方法请参阅前文的榅桲果酱。

上文菜谱中提到的榅桲果酱是莱切生产的工业食品，是将榅桲慢慢分解后制成美味的果酱，并小心地将其装在小木盒中。加泰罗尼亚榅桲糕点的制作过程与之类似。在加泰罗尼亚，烤熟的榅桲有时可以搭配野味和鸡肉一起食用。秋天，在鸡汤中加入一两片榅桲，香味会更浓郁。

## 桑葚 Mora di gelso · mulberry

*Morus nigra* · 桑科
móra（加）moúra（希）

*Mora* 指桑葚果，*gelso* 指桑葚树。如果自家花园里长了桑葚树，那可是件幸事。桑葚是多年生植物，和无花果一样都属于桑科。白色的白桑果实果肉较少，但是味道较甜。地中海地区所产的两种桑葚味道最佳，比在北方气候条件下生长的桑葚甜，其味道美不可言。在 8 月攀爬桑葚树更是其乐无穷。

## 无花果 Fico · fig

### *Ficus carica* · 桑科
### figa（加）síko（希）

这是一种冰河时期幸存下来的树（其他冰河时期幸存下来的树包括：角豆树、香桃木、葡萄树、夹竹桃、悬铃木、橄榄、乳香黄连木和南欧紫荆）。在制作奶酪时，可以用无花果渗出的乳汁当作凝固乳酪的凝乳酶。这就是为什么吃完无花果后不要喝红酒。无论何时，食用大量的无花果都会导致胃胀腹胀。

无花果季节性很强。在 6 月中旬（在圣乔瓦尼节那天）收获的无花果称为 *fiorone*，由去年的花蕾生长而成。被雨水淋湿后的无花果味道会变淡，果实大而多汁。可作为餐前开胃小菜，与意大利熏火腿一起食用。

正宗的无花果要小一些，在 8 月下旬逐渐成熟；无须通过软硬来判断其是否成熟，看到果实顶端有一小孔微开时，果实就已经成熟了。一些尝起来像蜂蜜，另一些像覆盆子果酱的味道（参见诺曼·道格里斯的《古老的卡拉布里亚》，第 67 页，有更多种类的无花果）。

食用方法：最好现摘现吃。或者在清晨采摘，摆成金字塔形放在盘中的无花果叶上，中午食用。无花果有多个品种：绿色、金色、紫色和黑色。如果要晾干无花果，须提早采摘，每隔一天采摘一次，这样无花果会依次成熟。其他食用方法参见夹心无花果和无花果果酱。

## 苦橙 [1] Arancio amaro · bitter orange

### *Citrus aurantium* · 芸香科
### taronja amarga（加）nerántzi（希）

苦橙是一种原产于中国和印度的药用水果，后来由罗马人从阿拉伯引入了地中海地区，又由阿拉伯人引入了西班牙。在中世纪画作中，硕果累累的苦橙树就像一个幽灵。

苦橙比香橙小。当然，这些苦橙是用来制作橙子果酱的。用新采摘的苦橙制成的橙子果酱比英国橙子果酱更容易"起泡"：8 个苦橙和 2 个柠檬需要加入 2 千克糖，以及 1 片新采摘的无花果叶。

将剥好的橙子皮切成小条：做成饮品（5%~10% 的橙子皮），可以健胃消食，增加食欲。

苦橙汁和切细的橙皮还可以用来做苦橙炖鸭和苦橙酱。

## 芸香 Ruta · rue

### *Ruta graveolens* · 芸香科
### ruda（加）píganon（希）

这种美丽的小灌木长着浅蓝色细叶，被称为"上帝恩惠之草"——它的种子发芽后会分裂成十字形。

芸香在阿普利亚是野外生长；花园中的芸香则散发着浓烈的特殊气味。奇怪的是，它与橙子和其他柑橘类水果同属芸香科。将

---

1　即酸橙。

芸香放入格拉巴酒中可以增添酒的味道，减少酒精对心脏的影响。

## 角豆树 Carrubo，角豆荚 carruba · Carob, locust-bean

*Ceratonia siliqua* · 豆科

garrofa（加）xilokérato（希）

角豆树生长在卡拉布里亚高地贫瘠的土壤中、加泰罗尼亚石漠里和希腊山坡上的不毛之地。这种在《圣经》中提到的树是上帝主宰沙漠的唯一象征。角豆树结的荚果非常大，在秋天成熟，呈深棕色，果肉甜，质地柔软，带有香草的味道。

据说角豆树的荚果是施洗者圣约翰所食的"蝗虫"[1]。吃角豆时要在咀嚼后吐出里面闪亮的种子。

让我特别感兴趣的是，珠宝商最初使用的"克拉"就是以这种植物的重量为参照的。冬天，人们会在威尼托的集市上售卖其荚果。在萨兰托，您可以自己挑选荚果。在把采收的葡萄装入酒桶之前，可以把一两个荚果和玛基群落的植物一起浸泡，然后用来冲洗酒桶。

## 杜松树 Ginepro，杜松 ginepra · juniper

*Juniperus communis* · 柏科

ginebró（加）árkevthos（希）

野生杜松树生长在石灰质土壤中、白垩丘陵地带、阿普阿尼亚山脉的山坡上、托斯卡纳的橡树林里、阿尔卑斯山山麓和希腊的荒山中。

人们用这种蓝黑色果实给琴酒调味，杜子松酒——意大利最好的利口酒之一——的香气就来自杜松的球果。

---

1 《马太福者》中记载，约翰的食物是蝗虫和蜂蜜，这其实是一种误解。"蝗虫"并不是指昆虫，而是指蝗虫豆，即角豆荚，这种豆子又被称为"圣约翰的面包"。

**在烹饪中的应用。** 在炖牛肉之前，将杜松子和一些甜胡椒、胡椒粒一起捣碎后抹在牛肉片上，可以起到嫩肉粉的作用。杜松子也是烹饪野猪肉和野兔必不可少的配料。

## 香桃木 Mirto, mortella · myrtle

### *Myrtus communis* · 桃金娘科
### murtró（加）mirtiá（希）murtedda（萨）

这种长在石灰岩上的灌木能长成一棵树，是冰河时期的另一个"幸存者"；香桃木生长在海边，曾是爱神阿芙洛狄忒的圣物，如今却是死亡的象征。它的花朵洁白雅致，果实呈蓝黑色，秋天，当人们在玛基群落穿行时会摘它的果实吃。在撒丁岛料理中，人们大量使用其带有香味的叶子和种子来调味。

在葡萄收获期，古罗马人将成熟的香桃木浆果浸入葡萄汁（发酵的葡萄汁）中等其发酵，倒出后就成了香桃木酒。这些浆果也曾用在罗马烹饪中，很富有诗意的是这种果实和野猪有联系，是死亡的象征——香桃木结果之时就是野猪被猎杀之日。

也可以把成熟的浆果作为小鹌鹑的填料。

## 乳香黄连木 Lentisco · lentisk

### *Pistacia lentisce* · 漆树科
### llentiscle（加）stingu（萨）

正如黑莓是"森林之母"一样，乳香黄连木是石灰岩"荒野之母"。整个乳香黄连木灌木丛有一种刺鼻的辛辣味随风飘散。

这些浆果成簇生长，颜色会慢慢变黑，罗马人在烹饪时会把这种红色的小浆果和其他香料一起放入研钵中捣碎，他们还使用芸香和香桃木的苦味种子。史前时期的萨迪斯人和潘泰莱亚岛上的居民都在岩石的凹陷处研磨这些种子来提取油（其他相关信息可以参阅卡洛·马克西亚于 1973 年在卡利亚里发表的关于"虔诚和祭坛"的演讲）。

## 草莓树 Corbezzolo，草莓树果 corbezzola

### Strawberry tree
### *Arbutus unedo* · 杜鹃花科
### arboç（加）koúmaron（希）

这种常青树在托斯卡纳树林里长得很高，但在南方多是灌木；秋天，它们开出成簇的淡白色花朵，同时结出橙红色果实。行人会食用这些果实，它们也是鸟类的最爱。在加泰罗尼亚用它制作利口酒。

在萨兰托的方言中，这种树的名字叫 *urmetalu*。

## 岩蔷薇 Cisto · rock-rose, cistus

### *Cistus* spp · 半日花科
### mucchiu, mucchia（萨）

在岩蔷薇属中，鼠尾草叶岩蔷薇、灰白叶岩蔷薇和聚伞岩蔷薇主要分布在萨兰托。这些植物在南部玛基斯群落中生长茂盛，在它们下面可以找到好几种乳菇。当地人称其为 *mucchiareddi*，这个方言名称一定与岩蔷薇有联系。

如果你翻阅伟大的内科医生爱德华·巴赫[1]（Edward Bach）写的一本小书《12 种治疗物》（*The Twelve Healers*），你会发现岩蔷薇被用于花精疗法——一种治疗心理恐惧感的特效药。4 月，当岩蔷薇盛开之时，用一个玻璃碗（应该是水晶玻璃的）中的清泉水熬制汤

---

1　英国花精疗法创始人，一位著名的病理学家、免疫学专家和细菌学家。

剂。直到 8 月，我们才意识到恐惧与岩蔷薇之间的联系：火龙四处蜿蜒盘旋，吞噬了玛基群落，烧毁了岩蔷薇。就像蛇的毒液能解蛇毒一样，在火灾面前，身处险境的植物是对抗心理恐惧的特效药。

我们用岩蔷薇熬了汤，但我们从未饮用。几年前，一把大火吞噬了整个山坡，出于恐惧，人们没有去灭火。当火势慢慢退去，表层的黑灰被风吹散，我们发现周围遍布零碎的火石、黑曜石、骨片和陶器碎片。我们在俯身捡拾时意识到，四万年以来，我们门外这片千百年来一直守望爱奥尼亚的荒山是一片无史料记载的、未被污染的圣土，是能工巧匠的鬼斧神工之地。

# 参考书目

我在本书的前言中写道："就像文盲开始识字一样，生活在荒郊野岭的我们开始重新认识大自然。我们得去读山阅水，我们要从师于劳动人民。"那您可能要问我，既然要从师于劳动人民，那为什么还要列出这些让人望而生畏的参考书目呢？

坦诚而言，我确实一直致力于文字和语言研究，书籍也一直是我们携带的行李中的一部分。我采蜜的野草就是地中海人民的传统知识；所引用的书目恰是这些知识的精髓。像格特鲁德·斯泰因一样，我"仅为自己和陌生人"写作，并希望与其分享我对他们的热情。

在撰写此参考书目时，我得到了诗人和历史学家马库斯·贝尔的鼎力相助。

## 第一部分
### （文中引用的作品）

ABATANGELO, L., *Chiese-Cripte e affreschi italo-bizantini di Massafra*, Cressati, Taranto, 1966.

AESCHYLUS, *Prometheus and Other Plays*, translated into English by Philip Vellacott, Penguin, 1985.

ALIGHIERI, DANTE, *La Commedia di Dante Alighieri*, first printed at Jesi, Marche, 1472.Translated into English by D. Sayers, Penguin, 1985.

ANATI, EMANUEL, *Le Statue-Stele della Lunigiana*, Jaca Books, Milan, 1981.

ANDREWS, KEVIN, *The Flight of Ikaros*, Weidenfeld and Nicolson,

London, 1959. Reprinted by Penguin, 1984.

ANONIMO TOSCANO, see Faccioli, E.

ANONIMO VENEZIANO, see Faccioli, E.

APICIUS, *De Re Quoquinaria*, 1st and 2nd printed editions by Le Signerre, Milan, 1498.

> *De Re Coquinaria, edited by Barbara Flower and Elizabeth Rosenbaum under the title The Roman Cookery Book, Harrap, London, 1958. Contains the recipes and complex bibliographical details, with line drawings by Katerina Wilcynski.*

> *Les Dix Livres de Cuisine d'Apicius, traduits du latin ... et commentés par Bertrand Guégan, René Bonnel, Paris, 1933.*

ARCHESTRATUS (493-439 BC), "Hedypatheia", 一首关于美食的诗。 In the original Greek in *Corpusculum Poesis Epicae Graecae Ludibundae*, vol 1, edited by Paul Brandt, Teubner, Leipzig, 1888; in Italian translation in *I Frammenti della Gastronomia di Archestrato raccolti e volgarizzati*, Domenico Sciná, Palermo, 1823.

ARISTOPHANES, *The Plays*, 2 vols, translated into English by Patric Dickinson, Oxford University Press, London, 1970.

ARTAUD, ANTONIN, *Les Tarahumaras*, in Tome IX of the author's complete works, Editions Gallimard, 1971. Translated by Helen Weaver as *The Peyote Dance*, Farrar, Straus and Giroux, New York, 1976.

ARTUSI, PELLEGRINO, *La Scienza In Cucina E L'Arte Di Mangiar Bene*, Casa Editrice Marzocco, Florence, c 1890. More than 50 subsequent editions include one edited by Piero Camporesi, Einaudi, Turin, 1974.

ATHENAEUS (*fl* 3rd century AD), *Deipnosophistae*, 7 vols, translated into English by Dr C.B.Gulick, Loeb Classical Library, 1927-41.

BACH, EDWARD, *The Twelve Healers*, Stanhope Press, Rochester, Kent,

1933.

BINI, GIORGIO, *Pesci Molluschi Crostacei del Mediterraneo*, with line drawings, FAO, Rome, 1965: a catalogue of fish, molluscs and crustaceans with their Mediterranean names and Latin nomenclature.

*(IL) BREVIARIO DI PAPA GALEAZZO*, edited by Michele Paone, Congedo Editore, Galatina,1973.

CARÊME, ANTONIN,*L'Art de la Cuisine Française au 19ᵐᵉ Siècle*, Paris, 1835. 附有漂亮的版画。

CARTWRIGHT, JULIA (Mrs Henry Ady), *Beatrice d'Este*, J. M. Dent, London, 1899 and since.

CHAUCER, GEOFFREY, *The Miller's Tale*, in *The Canterbury Tales*, Caxton, London, 1475-80. The Works, edited by F. N. Robinson, Oxford, 1985.

CLUSIUS, CAROLUS, *Rariorum Plantarum Historiae*, Liber IV, Antwerp, 1601.

CONGEDO, R., Salento: *Scrigno d'Acqua*, Martina Franca, 1984. 最近几年出版的关于萨兰托的最有趣的著作。

*CONGRÉS CATALÀ DE LA CUINA*, issued by the Generalitat de Catalunya, Department of Commerce and Tourism, Barcelona, 1982: a summing up of a 2 year investigation into the Catalan culinary tradition.

COTTON, CHARLES, *Scarronides or Virgil Travestie, A mock-poem on the 1st and 4th Books of Virgil's Aenaeis*, 1664. Subsequent editions include the 13th with woodcuts by Thomas Bewick, J.Galton, London, 1804.

CRATEVAS ( *fl* 1st century BC), 希腊医生，撰写了第一篇关于药用植物的论文，论文中精确地列出了一些代表性药用植物，其古抄本在 17 世纪之前一直保存在君士坦丁堡，堪称后期所有相关论文的典范。

CULPEPER, NICHOLAS ( 1616-1654), *The English Physician*, London, 1652, *Culpeper's English Physician and Complete Herbal*, arranged by Mrs C. F. Leyel, Arco, London 1961.

CUMMINGS, E. E., *Complete Poems: 1910-1962*, edited by G.J. Firmage, Granada, London, 1981.

DAVID, ELIZABETH, *Italian Food*, drawings by Renato Guttuso, Macdonald, London, 1954,and since 1967 in Penguin.
    "Mad, Bad, Despised and Dangerous" (on the aubergine), in *Petits Propos Culinaires,* no 9,Prospect Books, London, 1981.

DAVIDSON, ALAN, *Mediterranean Seafood*, with beautiful line drawings, 2nd edition, Allen Lane and Penguin, 1981. 这是一本如何鉴别鱼类、甲壳类、软体动物的重要手册，里面还包括了大量的鱼类食谱和权威性参考文献。

DAVIS, IRVING, *A Catalan Cookery Book*, edited by Patience Gray, with 12 copper engravings by Nicole, published in a limited edition of 165 copies by Lucien Scheler, 19 rue de Tournon,Paris VI$^e$, 1969.

DE NOLA, ROBERT (MESTRE ROBERT), *Libre del Coch*, edited by Veronika Leimgruber,Curial Edicions Catalanes, Barcelona, 1977. 根据记载，这本名著于 1520 年首次在巴塞罗那用加泰罗尼亚语发行。
    Ramon de Petrus 于 1525 年在 Toledo 从众多卡斯蒂利亚语版本中翻译的第一个副本，目前此译本保存在大英图书馆。该书是 Robert de Nola（Mestre Robert）在 1458—1494 年担任那不勒斯国王费迪南德的厨师时写成并流传的手稿。有关详细书目，请参阅 pp 10-11 in *El què hem menjat*。

DE VRIES, HERMAN, *Natural Relations I-die marrokanische sammlung*, Institut für Moderne Kunst, Nürnberg, and Galerie Mueller-Roth, Stuttgart, 1984. Invaluable plant bibliography including information on the 1610 version of Dioscorides' *Kräuterbuch* (reprinted, Grünwald,1964); Tabernaemontanus' *Neu Vollkommen*

*Kräuterbuch*, Frankfurt-am-Main, 1588-91; and awork by A. Maurizio, *Die Geschichte unsere Pflanzennahrung von den Urzeiten bis zur Gegenwart*,Berlin, 1927.

DICKENS, CHARLES, *Pictures from Italy*, London, 1846. Also (ed D, Paroissicn) Andrc Dcutsch, London, 1973.

DIOSCORIDES (*fl*1st century AD), *De Materia Medica*, this herbal was first published by Aldus, Venice, 1499. An illustrated codex of the 14th century is in the Biblioteca del Seminario, Padua. An English translation was made by John Goodyer in 1655, but not published until Robert Gunther's limited edition of 1934, which was reprinted by Hafner, New York, 1968.

DOLCI, DANILO, *Racconti Siciliani*, Einaudi, Turin, 1973.

DOUGLAS, NORMAN, *Old Calabria*, Martin Secker, London, 1915, and Peregrine Books, 1962.

DUPIN, PIERRE, *Les Secrets de la Cuisine Comtoise*, with woodcuts, dedicated to Colette, Librairie E. Nouvry, Paris, 1927.

ESPRIU, SALVADOR, *Formes i Paraules*, Edicions 62, Barcelona, 1975. 灵感来自 Apel 的诗歌，费诺萨的青铜器，并附有照片。
*Formes et Paroles,* French translation by Max Pons, Éditions de la Barbacane, Paris, 1977.
*Forms and Words,* English translation by J. L. Gili, Dolphin Book Company, Oxford, 1980.

FACCIOLI, E. (editor), *Arte della Cucina*, Edizioni Il Polifilo, Milan, 1966. A collection of medieval culinary manuscripts including those by the "Anonimo Toscano", the "Anonimo Veneziano" and *Libro de Arte Coquinaria* by Maestro Martino.

*FENOSA POÉTIQUE*, an issue of *SUD, revue littéraire*, devoted to the sculptor and his work and including the quotation from Daniel Abadie (n°18, 1971, published from ll rue Peyssonnel, 13003 Marseilles). (A major work on Fenosa is: *Apel.les Fenosa* by Raymond Cogniat, Tudor Publishing Company, New York, c 1970.)

FERNALD, M. L. and KINSEY, A. c., *Edible Wild Plants of Eastern North America*, revised edition, Harper, New York, 1958.

FONT I QUER, PIUS, *Resultats del Pla Quinquennal Micòlogic a Catalunya*, 1931-35, Institut Botànic de Barcelona, 1937.
  *Una Historia de Fongs*, Collectanea Botánica, Barcelona, 1959.
  *El Dioscórides renovado*, Labor, Barcelona, 1979.

FORME OF CURY, late 14th century English cookery manuscript in the British Library, reprinted and edited in *Curye on Inglysch* by Constance B. Hieatt and Sharon Butler, E.E.T.S., Oxford University Press, 1985.

FUCIGNA, AUDA, *'l Cararin,* Pontremoli, 1965. 用卡拉拉方言撰写的谚语和诗歌集，附有意大利语译文。

GERARD, JOHN, *The Herball or General Historie of Plantes*, first published in 1597. Also, facsimile reprint of the 1633 edition by Dover Publications, New York, 1975.

GIOVENE, ANDREA, *L'Autobiografia di Giuliano di Sansevero*, Rizzoli, Milan, 1967. Translated into English as *The Book of Giuliano Sansevero*, 3 vols, Penguin, 1972, 1977. 这 3 卷只包含了原始意大利版本 5 卷中的 4 卷；整个作品的翻译版将于 1986 年秋天由伦敦的 Quarter Books 出版。

GISSING, GEORGE, *By the Ionian Sea*, Chapman and Hall, 1901. Reprinted by Richards Press, London, 1956.

GOIDANICH, G. and GORI, G., *Funghi e Ambiente, Una Guida per l'Amatore*, Edagricole, Bologna, 1981. 一个很好的有关意大利蘑菇的参考书目。Professor Goidanich is President of the Agrarian Faculty at Bologna University and of the Unione Italiano della Micologia.

GOLDSMITH, OLIVER, *An History of the Earth and Animated Nature*, 8 vols with copper plates, London, 1774. Republished, with hand-coloured steel engravings, frequently in the 19th century up to 1876.

GRAY, PATIENCE and BOYD, PRIMROSE, *Plats Du Jour*, illustrated by David Gentleman, Penguin, 1957.

GRAVES, ROBERT, *Greek Myths*, 2 vols, Penguin, 1955 and since. *The White Goddess, Faber and Faber, London, 1946 and since.*

GREWE, RUDOLF, "Catalan Cuisine, in an Historical Perspective", a paper in *National and Regional Styles of Cookery, Oxford Symposium 1981*, Prospect Books, London, 1981.

GRIGSON, GEOFFREY, *The Englishman's Flora*, with woodcuts, Paladin, London, 1975.

GRIGSON, JANE, *Charcuteire and French Pork Cookery,* Michael Joseph, London, 1967.

HATTON, RICHARD G., *Handbook of Plant and Floral Ornament from Early Herbals*, Dover Publications, New York, 1960, 附有精美的木版画和铜版画。

HESIOD (*fl* end of 7th century BC), *Works and Days* first printed (with Theocritus) 1493. English translation by Richard Lattimore, University of Michigan Press, 1959.

HILLS, LAWRENCE D., *Comfrey the Herbal Healer*, Henry Doubleday Research Association, Bocking, Essex (undated).

HOMER, *The Odyssey*, first printed in Florence, 1488. English translation by E. V. Rieu, Penguin, 1985.

HORACE, *Odes and Epodes*, translated by C. E. Bennett, Loeb Classical Library, 1986.

HOURMOUZIADES, G., ASIMAKOPOULOU-ATZAKA, P., MAKRIS, K. A., *Magnesia*, Athens, 1982. 包括公元前 7500 年塞斯克洛和迪米尼最早的新石器时代住所的记载。

JACOBSEN, T. W., "17,000 Anni di Preistoria Greca", a paper in *Viaggio nel Tempo* (an issue of *Le Scienze*, the Italian edition of *Scientific American*), Milan, 1977.

JARRY, ALFRED, *Ubu Roi*, edited by Maurice Saillet, Livre de Poche, Paris, 1962.

JONSON, BEN, *The Alchemist* (1616), edited by F. H. Mares, Manchester University Press, 1979.

KETTNER, AUGUSTE with DALLAS, E. S., *Kettner's Book of the Table*, Dulan & Co, London, 1877. Reprinted by Centaur Press, London, 1968.

KROPOTKIN, P. A. *Memoirs of a Revolutionist*, London and Boston, 1899. Reprinted, edited by C. Ward, Folio Society, London, 1978.

LENORMANT, FRANÇOIS, *La Grande Grèce, Paysage et Histoire*, 2 vols, Paris, 1881.
*À travers l'Apulie et la Lucanie*, Paris, 1883.

*LIBRE DE SENT SOVÍ*, edited by Rudolf Grewe, Editorial Barcino, Barcelona, 1979. 这是 *Sent Sovi* 手稿的第一版准确版本，是一本匿名的、未标日期（可能是 14 世纪初）的加泰罗尼亚语食谱。

LONDON, GEORGE and WISE, HENRY, *The Compleat Gard'ner*, London, 1699. An English version of Jean de la Quintinie's *Le Parfait Jardinier*. 作者们借鉴了约翰·伊夫林 1693 年出版的译本，但"简明扼要地做了删节和发挥"。

LOUDON, JOHN CLAUDIUS, *An Encyclopaedia of Gardening*, engravings on wood by Branston, London, 1822. A new edition was published in 1835.

LUZIO, A. and RENIER, R., "Delle Relazioni di Isabella d'Este Gonzaga con Lodovico e Beatrice Sforza", in *Archivio Storico Lombardo*, vol XVII, Società Storica Lombarda, Milan.

*MABINOGION, THE FOUR BRANCHES OF THE*, translated by G. and T. Jones, Everyman Classics, Dent, 1985.

MAESTRO MARTINO, *Libro de Arte Coquinaria*, see Faccioli, E.

MAIRE, RENÉ, *Fungi Catalaunici*, La Junta de Ciències Naturals, Barcelona, 1933.

MALATESTA, ERRICO, *L'Anarchia*, 1890. *L'Anarchia*, edited by A. M. Bonanno, Edigraf, Catania, 1969.

MATTIOLI, PIERANDREA (1500-1577), *Commentarii in sex libros Pedacii Dioscoridis*, with woodcuts, 1544.

MAUBLANC, A., *Les Champignons de France*, vols XXII and XXIII of *L'Encyclopédie Pratique du Naturaliste*, 3rd edition, Paul Lechevalier, Paris, 1946. 1974 年再版, J. Boully 和 M. Porchet 的水彩画彩色版。一部珍贵的作品。
  *Champignons Comestibles et Vénéneux*, 2 vols, 6th edition, revised by Viennot-Bourguin, Éditions Lechevalier, Paris, 1976.

MCGEE, HAROLD, *On Food and Cooking*, Charles Scribner's Sons, New York, 1984, and George Allen & Unwin, London, 1986.

MENNIS, SIR JOHN and SMITH, JAMES, *Musarum Deliciae*, 1656. Reprinted in 2 vols, London, 1874, with title *Facetiae*.

MONTAGNÉ, PROSPER, *Larousse Gastronomique*, Paris, 1938. Translated into English by Nina Froud, Patience Gray, Maud Murdoch and Barbara Macrae Taylor, Hamlyn, London, 1962.

MORARD, CLEMENT-MARIUS, *Manuel Complet de la Cuisinène Provençale*, with copper plates, Marseilles, 1886.

MORYSON, FYNES, *An Itinerary*, London, 1617. Reprinted in 4 vols, Maclehose and Sons, Glasgow, 1904.

MOZART, W. A., *The Letters*, translated by M. M. Bozman and edited by Hans Mersmann, Dover Publications, New York, 1985.

NEAPOLITAN FÊTE BOOKS: Examples can be seen in the Print Room of the British Museum, London; particularly *Narrazione delle Solenni Reali Feste fatte Celebrare in Napoli da Sua Maestá Il Re delle Due Sicilie Carlo Infanta di Spagna, Duca di Parma, Piacenza etc Per la Nascita del suo Primogenito* ..., engravings by G. Vasi, after drawings by Vincenzo Ré, Naples, 1749. Case 164 c 22.

　　*See also The Bourbons of Naples, 1734-1825* by Harold Acton, Methuen, London, 1956 and the same author's *The Last Bourbons of Naples, 1825-1861,* Methuen, 1961.

NELSON, DAWN and DOUGLAS, "Chuño and Tunta", a paper *in Food in Motion, Oxford Symposium Documents 1983*, Vol 1, Prospect Books, London, 1983. 关于马铃薯贮藏方法的有趣描述。

ORIOLI, G., *Adventures of a Bookseller*, privately printed by the author, Florence, 1937.

OVID, *Metamorphoses*, translated by Mary Innes, Penguin, 1955. See particularly Book XV, lines 336-47, for reference to Pythagoras.

*OXFORD SYMPOSIUM DOCUMENTS*, 1981 (National and Regional Styles of Cookery); 1983, 2 vols (Food in Motion); 1984 and 1985, 1 vol (Cookery: Science, Lore and Books), all published by Prospect Books.

PARKINSON, JOHN, *Theatrum Botanicum*, 1640.

PARTRIDGE, ERIC, *Shakespeare's Bawdy*, Routledge, London, 1947.

PASCUAL, RAMON, *El libro de las setas (fungi)*, with recipes by Mercè Sala, Pol.len Edicions, Barcelona, 1985.

PAZ, OCTAVIO, *The Labyrinth of Solitude*, Allen Lane, London, 1967.

PERRY, CHARLES, "The Oldest Mediterranean Noodle: A Cautionary Tale", in *Petits Propos Culinaires*, n° 9, Prospect Books, London, 1981. "Notes on Persian Pasta", in *Petits Propos Culinaires*, n° 10, 1982. "Buran: 1100 Years in the Life of a Dish", in *Journal of Gastronomy*, vol 1, American Institute of Wine and Food, Santa Barbara, 1984.

"(LE) PETIT TRAITÉ DE 1300", an early French manuscript published by Pichon and Vicaire in their edition of Taillevent (see VIANDIER).

PETRONIUS (PETRONIO ARBITRO), *Cena Trimalchionis. Il Satiricon*, Italian translation by Piero Chiara, Mondadori, 1967. *Satyricon*, English translation by J. P. Sullivan, Penguin, 1985.

PHILLIPS, ROGER, *Mushrooms and Other Fungi of Great Britain and Europe*, Pan Books, 1981. *Wild Food*, Pan Books, 1983.

PLA, JOSEP, *El què hem menjat*, full page colour photographs by F. Català Roca, Edicions Destino, Barcelona, 1981. 作者于 1981 年去世，这部作品被描述为"与烹调食物有关的题外话"。这是一部权威而怀旧的作品，期待译本问世。

PLATINA (Bartolomeo Sacchi), *De honesta voluptate*, Venice, 1475. 这是有关膳食的第一本著作。该作品在 1505 年被译成法语，多次重印。An English translation has been published in the Mallinckrodt Collection of Food Classics, vol 5, Mallinckrodt Chemical Works, St Louis, Missouri, USA, 1967.

PLINY, *Natural History*, 10 vols, Loeb Classical Library, 1967.

POLUNIN, OLEG, *Flowering Plants of the Mediterranean*, with colour photographs and line drawings, 2nd edition, Chatto and Windus, 1972.

QUÉLET, L. and BATAILLE, F., *Flore Monographique des Amanites et des Lépiotes*, Masson, Paris, 1902.

RABELAIS, *Gargantua and Pantagruel* (1532), 2 vols, Everyman

Library, Dent, London, 1985.

RAMSBOTTOM, JOHN, *Mushrooms and Toadstools*, Collins, London, 1953 and 1972.

REBOUL,J.-B., *La Cuisinière Provençale*, Marseilles, 1895, and many subsequent editions.

ROACH, F. A., *Cultivated Fruits of Britain*, Basil Blackwell, Oxford, 1985.

ROGGERO, SAVINA, *I Segreti dei Frati Cucinieri*, Mondadori, Milan, 1979.

ROHLFS, GERHARD, *Vocabolario dei dialetti salentini (Terra d'Otranto)*, with illustrations, 3 vols, 2nd edition, Congedo Editore, Galatina, 1976. This magnificent work was originally printed by the Bavarian Academy of Sciences, the first volume appearing in 1956.

ROSS, JANET, *The Land of Manfred*, 1889. This book was translated into Italian by Ida De Nicolo Capriati, Valdemare Vecchi, Trani, 1899. Reprinted by Lorenzo Capone Editore, Cavallino di Lecce, 1978.

SALA, M. and PASCUAL, R., "La Micologia a Catalunya", a paper in *Congrés Català de la Cuina* (see above).

SALAMAN, R. N., *The History and Social Influence of the Potato*, Cambridge University Press, 1949, and reprinted with new introduction by J. G. Hawkes, 1985.

SCAPPI, BARTOLOMEO, *Il Cuoco Secreto di Papa Pio Quinto*, 1570. 第一本意大利烹饪书。

SCHAUENBERG, PAUL and PARIS, FERDINAND, *Guide des Plantes médicinales*, Delachaux and Niestlé, Neuchâtel, Switzerland, 1969.

SMOLLETT, TOBIAS, *Travels through France and Italy*, 1766.

Reprinted in World's Classics, Oxford University Press, 1985.

SOPHOCLES, *Oedipus Rex*, translated and edited by R. D. Dawe, Cambridge University Press,1985.

SOYER, ALEXIS, *The Gastronomic Regenerator*, Simpkin and Marshall, London, 1846.

STEIN, GERTRUDE, *The Autobiography of Alice B. Toklas*, Bodley Head, 1933. Reprinted by Penguin, 1966, 1977.

STENDHAL, *Souvenirs d'Égotisme*, published posthumously by Le Divan, Paris in 1892, and then in 1927 and 1950. Reprinted in *Oeuvres Intimes*, volII, Gallimard, 1981.
*Correspondance*, Tome III, Bibliothèque de la Pléiade, 1968. Particularly item 1704, a letter to M. Thiers, Président du Conseil etc, on *La morue*.

STERNE, LAWRENCE, *Tristram Shandy*, 1760. Everyman Classics, Dent, London, 1985.

STOBART, TOM, *The Cook's Encyclopaedia*, Batsford, 1980. Also in Papermac, Macmillan,1982.

STOLBERG, COUNT F. L., *Travels through Germany, Switzerland, Italy and Sicily*, translated by Thomas Holcroft, 4 vols, 2nd edition, London, 1797. 第三卷和第四卷是关于阿普利亚和西西里岛的内容。

STUART THOMPSON, S., *Flowering Plants of the Riviera*, with coloured plates, Longmans, London, 1914.

SWIFT, JONATHAN, *Gulliver's Travels*, 1726. Everyman Classics, Dent, London, 1985.

THEATRUM SANITATIS, 一部描述了植物的治疗作用的药典，附有精美插图，保存于 14 世纪的罗马卡萨纳特图书馆。

THEOPHRASTUS (372-287 BC), *Enquiry into Plants*, translated by Sir

Arthur Hort, 2 vols, Loeb Classical Library, 1916.

THOUSAND AND ONE NIGHTS, THE, A Plain and Literal translation of the Arabian Nights' Entertainment, by R. F. Burton, 16 vols, Kamashastra Society, Benares, 1885-8.
Tales from the 1001 Nights, translated by N. J. Dawood, Penguin, 1973.

TOMA, GIUSEPPE, Riviviscenze classiche nella Grecia Salentina: I Rami Bendati dei Supplicanti del'Edipo Re, privately printed, Maglie, 1980.

TRELAWNEY, EDWARD JOHN, Rcollections of the Last Days of Byron and Shelly, Oxford University Press, 1906. Reprinted, edited by J. E. Morpurgo, Folio Society, London, 1952.

VERGA, GIOVANNI, I Malavoglia, 1881. Reprinted in the "Oscar" series, Mondadori, 1978.Translated as The House by the Medlar Tree by Eric Mosbacher, Greenwood Press, London, 1985.

VEYRIER, HENRI, Encyclopédie de la Divination, Madrid, 1973.

(LE) VIANDIER, a 14th century cookery manuscript by Taillevent (Guillaume Tirel) in the Bibliothèque Nationale, Paris, edited by Pichon and Vicaire, 1892. Reprinted recently by Daniel Morcrette, Luzarches, France.

VIOLA, S., Piante medicinali e velenose della flora italiana, Edizione Artistiche Maestretti, Istituto Geografico De Agostini, Novara, 1965.

VIRGIL, The Aeneid, translated by W. F. J. Knight, Penguin, 1985.
The Eclogues, translated by G. Lee, Penguin, 1985.

VITTORINI, ELIO, Conversazione in Sicilia, first published as Nome e Lagrime, Parenti, Florence,1941. Reprinted by Einaudi, Turin, 1966, 1975. Translated by Wilfrid David, Drummond and David, London, 1948.

XERVOS, CHRISTIAN, La Naissance de la Civilisation en Grèce, 2 vols, and Les Cyclades 1 vol,Cahiers d'Art, Paris, 1959.

# 第二部分

展开阅读书目：以下分类列出了在文中没有提到的书目，也许感兴趣的读者希望进一步了解这方面的知识。

## 加泰罗尼亚

### 烹饪

AGULLÓ,FERRAN, *Llibe de la cuina catalana*, Barcelona, 1933, reprinted in facsimile by Edicó Alta Fulla, Barcelona, 1978.

BALLESTER, PERE and Pons, Pedro, *De re cibaria*, Cocina, Pastelería, Repostería menor-quinas, Mahón, 1923. Valuable for its precise explanation of Minorcan culinary practices in the early 20th century.

CAMBA,JULIO, *La Casa de Lúculo o el arte de comer*, Nueva fisiología del gusto. First publishedin Madrid, 1929, now available in paperback Coleccíon Austral. ("A cookery book for intelligent people" according to Josep Pla.)

*(LA) CUINA DE L'AVIA*, La llibreta de cuina d'una barcelonina de finals del Segle XIX, Edicions de la Magrana, (no precise date). Reissued Empar Sabata, Barcelona, 1979.

*(LA) CUINA DE L'EMPORDANET*, Unió d'associacions d'hosteleria de Costa Brava Centre(Recipes from their first gastronomic exhibition, 1984).

CUNILL DE BOSCH,J., *La Cuyna Catalana,* Barcelona, 1907.

*(LA) CUYNERA CATALANA*, Reglas utils, facils, seguras y economicas per cuynar bé, Barcelona,1851. Facsimile reprint, Edició Alta Fulla, Barcelona, 1980.

PENYA, PERE ALCÀNTARA, *La cuyna mallorquina*, Felanitx, Reus, 1905.
副标题的大致意思是 "便于那些想把便宜的东西做成美食和为了吃饭

而活着的人，一个为了活着而吃饭的业余爱好者出版了此书"。

PUIGPELAT, DOLORES LLOPART, *El Rebost* (Adobs, conserves, confitures i licors), Edició Alta Fulla, Barcelona, 1979.

REGAS, GEORGINA, *La Cuina de festa major*, e altres plats de la Lola de Forxá, Edició La Gaya Ciència, Barcelona, 1981.

VIDAL, C. A., *Cocina selecta Mallorquina*, 7th edition, published by the author, 1969.

### 参考书

*DICCIONARI ANGLÈS. CATALÀ, CATALÀ-ANGLÈS*, by Salvador Oliva and Angela Buxton, Enciclopèdia Catalana, Barcelona, 1983-6. Excellent.

*DICCIONARI CATALÀ-ANGLÈS, ANGLÈS-CATALÀ*, Jordi Colomer, Editorial Pòrtic, Barcelona,1981.

GILI,J. L, *A Catalan Grammar*, Dolphin Book Company, Oxford, 4th edition, 1974.

# 希腊

### 烹饪

CHANTILES, VILMA LIACOURAS, *The Food of Greece*, Avenel Books, New York, 1979.

PARADISIS, CHRISSA, *The Best of Greek Cookery*, Efstathiadis Brothers, Athens & Thessaloniki,1974.

SALAMAN, RENA, *Greek Food*, Fontana, 1983.

TSELEMENTÉS, N., *Odigós Mageirikis, 9th edition*, Athens, 1948. A 19th century classic. It has been translated as *Greek Cookery*, by D. C. Divry, published at New York, 1950.

## 艺术与灵感

ANDREWS, KEVIN, *Athens Alive*, Hermes Publications, Athens, 1979. Throw away all tourist guides and get this book.

*L'ART DES CYCLADES DANS LA COLLECTION DE N. P. GOULANDRIS*, Catalogue issued by Les Éditions de la Réunion des Musées Nationaux, Paris and in English by British Museum Publications, London, 1983.
See also *Les Cyclades under Xervos*, Christian in Part I.

MILLER, HENRY, *The Colossus of Maroussi*, 1941. Reprinted by Penguin, in association with Heinemann, 1963.

SCULLY, VICTOR, *The Earth, the Temple and the Gods*, Yale University Press, 1962 and 1979.

# 意大利

## 烹饪

BONI, ADA, *Il Talismano della Felicità*, Rivista *Preziosa*, Rome, c 1932. Frequently reprinted since. Translated as *The Talisman Italian Cook Book* by Mattilde La Rosa, W. H. Allen, London, 1953.

CAMINITI, M., PASQUINI, L., QUONDAMATTEO, G., *Mangiari di Romagna*, 2nd edition,Garzanti, Milan, 1961.

CARNACINA, L. and VERONELLI, L., *La buona vera cucina italiana*, 2nd edition, Rizzoli Editore, Milan, 1970.

CORRENTI, PINO, *Il Libro d'Oro della Cucina e die Vini di Sicilia*, Edizione Mursia, Milan, 1970.

DA MOSTO, R., *Il Veneto in Cucina*, Martello, Milan, 1969.

DI CORRATO, RICCARDO, *Le delizie del divin porcello*, Idealibri, Milan, 1984.

DELLA SALDA, A. G., *Le Ricette Regionali Italiane*, La Cucina Italiana, Milan, 1967.

FRANCESCONI, JEANNE CARÒLA, *La Cucina Napoletana*, Fausto Fiorentino, Naples, 1965.

SADA, L., *Puglia in Bocca*, Edizione Chronus, Bari, 1977.

VITTORE, F. et al, *Puglia a Tavola*, Edizione Adda, Bari, 1979.

## 考古、旅游、传统

ALLEN, N., *Stone Shelters*, Massachusetts Institute of Technology, 1969. A study of the *trulli* of Locorotondo, Alberobello etc.

D'ANDRIA, FRANCESCO, *Itinerari Archaeologici: Puglia*, Newton Compton, Rome, 1980.

DE FERRARIIS, ANTONIO (IL GALATEO), *Liber de Situ Iapygiae*, Basle, 1558. Reprinted, Naples, 1855.

DE GIORGI, *La Provincia di Lecce, Bozzetti di Viaggio*, 1888.Of fundamental interest for an understanding of the Salento.

DE SAINT-NON, RICHARD, *Voyage Pittoresque de Naples et de la Sicile*, 5 vols in folio, Paris,1786. A very rare work in an edition limited to 150 copies. The magnificent engravings are by Fragonard, De Saint-Non and others. Apulia is described in vol III.

FARANDA, LAURA, *Le Tradizioni Popolari in Puglia*, Casa Editrice Anthropos, Rome, 1983. An illuminating little book.

FUMO, PIO, *La Preistoria delle Isole Tremiti: Il Neolitico*, Edizione Enne S. R. L., Via Petrella 22, Campobasso.

GRAY, CORINNA, *Rustic Structures*, Downhill Press, Compton Abbas, 1984. With drawings of the *pagghiari* and *llame* of the Basso Salento.

- 427 -

GUIDO, MARGARET, *Southern Italy: an archaeological guide*, Faber and Faber, London, 1972.

RADMILLI, A. M., *Piccola Guida della Preistoria Italiana*, G. C. Sansoni Editore, Firenze, 1975 *et seq.*

SWINBURNE, HENRY, Travels in the Two Sicilies, with engravings, London, 1783.

# 有关植物的参考书目

*CONOSCERE LA NATURA ITALIANA*, vols 1-6, L'Istituto Geografico De Agostini S.P.A., Novara, 1984.Vols 7-11 in preparation.

COUPLAN, FRANÇOIS, *Plantes Sauvages Comestibles*, Hatier, Paris, 1985. 书中包括 50 种可食用野菜，彩色插图，以及许多有价值的注释（酸模和牛至的照片顺序不小心排错了）。包括以下提示：不能只靠书本来鉴别植物和使用植物。作者建议对此感兴趣的人士联系：L'Institut de Recherches sur les Propriétés de la Flore, 37 Rue Charles-Michels, 91740 Pussay, France, 他们在欧洲开设了植物研究课程。

FLORA EUROPEA, Edited by T. G. Tutin *et al*, 7 vols including index, organized under plant families, Cambridge University Press, 1964-80.

HEINZ, H.J. and MAGUIRE, B., *The Ethno-biology of the !ko-bushman*, Occasional papers n°1,Botswana Society, Gaberone, 1974. Concerns the botanical knowledge and plant lore of the !ko People.

*ICONOGRAPHIA FLORAE ITALICAE*, published between 1895 and 1904 and reprinted since.

NEGRI, G., *Erbario Figurato*, Edizione Hoepli, Milan, 1960.

PELIKAN, W., *L'Homme et les Plantes Médicinales*, Éditions Triades, 4

Rue Grande-Chaumière,Paris.

STARENKYJ, DANIELE, *Le Bonheur du Végétarisme*, Principes de vie
et recettes, Orion, Quebec,1977. l0th edition, 1984.

VON FÜRER-HAIMENDORF, CHRISTOPH, *Tribes of India*, Delhi,
1982.

WHEAT, MARGARET, *Survival Arts of the Primitive Paiutes*, Reno,
Nevada, USA, 1967.

# 插图目录

　　以下所有插图皆由科琳娜·萨古德绘制。除了那些标有星号的，其他所有插图都是为本书量身定制的。带星号的插图选自科琳娜·萨古德《乡村建筑》——见参考文献第二部分中的 Gray（Sargood）格雷（萨古德）。

当地 19 世纪制造巴洛克式抽屉柜，斯佩格力兹 436

夜幕下的斯佩格力兹 *445

# 菜谱及食材索引

## 菜谱索引

# 食材索引

## 鱼类、贝类、甲壳类水产品

## 蜗牛类

## 真菌类